工业和信息产业科技与教育专著出版资金资助出版
普通高等教育“十二五”规划教材

Access 数据库应用教程

邓　娜　肖艳芹　尹胜彬　齐鸿志　支高英　编著
罗朝晖　主审

電子工業出版社
Publishing House of Electronics Industry
北京 • BEIJING

内容简介

本书介绍数据库的基础知识和基本应用，以 Access 2010 为环境，介绍数据库的表、查询、窗体、报表、宏、VBA、Web 数据库的功能及使用，以及保证数据库安全的措施。本书旨在培养学生思考问题的方法和解决问题的能力，第 10 章以学生信息管理系统作为综合实例，详细讲解 Access 数据库的整个开发过程。

本书配有大量的选择题和思考题，并且围绕学生信息管理系统的众多实例还可以直接作为学生上机实验的题目。本书免费提供配套电子课件，以及“教学管理系统”学生端——“学生信息管理系统”。

本书适合作为高等学校各专业数据库应用技术类课程的教材，也可作为全国计算机等级考试的培训教材以及各类办公人员的自学教材。

图书在版编目（CIP）数据

Access 数据库应用教程 / 邓娜等编著. —北京：电子工业出版社，2014.7

ISBN 978-7-121-23673-0

Ⅰ. ①A… Ⅱ. ①邓… Ⅲ. ①关系数据库系统—高等学校—教材 Ⅳ. ①TP311.138

中国版本图书馆 CIP 数据核字（2014）第 141619 号

策划编辑：冉　哲
责任编辑：郝黎明
印　　刷：三河市鑫金马印装有限公司
装　　订：三河市鑫金马印装有限公司
出版发行：电子工业出版社
　　　　　北京市海淀区万寿路 173 信箱　邮编　100036
开　　本：787×1 092　1/16　印张：16.5　字数：422 千字
版　　次：2014 年 7 月第 1 版
印　　次：2017 年 1 月第 3 次印刷
定　　价：33.00 元

凡所购买电子工业出版社图书有缺损问题，请向购买书店调换。若书店售缺，请与本社发行部联系，联系及邮购电话：（010）88254888。

质量投诉请发邮件至 zlts@phei.com.cn，盗版侵权举报请发邮件至 dbqq@phei.com.cn。

服务热线：（010）88258888。

前　言

计算思维是每个人都应该具备的一种思维能力，是我们分析问题、解决问题最有效的方法，它已经融入我们生活的每个角落，让我们学会用大脑与智慧解决问题。计算机课程不是培养计算思维的唯一课程，但却是最好的课程，这是从计算思维角度提升计算机课程重要性的新观点。

美国卡内基·梅隆大学周以真教授认为，计算思维是运用计算机科学的基础概念去求解问题、设计系统和理解人类的行为。事实上，计算思维的核心是基于计算模型和约束的问题求解。例如，计算机科学基础理论研究实际上是基于抽象级环境（如图灵机）的问题求解，计算机硬件体系的设计与研究则是一种指令级的问题求解，程序设计是基于语言级的问题求解活动，系统软件设计与应用软件设计则是系统级的问题求解。所以，在 Access 数据库应用技术这门课程的教学实施中要特别注重实践，要使学生通过实践确实感受和领悟计算机问题求解的基本方法和思维模式，这就是本教材编写的重点。

本教材一方面通过实例的设计与实现，使学生领悟应用系统级问题的求解方式，另一方面突出相应领域问题求解的核心思路和基本技术与方法，逐步培养学生的计算思维，锻炼学生用计算机解决问题的能力。本书主要内容包括数据库的基本概念和基础知识，Access 数据库和表的创建与基本操作，数据库应用系统中查询、窗体、报表和宏的设计，VBA 模块，Web 数据库，数据安全以及“教学管理系统”学生端——“学生信息管理系统”的完整开发过程介绍。书中的例题既可作为教师授课过程的用例，也可作为学生的实验，书中每章后都设计了大量的选择题和思考题，有利于读者检查学习效果和引导读者进一步理解书中的重点、难点。

本教材的作者长期从事 Access 的一线教学工作，已积累了十年的教学经验，对 Access 的教学工作都有自己独到的见解，这次编撰成书，可谓多年教学成果的结晶。其中，第 1、2 章由肖艳芹编写，第 3、7 章由邓娜编写，第 4、5 章由齐鸿志编写，第 6、10 章由尹胜彬编写，第 8、9 章由支高英编写。全书由邓娜统稿，教育部文科计算机基础教指委委员罗朝晖对本书提出了宝贵意见，河北大学徐建民和杨晓晖给出了一些参考意见，感谢所有人付出的辛勤劳动！

本教材可以作为高等学校各专业数据库应用技术类课程的教材，也可以作为参加全国计算机等级考试的培训教材以及各类办公人员的自学教材。

由于作者水平有限，难免有错误和疏漏之处，敬请读者批评指正。

为方便使用本书的教师授课和学生学习，作者免费提供配套电子课件，以及“教学管理系统”学生端——“学生信息管理系统”，有需要的可以发邮件索取：ran@phei.com.cn。

作者

目　录

第 1 章　数据库基础知识

在现代社会中，各个企业或组织中都存在大量需要管理的数据，例如列车、航空的票务数据，银行中储户的账户数据等，这些数据经常会被检索、修改或删除，例如，银行储户的取款行为会涉及数据的检索和修改操作，以及数据使用过程中的安全问题。那么如何管理这些数据才能使其快捷、安全地为人们的学习、生活、工作提供服务？数据库正是基于此类需求而研发的技术。数据库是最新的数据管理技术，今天，数据库已经被应用在社会的各个领域的数据管理中。

本章首先介绍数据库的三个基本概念：数据库、数据库管理系统和数据库系统，然后讲解如何在数据库中表达现实世界中的事物。

1.1　数据库系统概述

1.1.1　数据库技术的发展

数据库技术产生于 20 世纪 60 年代后期，但在数据库技术出现之前，计算机中的数据管理经历了人工管理和文件系统两个阶段。在这两个阶段中，数据分别由应用程序和文件系统进行管理，其管理方式存在一定的缺点，以文件系统阶段为例，它存在着数据共享性和独立性差等缺点。数据共享性差会导致大量的数据冗余，浪费存储空间，而且由于数据的重复存储，还易造成数据的不一致。数据的独立性差会导致难以增加新的应用，系统扩充困难，而且当数据的结构发生变化时，需要修改应用程序以适应新的数据结构。

20 世纪 60 年代中后期，计算机管理的数据规模越来越大，应用范围也越来越广，数据量激增；在处理方式上，联机实时处理的需求也越来越多。在此背景下，文件系统管理数据的方式已不能满足应用的需求，数据库技术正是在此背景下产生的。

自数据库技术产生至今，其发展经历了 3 个阶段，即第一代的层次、网状数据库系统，第二代的关系数据库系统，以及第三代的数据库系统。数据库发展阶段的划分是以数据模型的发展为主要依据的。数据模型的发展经历了格式化数据模型（层次数据模型和网状数据模型）、关系数据模型两个阶段，并正向面向对象数据模型等非传统数据模型阶段发展。

1. 第一代数据库系统

第一代数据库系统指的是以层次和网状模型为基础的层次和网状数据库系统，产生于 20 世纪 60 年代末期，它们是最早研究的数据库系统。

层次数据库是数据库系统的先驱，其代表系统为 1969 年 IBM 公司开发的 IMS 数据库系统。

1969 年，美国数据库系统语言协会 CODASYL（Conference On Data System Language）的数据库研制者提出了网状模型数据库系统规范报告，称为 DBTG（Data Base Task Group）

报告，使数据库系统开始走向规范化和标准化，这是网状数据库系统的典型代表。网状数据库是数据库概念、方法和技术的奠基者。

2. 第二代数据库系统

第二代数据库系统指的是支持关系模型的关系数据库系统。

1970 年，E.F.Codd 发表了题为《A Relational Model of Data for Shared Data Banks》的论文，提出了数据库的关系模型，开始了数据库关系方法和关系数据理论的研究，为关系数据库技术奠定了理论基础。

关系数据库系统以关系代数为语言模型，以关系数据库理论为其理论基础，具有形式化基础好、数据独立性强及数据库语言非过程化等特点。

3. 第三代数据库系统

与第一代、第二代数据库系统不同，第三代数据库系统没有统一的数据模型，但其数据模型具有面向对象模型的基本特征。对象关系数据库、面向对象数据库、并行数据库、空间数据库等都可以广泛称为第三代数据库系统。除了传统的数据管理服务外，第三代数据库可支持更加丰富的对象结构和规则，集数据管理、对象管理和知识管理为一体，可满足更加广泛复杂的新应用的要求。

1.1.2 数据库新技术

计算机相关技术的发展以及应用领域的变化推动着数据库技术不断向前发展，如分布式数据库、并行数据库、移动数据库和 Web 数据库等都是数据库与其他技术相结合所产生的新型数据库系统，而工程数据库、空间数据库、统计数据库和数据仓库等则是为适应特定应用领域的需求而产生的数据库新技术。

1. 分布式数据库

分布式数据库系统是在集中式数据库系统的基础上发展来的，是数据库技术与网络技术结合的产物。可以对分布式数据库给出如下定义：

分布式数据库是由一组数据组成的，这组数据分布在计算机网络的不同计算机上，网络中的每个结点都具有独立处理的能力（即场地自治），可以执行局部应用。同时，每个结点也能通过网络通信子系统执行全局应用。

在该定义中，强调了分布式数据库的场地自治性和场地之间的协作性。也就是说，每个场地都是独立的数据库系统，拥有自己的数据库、自己的用户，运行自己的 DBMS，执行局部应用，具有高度的自治性。并且，各个场地之间的数据库系统又相互协作组成一个整体：即从用户的角度看，一个分布式数据库系统在逻辑上和集中式数据库系统是一样的，用户可以在任何一个场地执行全局应用。就好像那些数据是存储在同一台计算机上，由单个数据库管理系统来管理一样，用户并没有什么不同的感觉。

分布式数据库具有以下优点：

（1）更适合分布式的管理与控制；

（2）具有灵活的体系结构；

（3）系统经济，可靠性高，可用性好；

（4）局部应用的响应速度快；

（5）可扩展性好，易于集成现有系统，易于扩充。

2．Web 数据库

Web 数据库是 Web 技术与数据库技术相融合的结果，是一个以后台数据库为基础，加上一定的前台程序，通过浏览器完成数据库存储、查询等操作的系统。简单地说，一个 Web 数据库就是用户利用浏览器作为输入接口，输入所需要的数据，然后将这些数据传送给网络，网站再对这些数据进行处理，例如将数据存入数据库，或者对数据库进行查询操作等，最后网站将操作结果传回给浏览器，通过浏览器将结果反馈给用户。

与传统方式相比，利用 Web 来访问数据库，具有以下优点。

（1）利用通用的浏览器软件实现数据库客户端功能，不再需要考虑数据库客户端的设计，软件更新更加方便。

（2）数据库与浏览器完全独立，数据库结构的变更不会影响浏览器软件。因此，用户的操作不受影响。

（3）标准统一。HTML 语言是网络上的信息组织方式，是一种国际标准语言，所有的浏览器软件都遵循这个标准。

（4）具有跨平台特性。每种操作系统下都有浏览器软件可供使用。因此，设计开发的 Web 数据库应用可以在各种平台下运行，从而提高了企业软、硬件选择的自由度。

3．数据仓库

数据仓库就是面向主题的、集成的、相对稳定的、随时间不断变化（不同时间）的数据集合，用以支持经营管理中的决策制定过程。

数据仓库具有如下特征。

（1）面向主题。

数据仓库中的数据面向主题，与传统数据库面向应用相对应。主题是一个在较高层次上将数据归类的标准，每一个主题对应一个宏观的分析领域，数据仓库中的数据是面向主题进行组织的。面向主题的数据组织方式，就是在较高层次上对分析对象的数据的一个完整、一致的描述，能完整、统一地刻画各个分析对象所涉及的各项数据及数据间的联系。

（2）集成化特性。

数据仓库中的数据是从原有分散的数据库中抽取出来的，由于数据仓库的每一主题所对应的源数据在原有分散的数据库中可能有重复或不一致的地方，加上综合数据不能从原有数据库中直接得到。因此数据在进入数据仓库之前必须要经过统一和综合形成集成化的数据。这是建立数据仓库的关键步骤，不但要统一原始数据中的矛盾之处，还要将原始数据结构做一个从面向应用向面向主题的转变。

（3）稳定性。

数据仓库的稳定性是指数据仓库反映的是历史数据，而不是日常事务处理产生的数据，数据经加工和集成进入数据仓库后是极少或根本不修改的。

（4）随时间不断变化。

数据仓库中数据的不可更新性是针对应用来说的，即用户进行分析处理时是不进行数据更新操作的。但并不是说，在数据仓库的整个生存周期中数据库集合是不变的。

数据仓库会随时间的变化不断增加新的数据内容，以及删除旧的数据内容。而且，数据仓库中包含大量的综合数据大多与时间有关，这些数据会随着时间的变化不断地重新进行综合，这些数据的码键都包含时间项，以标明数据的历史时期。所以，数据仓库中的数据是随时间不断变化的。

1.1.3 数据库相关基本概念

为了更好地使用数据库，首先需要了解数据库、数据库管理系统、数据库系统等基本概念。

1．数据

信息是现实世界中人们对客观事物状态和特征的描述。数据（Data）是承载信息的符号记录，它是数字、字母、文字、图像、声音、视频等信息的描述形式，常常经过数字化处理后存入计算机来反映或描述事物的特性。

2．数据库

简单地说，数据库（DataBase，DB）就是存放数据的仓库。在现代社会中，数据的规模越来越大，将数据存储在数据库中，可以更加方便、快捷，并且充分利用这些数据。

严格地说，数据库是指长期存储在计算机内、有组织的、可共享的大量数据的集合。数据库中的数据按照一定的数据模型进行组织、描述和存储，并具有较小的冗余度、较高的数据独立性，且可由各种用户共享。

3．数据库管理系统

了解了数据库的基本概念之后，接下来的问题是数据库如何存储在计算机中，如何才能高效地检索和维护数据库中的数据。解决这些问题需要的就是数据库管理系统。

数据库管理系统（Database Management System，DBMS）是一个系统软件，是提供建立、管理、维护和控制数据库功能的一组计算机软件。数据库管理系统的目标是使用户能够科学地组织和存储数据，能够从数据库中高效地获得需要的数据，方便地处理数据。

数据库管理系统主要提供以下几个方面的功能：

（1）数据定义功能。

数据库管理系统提供数据定义语言，用户通过它可方便地对数据库中的数据对象进行定义。

（2）数据组织、存储和管理。

数据库管理系统会分类组织、存储和管理各种数据，并确定以何种文件结构和存取方式在存储级上组织数据，其目的是提高存储空间的利用率和数据的存取效率。

（3）数据操纵功能。

数据库管理系统通过提供数据操纵语言实现对数据的增、删、改、查询、统计等数据操纵功能。

（4）数据库的建立和维护功能。

数据库管理系统包括数据库初始数据输入、转储、恢复、重组以及数据库结构的修改和扩充等功能。

（5）数据库的运行管理。

数据库的运行管理功能是数据库管理系统的核心功能，它对数据库的建立、运行和维护进行统一管理，保证数据的安全性、完整性、并发性和故障恢复。

4. 数据库系统

（1）数据库系统的组成。

仅有数据库管理系统，是不能完成数据库的建立、使用和维护等工作的，一个完整的数据库系统还应包括除数据库管理系统之外的元素。一般来说，数据库系统（DataBase System，DBS）是指带有数据库并利用数据库技术进行数据管理的计算机系统，包括以下4部分：

- 数据库：数据库系统的数据源。
- 硬件：支持系统运行的计算机硬件设备。包括CPU、内存、外存及其他外部设备。
- 软件：包括操作系统、数据库管理系统、应用开发工具和应用系统。
- 人员：数据库系统中的主要人员有数据库管理员、系统分析员和数据库设计人员、应用程序开发人员和最终用户。

（2）数据库系统的特点。

与人工管理和文件系统相比，数据库系统主要有以下4个特点：

- 数据结构化。在数据库系统中，数据是面向整体的，不但数据内部组织有一定的结构，而且数据之间的联系也按一定的结构描述出来，所以数据整体结构化。
- 数据共享性高，冗余度低，易扩充。数据库系统是面向整体的，因此数据可以被多个用户共享使用，大大减少了冗余度。而且可以很容易地增加新的功能，适应用户新的要求。
- 数据独立性高。数据库系统的体系结构包括三级模式和两级映射，保证了程序与数据库中的逻辑结构和物理结构有高度的独立性。
- 数据由数据库管理系统统一管理和控制。数据库管理系统在数据库建立、运用和维护时对数据库进行统一控制，以保证数据的完整性、安全性，并在多用户同时使用数据库时进行并发控制，在发生故障后对系统进行恢复。

5. 数据库应用系统

数据库应用系统（DataBase Application System）就是利用数据库技术管理数据的系统，它是在数据库管理系统支持下建立的计算机应用系统。数据库应用系统包括：应用系统、应用开发工具软件、数据库管理系统、操作系统、硬件、数据库管理员、应用界面。通常，这7个部分以一定的逻辑层次结构方式组成一个有机的整体。概括地说，数据库应用系统就是利用数据库技术，面向某个特定应用开发的应用软件及相关，例如财务管理系统、人事管理系统、图书管理系统、教学管理系统等。

1.2　数据模型

数据库中的数据来源于现实世界，那么，在实现数据库系统时，需要考虑的问题是：如何描述现实世界中的事物，才能在数据库中清晰、准确地表达现实世界中的事物以及事物间的联系。这就需要使用数据模型来解决这一问题。

数据模型是数据特征的抽象，它是对数据库如何组织的一种模型化表示。计算机不可能直接处理现实世界中的具体事物，人们必须把具体事物转换成计算机能够处理的数据，因此人们用数据模型这个工具来抽象、表示和处理现实世界中的数据和信息。无论处理任何数据，都要先对数据建立模型，然后在此基础上进行处理。

数据模型应满足 3 方面要求：一是能比较真实地模拟现实世界；二是容易为人所理解；三是便于在计算机上实现。

根据模型应用的不同目的，可以将模型分为两类：一类模型是概念模型，也称信息模型，它按用户的观点来对数据和信息建模，主要用于数据库设计。概念模型不依赖于具体计算机系统，也不是某一种数据库管理系统支持的模型。另一类模型是逻辑模型，它按计算机系统的观点对数据建模，主要用于数据库管理系统的实现。数据模型描述数据的结构、定义在其上的操作以及约束条件。它具有数据结构、数据操作和数据的完整性约束三要素。

1.2.1　概念模型

在实现数据库系统的时候，需要先把现实世界中的事物抽象成概念模型，然后再把概念模型转换为计算机上某一种数据库管理系统支持的数据模型。

概念模型用于信息世界的建模，是现实世界到信息世界的第一层抽象，是现实世界到机器世界的一个中间层次。概念模型应该简单、清晰、易于用户理解，还应该具有较强的语义表达能力，能够方便、直接地表达应用中的各种语义。

1. 信息世界中的基本概念

在使用概念模型对现实世界进行抽象之前，首先需要了解以下与概念模型相关的主要概念：

（1）实体。

客观存在并可相互区别的事物称为实体。例如，一门课程、一个学生等。

（2）属性。

实体所具有的某一特性称为属性。例如，学生的学号、姓名。

（3）关键字。

唯一标识实体的属性集称为关键字。例如，学号是学生实体的关键字。

（4）实体型。

具有相同属性的实体必然具有共同的特征和性质。用实体名及其属性名集合来抽象和刻画同类实体，称为实体型。例如，学生（学号，姓名，性别，出生年份，系，入学日期）就是一个实体型。

（5）实体集。

同型实体的集合称为实体集。例如，全体学生就是一个实体集。

（6）联系。

在现实世界中，事物内部以及事物之间是有联系的，这些联系在信息世界中反映为实体（型）内部的联系和实体（型）之间的联系。

两个实体型之间的联系可以分为三类：

（1）一对一联系（1:1）。

如果对于实体集 A 中的每一个实体，实体集 B 中至多有一个（也可以没有）实体与之联系，反之亦然，则称实体集 A 与 B 具有一对一联系，记为 1:1。

例如，一个班级只有一个正班长，而一个班长也只在一个班中任职，如图 1.1（a）所示。

（2）一对多联系（1:*n*）。

如果对于实体集 A 中的每一个实体，实体集 B 中有 *n* 个实体（$n \geqslant 0$）与之联系，反之，对于实体 B 中的每一个实体，实体集 A 中至多只有一个实体与之联系，则称实体集 A 与 B 有一对多联系，记为 1:*n*。

例如，一个班级中可以有若干名学生，而每个学生只在一个班级中学习，如图 1.1（b）所示。

（3）多对多联系（*m*:*n*）。

如果对于实体集 A 中的每一个实体，实体集 B 中有 *n* 个实体（$n \geqslant 0$）与之联系，反之，对于实体集 B 中的每一个实体，实体集 A 中也有 *m* 个实体（$m \geqslant 0$）与之联系，则称实体集 A 与 B 具有多对多联系，记为 *m*:*n*。

例如，一个学生可以选修多门课程，而一门课程可以被多个学生选修，学生和课程之间就是多对多的联系，如图 1.1（c）所示。

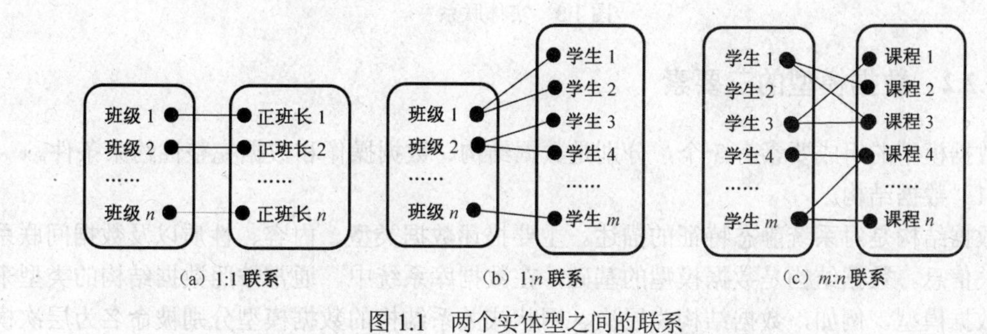

图 1.1　两个实体型之间的联系

2．概念模型的表示方法

在对现实世界进行建模之后，需要将建立的概念模型表达出来。表示概念模型的方法很多，其中最常用的是实体-联系方法（Entity-Relationship Approach），该方法使用 E-R 图来表示概念模型。

E-R 图提供了表示实体型、属性和联系的方法：

（1）实体型。

使用矩形表示实体型，矩形内写明实体名。

（2）属性。

使用椭圆表示属性，并用无向边将其与相应的实体型连接起来。

例如：学生实体具有学号、姓名、出生日期、性别、入学日期等属性，用 E-R 图表示学生实体如图 1.2 所示。

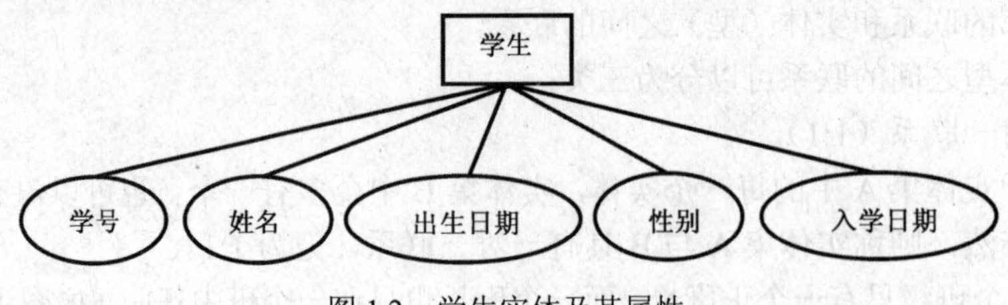

图 1.2　学生实体及其属性

（3）联系。

使用菱形表示，菱形内写明联系名，并用无向边分别与有关实体型连接起来，并在无向边旁标注联系的类型（1:1，1:*n*，*m*:*n*）。

例如：学生实体和课程实体之间存在 *m*:*n* 联系，且该联系具有一个“成绩”属性，如图 1.3 所示。

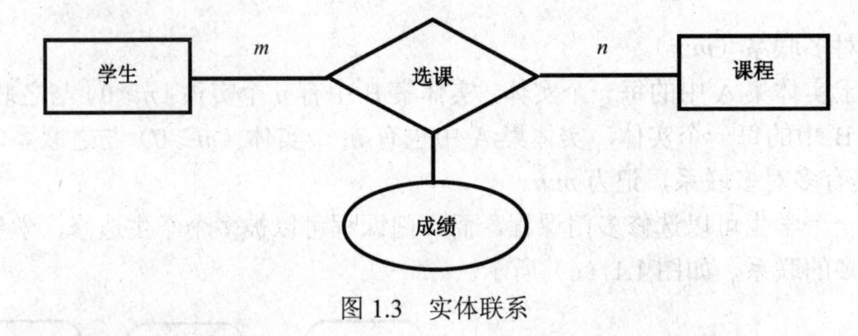

图 1.3　实体联系

1.2.2　数据模型的三要素

数据模型的组成要素有 3 个，分别是数据结构、数据操作和数据完整性约束条件。

（1）数据结构。

数据结构是对系统静态特征的描述。主要描述数据类型、内容、性质以及数据间联系的有关信息。数据结构是数据模型的基础，在数据库系统中，通常按照数据结构的类型来命名数据模型，例如，数据结构为层次、网状或关系结构的数据模型分别被命名为层次模型、网状模型和关系模型。

（2）数据操作。

数据操作描述的是系统的动态特征，主要描述在相应数据结构上的操作类型与操作方式。数据操作主要有数据检索和更新（即增、删、改）两大类操作。

（3）数据完整性约束条件。

数据完整性约束条件描述的是系统的约束条件，主要描述数据结构内数据间的语义限制、制约与依存关系以及数据动态变化的规则以保证数据的正确、有效与相容。

1.3 关系模型

在数据库的发展史上，主要的逻辑数据模型包括层次模型、网状模型和关系模型等三种模型。目前，主流的数据库管理系统大多是基于关系模型的。基于关系模型的数据库管理系统称为关系型数据库管理系统。接下来，首先通过关系模型的三要素：关系数据结构、关系操作、关系完整性约束条件来了解关系模型，然后介绍 E-R 图向关系模型的转换，以及关系模型的规范化。

1.3.1 关系数据结构

在关系模型中，无论实体还是实体之间的联系都由单一的数据结构即关系（表）来表示。

1. 关系模型的基本术语

关系：关系模型中一个关系就是一个二维表，每个关系有一个关系名，如图 1.4 所示的表格即为一个关系，此关系名为“学生信息表”。

元组：表中的一行即为一个元组，如“学生信息表”的一个元组（001，李月，1994-1-5，女，2012.9）。

学号	姓名	出生日期	性别	入学日期
001	李月	1994-1-5	女	2012.9
002	王明	1993-12-3	男	2012.9
003	孙杰	1994-1-6	男	2012.9
…	…	…	…	…

图 1.4 “学生信息表”关系数据结构

属性：表中的一列即为一个属性，给每个属性起一个名字即为属性名，如“学号”、“姓名”等属性。

域：属性的取值范围，如性别的域是（男，女），百分制成绩的域是 0~100。

关键字：属性或属性的集合，其值能唯一地标识一个元组。例如，“学生信息表”的“学号”属性在该关系中具有唯一性，可以作为该关系的关键字。

外关键字：若一个关系 R 中的属性（或属性组）F 不是其关键字，却与另一个关系 S 的主关键字 Ks 相对应，则 F 称为是 R 关系的外关键字。例如，在“教学管理系统”中，“班级”字段在“学生信息表”中不是主关键字，但是“班级信息表”的“班级编号”是主关键字，而且此“班级编号”与“学生信息表”的“班级”字段相对应，则称“班级”是“学生信息表”的外关键字。

关系模式：关系名及关系的属性集合构成关系模式，一个关系模式对应一个关系的结构。关系模式的格式为：关系名（属性 1，属性 2，…，属性 n）。例如，学生信息表的关系模式为：学生信息表（学号，姓名，性别，密码，出生日期，民族，籍贯，政治面貌，入学日期，班级，照片，备注）。

2. 关系的基本性质

- 关系中的每一列是同一类型的数据，来自同一个域。
- 关系中的每一列称为一个属性，不同的属性要给予不同的属性名。
- 列的顺序无所谓，即列的次序可以任意交换。
- 关系中的每一行称为一个元组，任意两个元组不能完全相同。
- 行的顺序无所谓，即行的次序可以任意交换。

1.3.2 关系操作

关系的基本运算可分为两类：传统的集合运算（并、差、交等）和专门的关系运算（选择、投影、连接）。

1. 传统的集合运算

传统的集合运算包括并、交、差和笛卡儿乘积等运算。注意，进行并、差和交运算的两个关系必须具有相同的关系模式，即元组有相同结构。学生信息表 1 和学生信息表 2 就是两个具有相同结构的关系，其结构和关系中的元组如表 1.1 和表 1.2 所示。下面将以这两个表为例介绍关系运算。

表 1.1 学生信息表 1

学号	姓名	出生日期
001	李月	1994-1-5
002	王明	1993-12-3
003	孙杰	1994-1-6

表 1.2 学生信息表 2

学号	姓名	出生日期
001	李月	1994-1-5
004	张力	1993-2-12
005	刘丽	1994-3-20

（1）并。

关系 R 与 S 的“并”是由属于 R 或 S 的元组组成的集合，并运算由符号“∪”表示，关系 R 和关系 S 的并可表示为 R∪S。

例如：学生信息表 1∪关系学生信息表 2 的结果如表 1.3 所示。

（2）交。

关系 R 和 S 的“交”是由既属于 R 又属于 S 的元组组成的集合。交运算的结果是 R 和 S 的共同元组。

交运算由符号“∩”表示，关系 R 和关系 S 的交可表示为 R∩S，例如：学生信息表 1 和学生信息表 2 的交可表示为“学生信息表 1∩学生信息表 2”，其结果如表 1.4 所示。

表 1.3 学生信息表 1∪关系学生信息表 2

学号	姓名	出生日期
001	李月	1994-1-5
002	王明	1993-12-3
003	孙杰	1994-1-6
004	张力	1993-2-12
005	刘丽	1994-3-20

表 1.4 学生信息表 1∩学生信息表 2

学号	姓名	出生日期
001	李月	1994-1-5

（3）差。

关系 R 与 S 的“差”是由属于 R 但不属于 S 的元组组成的集合，即差运算的结果是从 R 中去掉 R 和 S 共同包含的元组。

差运算由符号“ - ”表示，，关系 R 和关系 S 的差可表示为 R - S，例如：学生信息表 1 和学生信息表 2 的差可表示为“学生信息表 1 - 学生信息表 2”，其结果如表 1.5 所示。

（4）笛卡儿乘积。

关系 R 和 S 的笛卡儿乘积是由 R 中的每一个元组与 S 中的任意元组组合而成的元组组成的集合，该集合中元组的个数为 $m \times n$，其中 m 为 R 的元组数，n 为 S 的元组数。

笛卡儿乘积用符号“×”表示，关系 R 和关系 T 的笛卡儿乘积可表示为 R×T，假设成绩信息表的结构和关系中的元组如表 1.6 所示，则学生信息表 1 和成绩信息表的笛卡儿乘积可表示为“学生信息表 1×成绩信息表”，其结果如表 1.7 所示。

表 1.5 学生信息表 1 - 学生信息表 2

学号	姓名	出生日期
001	李月	1994-1-5
002	王明	1993-12-3
003	孙杰	1994-1-6

表 1.6 成绩信息表

学号	课程编号	成绩
001	C001	89
002	C002	85

表 1.7 学生信息表 1×成绩信息表

学生信息表 1.学号	姓名	出生日期	成绩信息表.学号	课程编号	成绩
001	李月	1994-1-5	001	C001	89
001	李月	1994-1-5	002	C002	85
002	王明	1993-12-3	001	C001	89
002	王明	1993-12-3	002	C002	85
003	孙杰	1994-1-6	001	C001	89
003	孙杰	1994-1-6	002	C002	85

请同学们观察表 1.7 每行的数据，说一说哪些数据是有意义的。

2．专门的关系运算

（1）选择。

从关系中查找出满足给定条件的元组的操作称为选择。

选择的条件以逻辑表达式给出，选择运算的结果是由逻辑表达式的值为真的元组组成的集合。

例如，从学生信息表 1 中选择出所有姓李的学生的信息，其结果如表 1.8 所示。

表 1.8 选择运算

学号	姓名	出生日期
001	李月	1994-1-5

（2）投影。

从关系中选择出若干属性的操作称为投影。

例如，学生信息表 1 中选择出学生的学号、姓名，其结果如表 1.9 所示。

表 1.9　投影运算

学号	姓名
001	李月
002	王明
003	孙杰

（3）连接。

连接运算是从两个关系的笛卡儿乘积中选择出满足指定条件的元组。

例如，学生信息表 1 和成绩信息表按照“学生信息表 1.学号=成绩信息表.学号”进行连接运算，其结果如表 1.10 所示。

表 1.10　连接运算

学生信息表 1.学号	姓名	出生日期	成绩信息表.学号	课程编号	成绩
001	李月	1994-1-5	001	C001	89
002	王明	1993-12-3	002	C002	85

从连接运算可以看出，当我们需要的数据分别存储在不同的表时，可以使用连接运算将不同表中的元组连接在一起。例如，如果想知道学生“李月”的“成绩”，“李月”这个姓名存储在“学生信息表 1”中，而属性“成绩”存储在“成绩信息表”中，所以需要将“学生信息表 1”和“成绩信息表”连接起来，才能得到所需要的数据即李月的成绩。

在该例中，两个关系的连接条件是“学生信息表 1..学号=成绩信息表学号”，使用的关系运算符为“=”，这样的连接称为等值连接。

在连接运算中，按照字段值对应相等为条件进行的连接操作为等值连接。连接结果中去掉重复值的等值连接叫自然连接，自然连接是最常用的连接运算。

1.3.3　关系的完整性

关系模型的完整性规则是对关系的一种约束条件。关系模型存在三类完整性约束：实体完整性、参照完整性和用户定义的完整性。

1. 实体完整性

实体完整性是指关系的主属性不能取空值，即主属性不能是“不知道”或“不存在”的值。

例如在关系学生信息表（学号、姓名、出生年月、班级）中，“学号”为该关系的主属性，则“学号”不能取空值。

根据实体完整性的要求，如果关系的主关键字由若干属性组成，则所有这些主属性都不能取空值。例如学生选课关系“选课（学号，课程编号，成绩）”中，“学号、课程编号”为主属性，则“学号”和“课程编号”都不能取空值。

2. 参照完整性

参照完整性规则定义了外关键字与主关键字之间的引用规则。下面首先给出外关键字的定义。

外关键字：如果关系 R 中的一个或一组属性 F 不是 R 的关键字，但却与关系 S 的主关键字相对应，则 F 称为 R 的外关键字。

参照完整性的含义为：

若属性（或属性组）F 是基本关系 R 的外关键字，它与基本关系 S 的主关键字 Ks 相对应（基本关系 R 和 S 不一定是不同的关系），则对于 R 中每个元组在 F 上的值必须为：

- 或者取空值（F 的每个属性值均为空值）；
- 或者等于 S 中某个元组的主关键字值。

例如，“教学管理系统”中的两个表：学生信息表、班级信息表的关系模式如下：

学生信息表（学号，姓名，性别，密码，…，入学日期，班级，照片，备注）

班级信息表（班级编号、班级名称，学生数，所属学院）

学生信息表的主关键字为“学号”，班级信息表的主关键字为“班级编号”，“班级”是关系“学生信息表”的外关键字，它参照了班级信息表中的“班级编号”属性，如图 1.5 所示。这时，学生信息表中的“班级”属性的取值只有以下两种情况。

（1）空值：表示还没有给学生分配班级；

（2）取班级信息表中的“班级编号”属性中存在的值：表示该学生被分配在某一个存在的班级中。

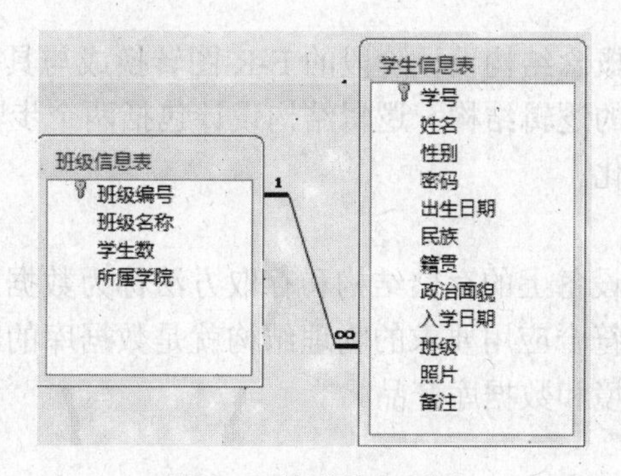

图 1.5 关系的参照图

3. 用户定义的完整性

不同的关系数据库系统根据其应用环境的不同，往往还需要一些特殊的约束条件，用户定义的完整性就是针对某一具体关系数据库的约束条件。例如，定义“成绩”字段的取值范围为 0～100。

1.4 数据库设计

数据库设计是指针对给定的应用环境，构造优化的数据库逻辑模式和物理结构，并据此建立数据库及其应用系统，使其能够有效地存储和管理数据，满足用户的应用需求。数据库的设计和开发是一项庞大的工程，需要用到信息资源管理、软件开发工具、数据库理论等基础知识。

1.4.1 数据库设计的步骤

数据库应用系统以数据库为核心和基础，数据库设计要与整个数据库应用系统的设计开发结合起来进行，只有设计出高质量的数据库，才能开发出高质量的数据库应用系统，也只有着眼于整个数据库应用系统的功能要求，才能设计出高质量的数据库。

数据库设计包括需求分析、概念结构设计、逻辑结构设计、物理结构设计、数据库实施、数据库运行和维护 6 个阶段。

（1）需求分析。

需求分析的任务是通过详细调查现实世界要处理的对象（组织、部门、企业等），充分了解原系统（手工系统或计算机系统）工作概况，明确用户的各种需求，然后在此基础上确定新系统的功能。新系统必须充分考虑今后可能的扩充和改变，不能仅按当前营业需求来设计数据库。这里的重点是对建立数据库的必要性及可行性进行分析和研究，确定数据库在整个数据库应用系统中的地位以及各个数据库之间的关系。

（2）概念结构设计。

概念结构设计是整个数据库设计的关键，它通过对需求分析阶段得到的用户需求进行综合、归纳和抽象，形成一个独立于具体 DBMS 的概念模型。

（3）逻辑结构设计。

逻辑结构设计就是把概念结构设计阶段的 E-R 图转换成与具体的数据库管理系统产品所支持的数据模型相一致的逻辑结构。逻辑结构设计包括两个步骤：将 E-R 图转换为关系模型和对关系模型进行优化。

（4）物理结构设计。

数据库在实际的物理设备上的存储结构和存取方法称为数据库的物理结构。对于设计好的逻辑模型选择一个最符合应用要求的物理结构就是数据库的物理结构设计，物理结构设计依赖于给定的硬件环境和数据库产品。

（5）数据库实施。

数据库实施阶段的工作就是根据逻辑设计和物理设计的结果，在选用的 DBMS 上建立起数据库，主要包括建立数据库的结构、载入实验数据并测试应用程序、载入全部实际数据并试运行应用程序等几项工作。

（6）数据库运行和维护。

数据库经过试运行就可以投入实际运行了。但是，由于应用环境在不断变化，对数据库设计进行评价、调整、修改等维护工作是一个长期的任务，也是设计工作的继续和提高。

1.4.2 概念结构设计

概念结构设计是指将需求分析阶段得到的用户需求抽象为信息结构即概念模型的过程。它是整个数据库设计的关键。

概念结构有以下一些特点：

- 能真实、充分地反映现实世界。
- 易于理解，因而可以以此为基础和不熟悉数据库专业知识的用户交换意见。

● 当应用环境和用户需求发生变化时，很容易实现对概念结构的修改和完善。
● 易于转换成关系、层次、网状等各种数据模型。

概念结构从现实世界抽象而来，又是各种数据模型的共同基础，实际上是现实世界与逻辑结构（机器世界）之间的一个过渡。

描述概念模型常用的工具是E-R模型。下面将使用E-R模型来描述生成的概念结构。

概念结构是对现实世界的一种抽象，也就是抽取现实世界中人、物、事等的共同特征，并把这些特征用各种概念精确地加以描述。在建立概念结构的过程中，可以先根据对象的特征和行为分类对象，具有共同特征和行为的对象作为一类，每一类都是概念模型中的一个实体型。例如，在学校的教学管理中，学生都具有相同的特征，如学号、姓名、班级等，也具有相同的行为，如选修课程；教师具有相同的特征，如教师编号、姓名、职称等，同时也具有相同的行为，如教学。根据分类的方法，可以把教学管理中的人和事物分为以下几个实体型：学生、教师、班级、课程、学院，它们具有的属性如下：

学生（学号，姓名，登录密码，出生日期，性别，入学日期，…）
教师（教师编号，姓名，登录密码，职称，教学网站）
班级（班级编号，专业，学生数）
课程（课程编号，课程名称，学分，课程类别，学时，课程简介）
学院（学院编号，学院名称，院办电话）

其中，加下画线的属性是实体型的关键字属性。

图1.6所示是这些实体型的E-R图表示。

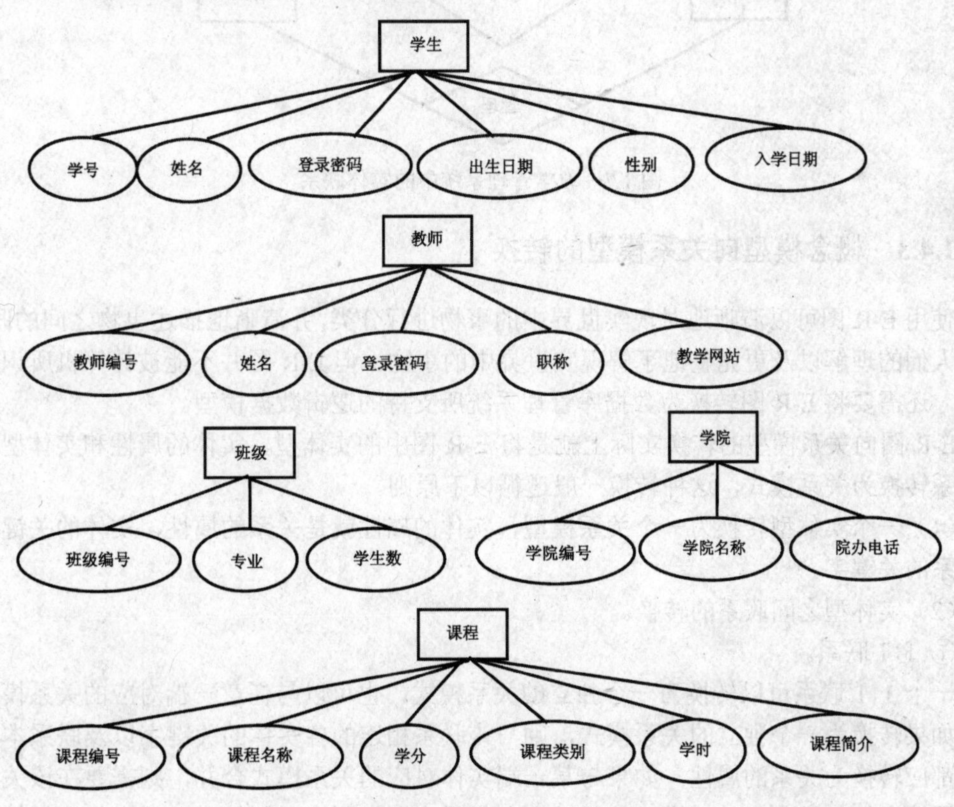

图1.6 教学管理系统中的实体型及其属性

接下来，需要考虑实体之间的联系：

（1）班级与学生之间是一对多联系；

（2）学院与班级之间是一对多联系；

（3）学生与课程之间是多对多联系；

（4）教师与课程、班级三者之间是多对多联系；

（5）学院与教师之间存在两种联系：一对多联系和一对一联系。一对多联系指的是一个学院中可以有多位教师，而一位教师只能在一个学院中任职；一对一联系指的是一个学院只能有一个正院长，而一个正院长只能管理一个学院（正院长也是教师中的一员）。

用 E-R 图表示这些实体型之间的联系如图 1.7 所示。

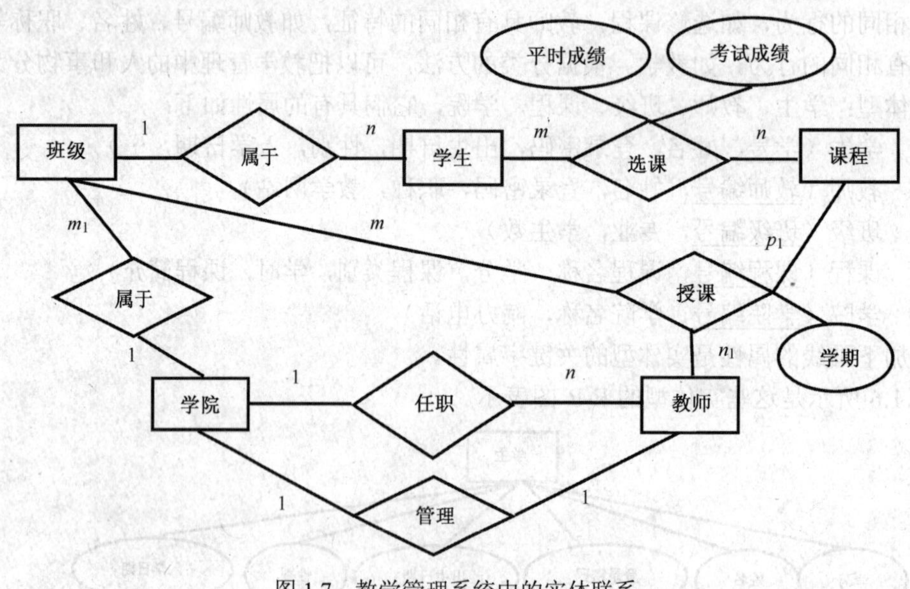

图 1.7　教学管理系统中的实体联系

1.4.3　概念模型向关系模型的转换

使用 E-R 图可以清晰地对现实世界中的事物进行分类，并清晰地描述事物之间的联系，便于人们的理解以及更完整地了解现实世界中的事物。但 E-R 图并不能被计算机所识别，因此，还需要将 E-R 图转换为数据库管理系统所支持的逻辑数据模型。

E-R 图向关系模型的转换实际上就是将 E-R 图中的实体型、实体的属性和实体型之间的联系转换为关系模式，这种转换一般遵循以下原则。

（1）一个实体型转换为一个关系模型，实体的属性就是关系的属性，实体的关键字就是关系的关键字。

（2）实体型之间联系的转换。

① 1:1 联系。

一个 1:1 联系可以转换为一个独立的关系模式，也可以与任意一端对应的关系模式合并。如果转换为一个独立的关系模式，则与该联系相连的各实体的关键字以及联系本身的属性都应转换为关系的属性。如果与某一端实体对应的关系模式合并，则需要在该关系模式的属性中加入另一个关系模式的关键字和联系本身的属性。例如，学院实体和教师实体之间的管理联系是一个 1∶1 联系，可以把它与学院关系模式合并，即在学院关系中增加一个名称为“院长”的属性，则合并后的学院关系模式为：

学院（学院编号，学院名称，院长）

② 1∶*m* 联系。

一个 1∶*m* 联系可以转换为一个独立的关系模式，也可以与 *m* 端对应的关系模式合并。如果转换为一个独立的关系模式，则与该联系相连的各实体的关键字以及联系本身的属性都应转换为关系的属性。如果与 *m* 端实体对应的关系模式合并，则需要在该关系模式的属性中加入 1 端实体对应的关系模式的关键字和联系本身的属性。例如，学生实体与班级实体之间的联系是 1∶*m* 联系，可将其与学生关系模式合并，即在学生关系模式中增加一个名称为“班级”的属性，则合并后的学生关系模式为：

学生（学号，姓名，登录密码，出生年月，性别，入学日期，班级）

③ *m*:*n* 联系。

一个 *m*:*n* 联系转换为一个关系模式。与该联系相连的各实体的关键字以及联系本身的属性都转换为关系的属性。例如，学生实体与课程实体之间的联系为 *m*:*n* 联系，可将其转换为一个新的关系模式，在该关系模式中包含学生实体和课程实体的关键字属性以及该联系本身所具有的属性，则转换后的关系模式为：

学生选课（学号，课程编号，平时成绩，考试成绩）

按照上述转换原则对教学管理系统的 E-R 图进行转换之后，得到以下关系模式：

学生（学号，姓名，登录密码，出生日期，性别，入学日期，班级，…）

教师（教师编号，姓名，登录密码，职称，教学网站，所属学院）

班级（班级编号，班级名称，学生数，所属学院）

课程（课程编号，课程名称，学分，课程类别，学时，课程简介）

学院（学院编号，学院名称，院办电话，正院长）

学生选课（学号，课程编号，平时成绩，考试成绩）

教师授课（教师编号，班级编号，课程编号，学期）

1.4.4 关系模型的规范化

为了确保关系结构设计合理，通常要对关系进行规范化设计。通过规范化设计，可以消除关系中存在的冗余。对于关系来说，存在着多种不同的规范化形式。从规范化的宽松到严格，分别为第一范式、第二范式、第三范式等。

1. 第一范式

一个满足第一规范化形式的关系中的每一个属性（字段）都是不可分的数据项。第一规范化形式简称为一范式或 1NF。1NF 是关系数据库应具备的最起码的条件，如果数据库设计不能满足第一范式，就不能称为关系型数据库。

例如，表 1.11 的“学生信息表”中“课程成绩”字段是一个可以拆分的字段项，因此该表不满足第一范式的要求。

为了使其符合第一范式，成为关系数据库中的数据表，必须进行数据表的规范化处理。方法是处理表头，使其成为只有一行表头的数据表。修改后的表如表 1.12 所示，是一个满足 1NF 的表。

表 1.11 学生信息表

学号	姓名	性别	出生日期	班级	班级人数	课程成绩		
						课程编号	课程名称	成绩
20120101	李月	女	1994-1-5	201201	40	C001	大学计算机基础	82
20120101	李月	女	1994-1-5	201201	40	C002	数据结构	85
20120102	王明	男	1993-12-3	201201	40	C001	大学计算机基础	78
20120301	孙杰	男	1994-1-6	201203	50	C001	大学计算机基础	92
20120301	孙杰	男	1994-1-6	201203	50	C015	古代汉语	86
20120302	李强	男	1994-6-3	201203	50	C001	大学计算机基础	70

表 1.12 学生信息表

学号	姓名	性别	出生日期	班级	班级人数	课程编号	课程名称	成绩
20120101	李月	女	1994-1-5	201201	40	C001	大学计算机基础	82
20120101	李月	女	1994-1-5	201201	40	C002	数据结构	85
20120102	王明	男	1993-12-3	201201	40	C001	大学计算机基础	78
20120301	孙杰	男	1994-1-6	201203	50	C001	大学计算机基础	92
20120301	孙杰	男	1994-1-6	201203	50	C015	古代汉语	86
20120302	李强	男	1994-6-3	201203	50	C001	大学计算机基础	70

2．第二范式

如果在一个满足 1NF 的关系中，所有非关键字属性都完全依赖于关键字，则称这个关系满足第二规范化形式，简称二范式或 2NF。

例如：在表 1.12 的学生信息表中，当给定“学号”和“课程编号”之后，可唯一确定一个记录，因此其关键字是“学号”和“课程编号”。但是，在表 1.12 中，非关键字属性“姓名”、“性别”、“出生日期”、“班级”和“班级人数”只依赖于“学号”，与“课程编号”无关，而非关键字属性“课程名称”仅依赖于“课程编号”，与“学号”无关，因此，在表 1.12 的学生信息表中，存在某些非关键字属性不完全依赖于关键字的情况，所以表 1.12 所示的学生信息表不满足第二范式的要求。

在数据库应用系统中如果存在不满足 2NF 的数据表，则将导致数据插入或删除异常，所以需要修改数据表，使其满足 2NF 的要求。修改方法一般是对数据表进行拆分，例如，针对表 1.12 所示的学生信息表，可以将存在依赖关系的属性单独存放在一个数据表里，所以，表 1.12 可拆分为表 1.13～表 1.15。

表 1.13 学生信息表

学号	姓名	性别	出生日期	班级	班级人数
20120101	李月	女	1994-1-5	201201	40
20120102	王明	男	1993-12-3	201201	40
20120301	孙杰	男	1994-1-6	201203	50
20120302	李强	男	1994-6-3	201203	50

表 1.14　课程信息表

课程编号	课程名称
C001	大学计算机基础
C002	数据结构
C015	古代汉语

表 1.15　学生选课表

学号	课程编号	成绩
20120101	C001	82
20120101	C002	85
20120102	C001	78
20120301	C001	92
20120301	C015	86
20120302	C001	70

3. 第三范式

对于那些满足 2NF 的关系，且其非关键字属性之间不存函数依赖（即：不存在一个非关键字属性，可以确定另外一些非关键字属性），则称这个关系满足第三规范化形式，简称三范式或 3NF。

一个满足 3NF 的数据库将有效地减少数据冗余。例如：在表 1.13 所示的学生信息表中，非关键字属性“班级”可以确定非关键字属性“班级人数”的值，所以非关键字之间存在函数依赖关系，表 1.13 不满足 3NF 范式。

为了使表 1.13 满足 3NF 范式，可以将它拆分成“学生信息表”和“班级信息表”两个表，每个表对应一个对象，如表 1.16 和表 1.17 所示。

表 1.16　学生信息表

学号	姓名	性别	出生日期	班级
20120101	李月	女	1994-1-5	201201
20120102	王明	男	1993-12-3	201201
20120301	孙杰	男	1994-1-6	201203
20120302	李强	男	1994-6-3	201203

表 1.17　班级信息表

班级编号	班级人数
201201	40
201203	50

在设计表时，应该保证数据库中的所有表都能满足 2NF，并应力求绝大多数表满足 3NF。首先保证单层表头，使之成为 1NF 数据表；接着分解数据表并设定关键字，使之成为 2NF 数据表；如果包含冗余，则要继续拆分数据表以消除对非关键字段之间的函数依赖，使之成为 3NF 数据表。

一般来说，如果设计 E-R 图阶段正确表达了实体及实体间的联系，那么从 E-R 图转换而来的表会满足 3NF 的要求。而且，在设计表时，如果把握住一个表中只存放关于一个主题的信息的原则（即不要把多种不同的信息混杂在一起，如表 1.13 中就存放学生和班级两个主题的信息），也可以尽可能地避免出现不满足 3NF 的情况。

本章小结

本章首先介绍了数据库技术的发展历史、基本概念，然后介绍了概念模型和数据模型，并从数据模型三要素的角度介绍了目前广泛使用的关系模型。最后介绍了数据库设计的基本步骤，并详细介绍了概念结构的设计和概念模型向关系模型的转换，以及关系模型的规范化。通过这些基本概念的介绍，使读者对使用数据库所需要的基础知识有了一个较为清晰的认识，为以后章节的学习奠定一个良好的基础。

习题

一、选择题

1. 一个教师可讲授多门课程，一门课程可由多个教师讲授，则实体教师和课程间的联系是（　　）。

A. 1:1 联系　　B. 1:*m* 联系　　C. *m*:1 联系　　D. *m*:*n* 联系

2. 把实体-联系模型转换为关系模型时，实体之间多对多联系在模型中通过（　　）。

A. 建立新的属性来实现　　B. 建立新的关键字来实现

C. 建立新的关系来实现　　D. 建立新的实体来实现

3. 对关系 S 和关系 R 进行集合运算，结果中既包含 S 中元组也包含 R 中元组，这种集合运算称为（　　）。

A. 并运算　　B. 交运算　　C. 差运算　　D. 积运算

4. 在下列关系运算中，不改变关系表中的属性个数但能减少元组个数的是（　　）。

A. 并　　B. 选择　　C. 投影　　D. 笛卡儿乘积

5. 关系型数据库中所谓的“关系”是指（　　）。

A. 各个记录中的数据彼此间有一定的关联　　B. 数据模型符合满足一定条件的二维表格式

C. 某两个数据库文件之间有一定的关系　　D. 表中的两个字段有一定的关系

6. 下述关于数据库系统的叙述中正确的是（　　）。

A. 数据库系统减少了数据冗余

B. 数据库系统避免了一切冗余

C. 数据库系统中数据的一致性是指数据类型一致

D. 数据库系统比文件系统能管理更多的数据

7. 数据库 DB、数据库系统 DBS、数据库管理系统 DBMS 之间的关系是（　　）。

A. DB 包含 DBS 和 DBMS　　B. DBMS 包含 DB 和 DBS

C. DBS 包含 DB 和 DBMS　　D. 没有任何关系

8. 在数据管理技术的发展过程中，可实现数据共享的是（　　）。

A. 人工管理阶段　　B. 文件系统阶段

C. 数据库系统阶段　　D. 系统管理阶段

9. 1970 年，美国 IBM 公司研究员 E.F.Codd 提出了数据库的（　　）。

A．层次模型　　B．网状模型　　C．关系模型　　D．实体联系模型

10．设属性 A 是关系 R 的主键，则属性 A 不能取空值。这是（　）。

A．实体完整性规则　　B．参照完整性规则

C．用户定义完整性规则　　D．域完整性规则

11．数据库技术的奠基人之一 E.F．Codd 从 1970 年起发表过多篇论文，主要论述的是（　　）。

A．层次数据模型　　B．网状数据模型

C．关系数据模型　　D．面向对象数据模型

12．在数据库设计中用关系模型来表示实体和实体之间的联系。关系模型的结构是（　　）。

A．层次结构　　B．二维表结构

C．网状结构　　D．封装结构

13．关系数据模型（　　）。

A．只能表示实体间的 1∶1 联系　　B．只能表示实体间的 1∶n 联系

C．只能表示实体间的 m∶n 联系　　D．可以表示实体间的上述三种联系

14．按照传统的数据模型分类，数据库系统可以分为三种类型（　　）。

A．大型、中型和小型　　B．西文、中文和兼容

C．层次、网状和关系　　D．数据、图形和多媒体

15．数据库管理系统能实现对数据库中数据的查询、插入、修改和删除等操作，这种功能称为（　　）。

A．数据定义功能　　B．数据管理功能

C．数据操纵功能　　D．数据控制功能

16．在数据库设计中，用 E-R 图来描述信息结构但不涉及信息在计算机中的表示，它是数据库设计的（　　）阶段。

A．需求分析　　B．概念结构设计　　C．逻辑设计　　D．物理设计

17．E-R 图是数据库设计的工具之一，它适用于建立数据库的（　　）。

A．概念模型　　B．逻辑模　　C．结构模型　　D．物理模型

18．数据库概念设计的 E-R 方法中，用属性描述实体的特征，属性在 E-R 图中，用（　　）表示。

A．矩形　　B．四边形　　C．菱形　　D．椭圆形

19．在数据库设计中，在概念设计阶段可用 E-R 方法，其设计出的图称为（　　）。

A．实物示意图　　B．实用概念图　　C．实体表示图　　D．实体联系图

20．关系数据库管理系统应能实现的专门关系运算包括（　　）。

A．排序、索引、统计　　B．选择、投影、连接

C．关联、更新、排序　　D．显示、打印、制表

二、思考题

1．什么是数据库？

2．数据库有哪些新技术？

3．简述数据库、数据库系统、数据库管理系统、数据库应用系统及它们之间的关系。

4．数据库技术的发展经历了哪些阶段？

5．什么是实体完整性？

6．什么是参照完整性？举例说明关系参照完整性的含义。

7．数据库设计的一般步骤是什么？

8．E-R 图向关系模型转换时遵循的一般原则是什么？

9．简述第一范式、第二范式、第三范式的概念。

10．将以下 E-R 图转换为关系模式。

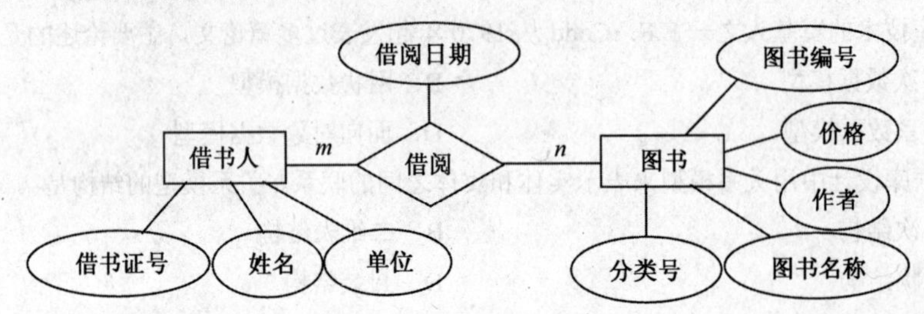

第 2 章　数据存储——表

完成数据库设计后，就可以根据设计结果，在计算机上开发 Access 数据库应用系统了。开发应用系统的第一步工作是建立 Access 数据库对象，第二步工作是在这个数据库对象中创建表对象。表对象是 Access 数据库的基础，是存储数据的地方，其他的数据库对象，如查询、窗体、报表等都是在表对象的基础上建立并使用的。完成表对象的创建后，再逐步完成应用系统所需的其他 Access 对象，如查询、窗体、报表、宏等，最终形成完整的数据库应用系统。

本章首先介绍 Access 2010 的基本特点，然后介绍数据库的创建、打开、关闭等数据库操作，最后介绍建立、维护、使用表的一些基本操作，主要包括创建表结构、向表中添加数据、创建表对象与表对象之间的关系、数据表的导入/导出等。

2.1　初识 Access 2010

Access 2010 是 Office 2010 系列软件的一个重要组成部分，主要用于数据库管理。它简单方便，易学易用，使用它可以高效地完成各种类型的中小型数据库管理工作。目前，Access 2010 广泛应用于财务、行政、金融、教育等众多领域。

2.1.1　Access 2010 的新特性

与之前的版本相比较，Access 2010 在安全性、智能性、对象创建以及数据类型等方面都有较大变化，从而使得数据库的管理、应用和开发工作变得更简单轻松。Access 2010 的新特性主要体现在以下几个方面。

1. 入门比以往更快速更轻松

利用 Access 2010 中的社区功能，可以以他人创建的数据库模板为基础开展工作，也可以共享自己的设计。使用 Office 在线提供的数据库模板，或从社区提交的模板中选择一些数据库模板并对其进行修改，可以快速地完成用户开发数据库的具体需求。

2. 应用主题实现专业设计

使用 Access 2010 提供的主题工具，可以快速设置和修改数据库外观，以制作出美观的窗体界面、表格和报表。

3. 新的数据类型

在 Access 2010 中新增的计算数据类型，可以实现原来需要在查询、控件、宏或 VBA 代码中进行的计算。使用计算字段，可以显示根据同一个表中的其他数据计算而来的值。

这样可以在数据库中更方便地显示和使用计算结果。Access 2010 的计算数据类型把 Excel 中优秀的公式计算功能移植到了 Access 中，为用户带来了极大的方便。

4．具有智能感知的表达式生成器

Access 2010 中的表达式生成器具有智能感知、快速提示和快速信息的特点，在用户输入表达式时，Access 会显示适合用户所在的上下文的可用标识符和函数的列表，用户可以单击列表中的每一项来查看该项的说明，而且 Access 会在用户输入函数时显示函数的语法。Access 2010 的智能表达式生成器可以帮助用户在自己的数据库中更快速、更轻松地编写逻辑和表达式。

5．数据表中的总计行

在“数据表”视图中，使用功能区中的“合计”命令，可以为数据表添加总计行，在该行中可以显示数据的计数、总和、平均值、最大值、最小值等结果。

6．全新的宏设计器

Access 2010 中包含一个全新的宏设计器，它具有智能感知功能和整齐简洁的界面。使用该设计器可以更轻松地创建、编辑和自动化数据库逻辑，从而更高效地工作、减少编码错误，并轻松地整合更复杂的逻辑以创建功能强大的应用程序。通过使用数据宏将逻辑附加到用户的数据中来增加代码的可维护性，从而实现源表逻辑的集中化。

2.1.2　Access 2010 的用户界面

Access 2010 的用户界面包含三个主要组件：工作首界面、功能区和导航窗格。

1．Access 2010 工作首界面

启动 Access 2010 但未打开数据库时，首先进入的就是 Access 2010 的工作首界面，如图 2.1 所示。

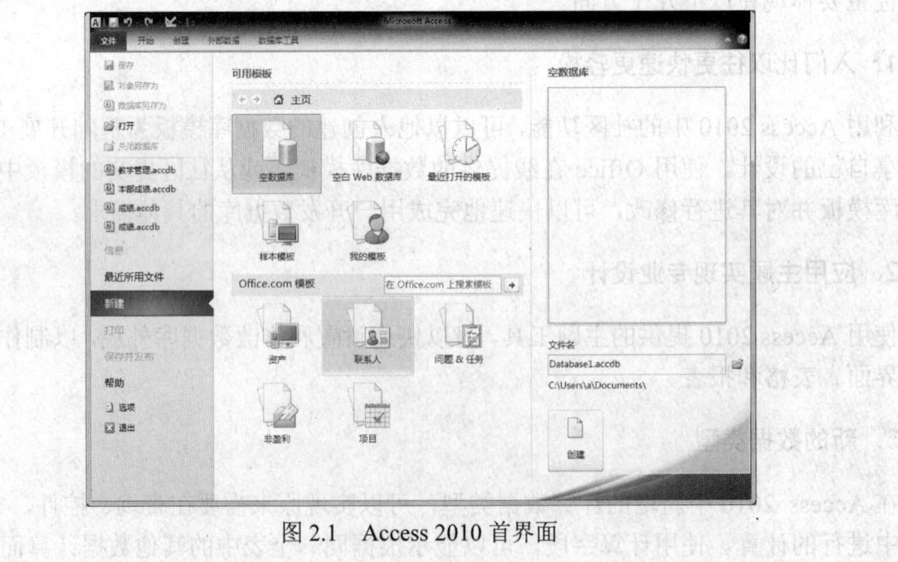

图 2.1　Access 2010 首界面

Access 2010 的首界面包含了适用于整个数据库文件的命令，在该界面中，可以创建新数据库、打开现有数据库、通过 Share Server 将数据库发布到 Web，以及执行很多文件和数据库维护任务。

2．功能区

功能区代替了 Access 2007 之前版本中的菜单和工具栏的主要功能，提供了 Access 2010 中主要的命令界面。功能区将通常需要使用菜单、工具栏、任务窗格和其他用户界面组件才能显示的任务或入口点集中在了一个地方，更便于用户查找各种命令。打开数据库时，功能区显示在 Access 主窗口的顶部，如图 2.2 所示。

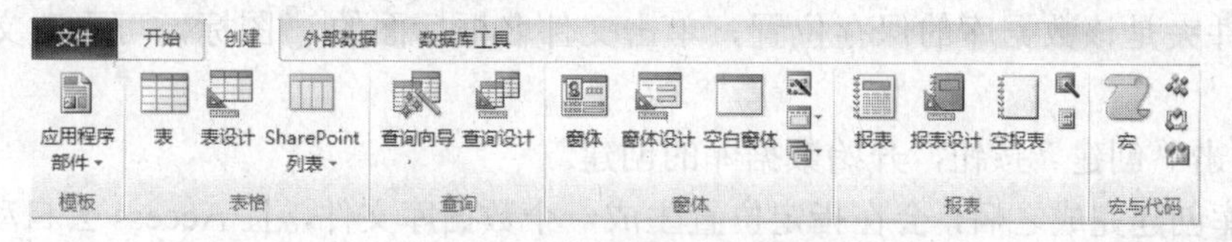

图 2.2　Access 2010 的功能区

功能区由一系列包含命令的命令选项卡组成。在 Access 2010 中，主要的命令选项卡包括“文件”、“开始”、“创建”、“外部数据”和“数据库工具”。

除标准命令选项卡之外，Access 2010 还有上下文命令选项卡。根据上下文（即，进行操作的对象以及正在执行的操作）的不同，标准命令选项卡旁边可能会出现一个或多个上下文命令选项卡。

3．导航窗格

打开一个数据库后，就可以看到导航窗格，如图 2.3 所示。

导航窗格实现了对当前数据库中所有对象的管理和对相关对象的组织。导航窗格显示了数据库中的所有对象，并按类型将它们分组。在导航窗格中，右击任何对象就可以打开其快捷菜单，可从中选择某个任务来执行。

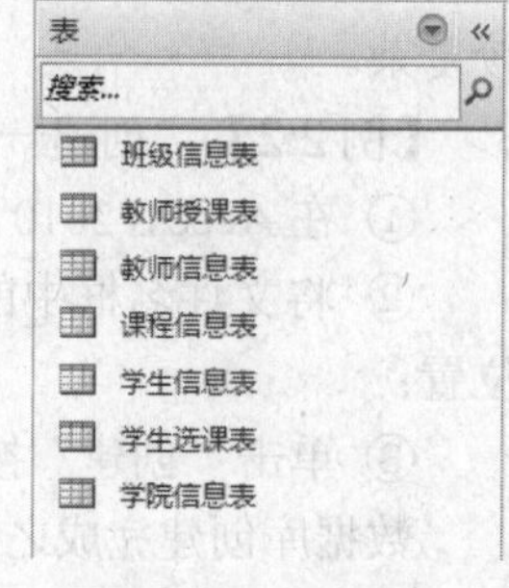

图 2.3　导航窗格

2.2　数据库的创建

Access 2010 提供了两种建立数据库的方法：使用模板创建数据库和创建空白数据库。模板是预设的数据库，其中包含执行特定任务时所需的所有表、查询、窗体和报表。用户可以按原样使用模板数据库，也可以对这些数据库进行自定义以更好地满足需要。如果不想使用模板，用户可以创建空白数据库，然后再添加所需的数据库对象。另外，Access 2010 还支持创建 Web 数据库，但本书介绍的是传统数据库的创建。

2.2.1　创建数据库

在创建数据库中的表、查询等对象之前，首先需要创建数据库，创建数据库之后会在磁盘上生成一个扩展名为“.accdb”的文件。

1. 使用模板创建数据库

使用模板是创建数据库的最快方式。Access 附带了各种各样的模板，除此之外，还可以在 Office.com 上找到更多的模板。如果某个模板非常符合用户的使用要求，则应选择使用模板创建数据库。

【例 2.1】 使用模板创建学生数据库，操作步骤如下：

① 启动 Access 2010 后，在 Access 工作首界面的可用模板区域单击“样本模板”；

② 选中“学生”，Access 在右侧窗格的文件名框中自动生成一个文件名“学生.accdb”，该文件名即为将要创建的数据库的名称，用户可以根据自己的需要更改文件名，文件名框下面的文件夹是该数据库的保存位置，单击文件名框后面的图标，可更改文件的保存位置；

③ 单击“创建”按钮，开始数据库的创建。

数据库创建完成之后，会在指定位置生成一个数据库文件，且 Access 会自动打开该数据库，此时用户就可以对数据库进行录入数据等操作了。

2. 创建空白数据库

如果没有合适的模板，那么可以创建空白数据库。空白数据库中没有任何数据库对象，在创建之后，可以根据实际需要添加所需要的表、查询、窗体、报表等对象。这种方法最灵活，可以创建出所需要的各种数据库，但由于需要用户自己创建各个对象，所以过程比较复杂。

【例 2.2】 创建一个名为教学管理系统的空白数据库，步骤如下：

① 在 Access 2010 的工作首界面的中间窗格中单击“空数据库”；

② 将文件名框中的文件名改为“教学管理系统.accdb”，再根据需要指定文件的保存位置；

③ 单击“创建”按钮，开始数据库的创建。

数据库创建完成之后，会在指定位置生成一个数据库文件，且 Access 会自动打开该数据库，用户就可以对数据库进行表的设计工作了。

2.2.2 数据库的打开和关闭

1. 数据库的打开

可以使用“文件”选项卡中的“最近所用文件”和“打开”两种方式打开已经创建的数据库。

在“文件”选项卡中单击“最近所用文件”，则会在中间窗格中出现最近使用过的数据库，如果用户需要打开的数据库在其中，则可以直接单击打开。

单击“文件”选项卡中的“打开”，则会出现“打开”对话框，用户可以选择数据库所在的文件夹，并选择需要打开的数据库，然后单击“打开”按钮，或者单击“打开”按钮旁的小箭头，选择不同的打开方式，如图 2.4 所示。数据库的打开方式有以下几种。

（1）共享方式打开数据库：如果要在多用户环境下以共享方式打开数据库，以便对数据库进行读写操作，可单击“打开”。使用共享方式打开数据库时，多个用户同时打开使用并修改同一数据库。

（2）只读方式打开数据库：若要以只读访问方式打开数据库，以便可查看而不可编辑数据库，单击“打开”按钮旁的箭头，并单击“以只读方式打开”。只读方式打开数据库时，只能对数据库中的对象进行浏览，不能对这些对象进行修改，可以防止误操作而修改数据库。

（3）独占方式打开数据库：若要以独占方式打开数据库，单击“打开”按钮旁的箭头，并单击“以独占方式打开”。使用独占方式打开数据库时，其他用户就不能再打开该数据库了，这样可以有效地保护自己对网络上共享数据库的修改。

（4）独占只读访问方式：如果要以独占只读访问方式打开数据库，并且防止其他用户打开，可单击“打开”按钮旁的箭头，并单击“以独占只读方式打开”。该方式同时具有“只读”和“独占”的特点。

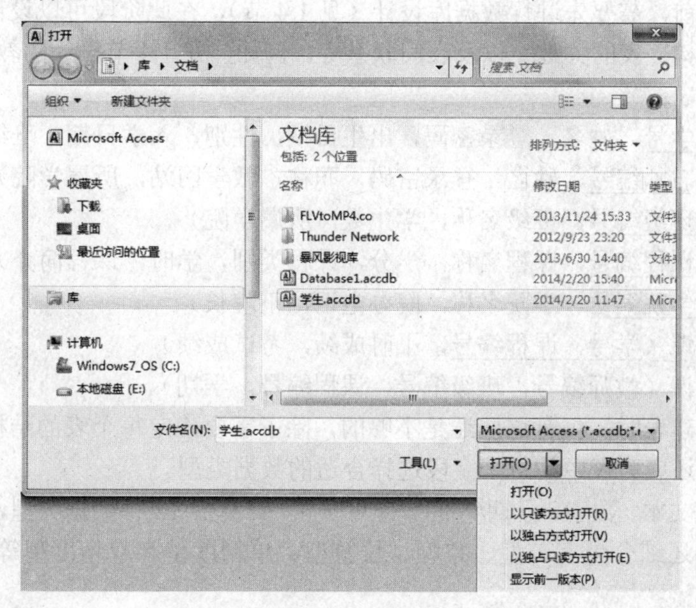

图 2.4 “打开”对话框及打开方式

2．数据库的关闭

如果只关闭数据库文件而不关闭 Access，则单击“文件”选项卡中的 “关闭数据库”命令。

如果关闭数据库同时退出 Access，单击窗口的关闭按钮，或者单击“文件”选项卡中的“退出”命令。

2.3 表的创建

完成数据库的创建之后，就可以创建数据库中的对象了。在 Access 数据库中，一般可以包含表、查询、窗体、报表、宏、VBA 模块等对象，其中表对象用于存储数据，其他的数据库对象都是在表对象的基础上建立并使用的。所以，在创建完数据库之后，应首先创建表对象。

表对象由表结构和表数据两部分组成，创建表时，首先需要创建表结构，然后再向表中输入数据，或通过导入的方式将已有的数据导入到 Access 中。

在 Access 中，表有四种视图，一是设计视图，用于创建和修改表的结构；二是数据表视图，用于浏览、编辑和修改表的内容；三是数据透视表视图，用于按照不同的方式组织和分析数据；四是数据透视图视图，用于以图形的形式显示数据。其中，设计视图和数据表视图是最常用的视图。单击“开始”选项卡“视图”组中的“视图”按钮，可以打开一个列表，该列表中列出表的四种视图，通过该列表可以进行表的视图的切换。

2.3.1 表的设计

在创建表之前，需要先进行数据库设计（见 1.4 节），在此阶段可以设计出数据库中表的个数、表的结构、表的关键字以及表间联系等。例如，在 1.4 节设计的教学管理系统中，确定了如下 7 个表：

学生（学号，姓名，登录密码，出生日期，性别，入学日期，班级）
教师（教师编号，姓名，登录密码，职称，教学网站，所属学院）
班级（班级编号，班级名称，学生数，所属学院）
课程（课程编号，课程名称，学分，课程类别，学时，课程简介）
学院（学院编号，学院名称，院办电话，正院长）
学生选课（学号，课程编号，平时成绩，考试成绩）
教师授课（教师编号，班级编号，课程编号，学期）

然而，在创建表时，仅有这些还是不够的，除了需要确定每个表的结构、关键字以及表间联系之外，还应为表中的每个字段选择合适的数据类型。

Access 中有文本、数字、日期/时间、查阅向导、计算等 12 种数据类型，如表 2.1 所示，其中的数字类型还细分为字节型、整型、长整型、单精度型和双精度型等 7 种类型，如表 2.2 所示。

表 2.1 Access 的数据类型

数据类型名称	说明	大小
文本	用于存储文本、数字或文本与数字的组合 对于不需要计算的数字，如电话号码、邮政编码等可以使用该类型进行存储	最多 255 个字符
数字	用于存储除货币值（货币值使用货币数据类型）之外的用来进行算术运算的数字数据	1B，2B，4B，8B，或 12B，用于同步复制 ID 时为 16B
日期/时间	用于存储日期和时间值	8B
货币	用于存储货币值，整数位为 15 位，小数位为 4 位	8B
是/否	用于存储布尔值，可以使用以下三种格式之一：Yes/No，True/False 或 On/Off	1bit
自动编号	在添加记录时，Access 自动插入一个唯一的数值。 用于生成可用作主键的唯一值，“自动编号”字段的值可按顺序或指定的增量增加，也可随机分配	4B 用于同步复制 ID 时为 16B

续表

数据类型名称	说明	大小
备注	用于存储长文本或文本与数字的组合（长度超过 255 个字符），或使用 RTF 格式的文本	最多 65535 个字符
OLE 对象	用于存储其他 Microsoft Windows 程序中的 OLE 对象	最大为 1GB
附件	用于存储图片、图像、二进制文件和 Office 文件 是存储数字图像和任何类型的二进制文件的首选数据类型	对于压缩附件为 2GB，对于未压缩附件大约为 700KB
超链接	用于存储链接到本地或网络上的地址	最多 65535 个字符
计算	用于存储表达式计算结果	8B
查阅向导	实际上不是一个数据类型，而是用于启动查阅向导 用于启动查阅向导，以便可以创建一个使用组合框查阅另一个表、查询或值列表中的值的字段	

表 2.2 数字类型的数据范围

设置	说明	小数位数	大小
字节	保存在 0～255（无小数位）范围内的数字	无	1B
小数	存储在 -10^{28}～10^{28} 范围内的数字	28	12B
整型	保存在-32 768 ～32 767（无小数位）的数字	无	2B
长整型	（默认值）保存在-2 147 483 648～2 147 483 647 的数字（无小数位）	无	4B
单精度型	保存在 -3.4×10^{38}～3.4×10^{38} 之间的值	7	4B
双精度型	保存在 -1.797×10^{308}～1.797×10^{308} 之间的值	15	8B
同步复制 ID	全球唯一标识符(GUID)。随机生成的 GUID 很长，不可能出现重叠		16B

不同的数据类型，不仅数据的存储方式可能不同，而且占用的计算机存储器空间大小也不同，同时所能保存的信息长度也是不同的。在为表中的字段选择合适的数据类型时，可从以下方面考虑：

（1）字段中允许什么类型的值。

例如，不能在“数字”数据类型的字段中保存文本数据。

（2）用多少存储空间保存字段中的值。

例如，对于文本数据，如果长度超过了 255 个字符时，应该考虑使用“备注”数据类型。

（3）要对字段中的值执行什么类型的运算。

例如，Microsoft Access 能够将“数字”类型或“货币”类型字段中的值求和，但不能对“文本”或“OLE 对象”类型字段中的值进行此类操作。

（4）是否需要排序或索引字段。

如“OLE 对象”类型字段不能排序或索引。

（5）是否需要在查询或报表中使用字段对记录进行分组。

如“OLE 对象”类型字段不能用于分组记录。

（6）如何排序字段中的值。

在“文本”类型字段中，将数字以字符串的形式来进行排序（如 1、10、100、2、20、200 等），而不是作为数值来进行排序。使用“数字”类型或“货币”类型字段按照数值排序数字。如果将日期数据输入到“文本”类型字段中，将不能正确排序。使用“日期/时间”类型字段可确保正确地对日期排序。

另外，在选择合适的数据类型后，有些类型的字段要求设置字段的大小，此时应以能够存储完整数据所需要的最少存储空间为基本原则，例如，在为手机号码字段确定字段大小时，应考虑手机号码固定为 11 位，所以可以设置该字段的字段大小为 11，这样选择，既可保证存储数据的完整和正确，也可以尽可能节省存储空间，避免造成存储空间的浪费，也避免对数据库的性能造成不良的影响。

根据以上原则，为教学管理系统中“学生信息表”中的字段选择的数据类型如表 2.3 所示。

表 2.3 “学生信息表”中的字段及其数据类型

字段名	数据类型	字段长度	格式
学号	文本	10	
姓名	文本	20	
登录密码	文本	10	
出生日期	日期/时间		短日期
性别	文本	1	
入学日期	日期/时间		短日期
班级	文本	7	
照片	OLE 对象	最大 1GB	
备注	备注		

2.3.2 建立表结构

完成表的设计之后就可以在数据库中建立表的结构了，建立表结构也就是在数据库中完成表的定义，属于数据库管理系统的数据定义功能。表结构的创建主要包括以下几个内容。

（1）字段名称。

用于标识表中的一列，即数据表中的一列称为一个字段，而每一个字段均具有唯一的名字，被称为字段名称。

（2）数据类型。

根据关系数据库理论，一个数据表中的同一列数据必须具有共同的数据特征，称为字段的数据类型。

（3）字段大小。

一个数据表中某个字段值在存储时占用最大存储空间的大小，往往采用字节数予以表示。

（4）字段的其他属性。

上述 3 个属性是字段对象的最基本属性。此外，数据表中的字段对象还具有其他一些属性，包括“索引”、“格式”等，这些属性值的设置将决定各个字段对象在被操作时的特性。

Access 提供了多种创建表的方法，这里只介绍使用数据表视图和设计视图创建新表的操作。

1. 使用数据表视图创建新表

数据表视图以行列格式显示来自表、窗体、查询等对象的数据。使用数据表视图创建新表的过程如下：

① 选择功能区中的“创建”选项卡，单击“表格”组中的“表”按钮，如图 2.5 所示，此时将创建名为“表 1”的新表，并在“数据表”视图中打开它，该表中仅有一个名为“ID”的字段，如图 2.6 所示。

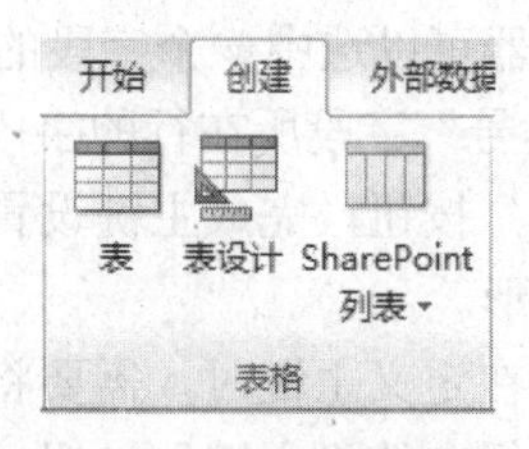

图 2.5　表格组

图 2.6　新建表

② 单击图 2.6 中的“单击以添加”后出现一个显示数据类型的下拉菜单，如图 2.7 所示，单击其中一个数据类型之后可添加一个新字段，另外，也可以通过在“单击以添加”列中输入数据来添加新字段，新字段默认以“字段 1”、“字段 2”等命名，双击“ID”、“字段 1”等字段名可以对字段进行重新命名，图 2.8 所示是添加了两个新字段后的状态。

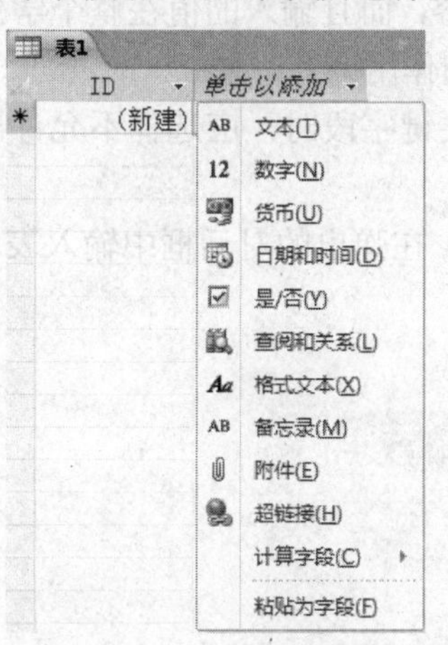

图 2.7　下拉菜单

图 2.8　添加新字段后的表

③ 添加完所需要的字段之后，就可以向表录入数据了。

④ 单击快速访问工具栏中的按钮，弹出“另存为”对话框，此时可以修改表的名字后保存新创建的表。

2. 使用设计视图创建新表

设计视图是数据库对象的设计窗口，在设计视图中，可以新建数据库对象，也可以修改现有的数据库对象。

使用设计视图创建表对象，是最灵活的方法，也是最常用的方法。使用其他方法创建的表对象，一般也都需要进一步在设计视图中继续完善。

【例 2.3】 在设计视图中创建学生信息表，步骤如下。

① 在功能区中的“创建”选项卡的“表格”组中，单击“表设计”按钮（见图 2.5），进入表的设计视图。

② 根据表 2.3 的内容，建立学生信息表中的字段：在字段名称列中输入字段名称，在数据类型列中选择相应的数据类型，在常规属性窗格中设置字段的大小。需要注意的是字段名称不能与同一表中的其他字段名称相同。

③ 定义主键。

设计视图中的第一列为字段选定器，单击字段选定器可以选中一个字段的所在行。

在学生信息表中，其主键字段为“学号”，单击“学号”字段所在行的字段选定器，选中该行，然后单击“设计”选项卡的工具组中的“主键”按钮，完成主键设置，此时“学号”所在行的字段选定器上出现代表“主键”的钥匙图形。

如果表的主键是由两个或更多字段联合构成的，则在定义主键时，需要将构成主键的所有字段同时选中，然后再单击“设计”选项卡的工具组中的“主键”按钮。完成主键的设置之后，构成主键的所有字段的所在行的字段选定器上都会出现钥匙图形。

一般来说，在创建一个新表之后，都需要确定表的主键，设置主键可以保证表中数据的实体完整性（关系的完整性约束中的第 1 类），即主键字段不可以取空值，还可以保证主键字段的取值具有唯一性。例如，在学生信息表中设置“学号”字段为主键之后，在输入数据时，“学号”字段必须输入值，不允许不输入任何内容，而且输入的值在整个学生信息表中是唯一的，没有重复值，这也符合实际生活中学号的作用。

因为主键字段的取值具有唯一性，所以在为表选择主键字段时，应选择不允许出现重复值的字段（或字段组合）来充当表的主键。

④ 保存新建的表：单击快速访问工具栏中的按钮，在弹出的对话框中输入表名“学生信息表”，单击“确定”按钮。

新建的学生信息表的结构如图 2.9 所示。

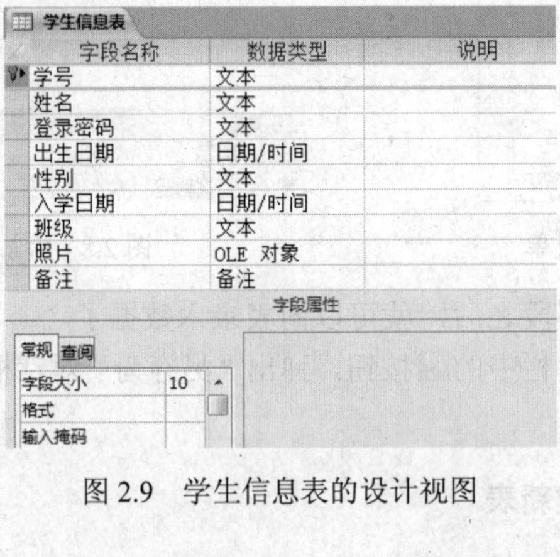

图 2.9 学生信息表的设计视图

3. 添加计算字段

计算数据类型是 Access 2010 新增的数据类型，使用这种数据类型可以在数据表中完成一些原来必须通过查询完成的计算任务。

在添加计算字段时，需要用到表达式，关于表达式中可以使用的运算符将在第 3 章中详细介绍。

【例 2.4】 在学生选课表中增加一个“总成绩”字段，该字段的数据类型设置为计算数据类型，该字段的值由“平时成绩*0.4+考试成绩*0.6”计算得到。操作步骤如下。

① 以设计视图打开学生选课表，在新行中输入“总成绩”，并设置为“计算”数据类型，此时 Access 会自动打开表达式生成器。

② 在表达式生成器的编辑窗格中输入“[平时成绩]*0.4+[考试成绩]*0.6”，如图 2.10 所示。

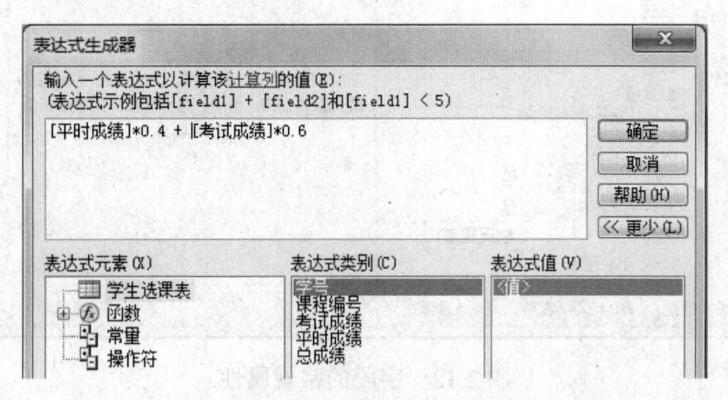

图 2.10 表达式生成器

③ 单击“确定”按钮，返回设计视图，此时，总成绩字段的“表达式”属性中显示的就是在表达式生成器中输入的表达式，然后设置总成绩字段的“结果类型”属性为“整型”，如图 2.11 所示。

学生选课表

字段名称	数据类型
学号	文本
课程编号	文本
考试成绩	数字
平时成绩	数字
总成绩	计算

字段属性

常规 查阅

表达式	[平时成绩]*.4+[考试成绩]*.6
结果类型	整型
格式	
小数位数	自动

图 2.11 计算字段的属性设置

当返回到学生选课表的数据表视图时，Access 会根据总成绩字段的计算表达式自动填充所有行的总成绩字段的值。

2.3.3 设置字段属性

在 Access 表对象中，一个字段的属性是这个字段特征值的集合，该特征值集合将控制字段的工作方式和表现形式。在表对象的设计视图中，可以设置各个字段的属性，从而决定字段的数据存储、处理和显示方式。

字段属性可分为常规属性和查阅属性两类。

1. 字段的常规属性

字段的常规属性如图 2.12 所示，以下将介绍一些常用的常规属性的含义。

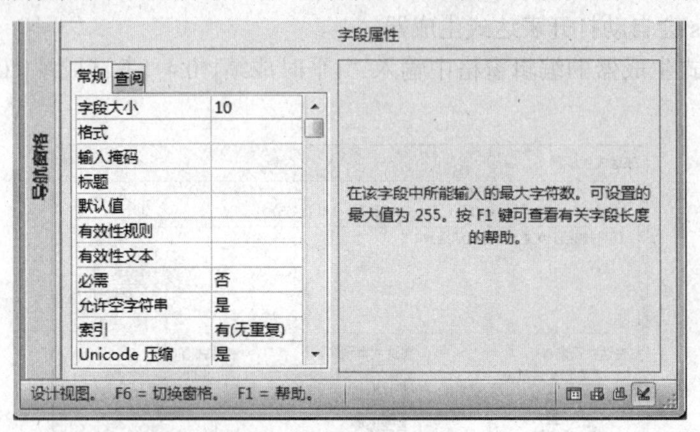

图 2.12 字段的常规属性

（1）字段大小。

只有当字段数据类型设置为“文本”、“数字”或“自动编号”类型时，这个字段的“字段大小”属性才是可设置的，其可设置的值将随着该字段数据类型的不同而不同。

当设定字段类型为文本类型时，字段大小可设置的值为 1~255，表示该字段可容纳的字符个数最少为 1 个字符，最多为 255 个字符。

当设定字段类型为数字类型时，字段大小可设置的值如表 2.2 所示。

设置“字段大小”属性时，应该注意以下几点：

① 应该使用尽可能小的字段大小属性设置，因为较小的数据处理速度更快，需要的存储空间更少。

② 如果在一个已包含数据的字段中，将字段大小属性设置值由大转换为小，可能会因此而丢失数据。

例如，如果把某一“文本”类型字段的“字段大小”设置从 255 改变成 50，则超过 50 个字符以外的数据都会丢失。

如果“数字”类型字段中的数据长度大于新的“字段大小”设置，小数位可能被四舍五入，或得到一个 Null 值（表明字段没有值或者是字段的值未知）。

如果将“单精度”数据类型变为“整数”数据类型，则小数值将四舍五入为最接近的整数，而且如果值大于 32 767 或小于−32 768 转换结果将成为空字段。

③ 如果要对含有 1 至 4 位小数位的数据字段执行大量的运算，可以使用“货币”数据类型，这样可以提高运算速度。这是因为“单精度”和“双精度”数据类型字段要求浮点运算，“货币”数据类型字段则使用较快的定点运算。

（2）格式。

格式属性用于定义数字、日期、时间及文本等数据显示及打印的方式。针对不同的数据类型，设置项不同。例如，如果一个“日期/时间”型字段，可以将它的格式属性设置为

图 2.13 中的任意一种。如果设置格式属性为“长日期”，则输入“2012-1-10”，将显示为“2012 年 1 月 10 日”。

（3）输入掩码。

在数据库的使用过程中，有时会要求以指定的格式和长度输入数据，例如输入邮政编码、身份证号等，既要求只能输入数字，又要求输入完整的数位，不能多也不能少。若要完成这样的输入格式的限定，就需要使用 Access 提供的输入掩码的功能了。设置输入掩码的最简单的方法是使用 Access 提供的“输入掩码向导”。

【例 2.5】 将学生信息表中的“登录密码”字段的输入掩码属性设为“密码”。具体操作步骤如下：

① 右键单击“学生信息表”，在弹出的菜单中选择“设计视图”，即以设计视图打开学生信息表；

② 在设计视图中，单击“登录密码”字段的任何一列。

③ 单击“常规”选项卡的“输入掩码”属性框，单击属性框后的“生成器”按钮，打开“输入掩码向导”对话框，选择列表框中的“密码”项，如图 2.14 所示。单击“完成”按钮，结束设置。

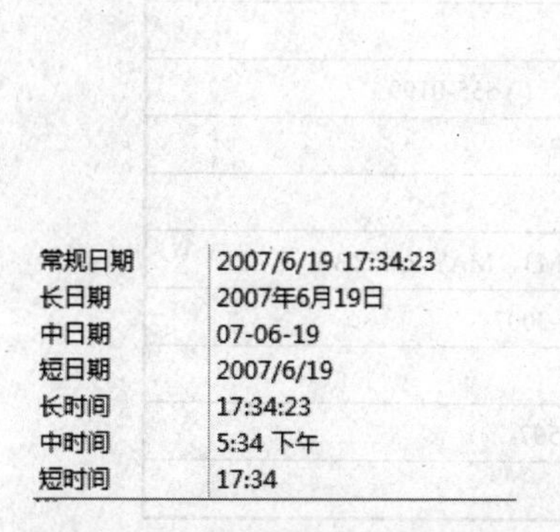

图 2.13 日期/时间型数据的格式

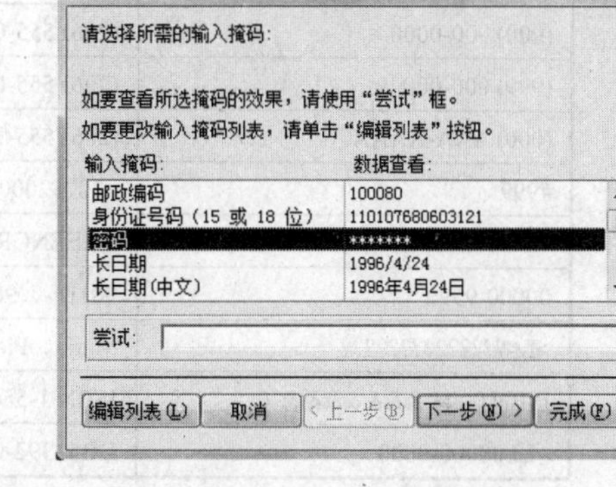

图 2.14 输入掩码向导

在将学生信息表的登录密码字段设置为“密码”输入掩码之后，在输入该字段值时，键入的任何字符都将以原字符保存，但显示为星号（*）。使用“密码”输入掩码可以避免在屏幕上显示键入的字符。

如果不使用输入掩码向导，还可以在设计视图的属性列表中直接输入掩码。定义输入掩码属性使用的字符集其含义如表 2.4 所示。

表 2.4 输入掩码属性使用的字符集

字符	用 法
0	数字（0~9），必须在该位置输入一个一位数字
9	数字或空格，也可以不输入
#	在该位置输入一个数字、空格、加号或减号。如果跳过此位置，Access 会输入一个空格
L	字母，必须在该位置输入一个字母
?	字母，也可以不输入
A	字母或数字，必须在该位置输入一个字母或数字

续表

字符	用　法
a	字母或数字，也可以不输入
&	任何字符或空格，必须在该位置输入一个字符或空格
C	任何字符或空，也可以不输入
. , : ; - /	小数分隔符、千位分隔符、日期分隔符和时间分隔符。选择的字符取决于 Microsoft Windows 区域设置
>	将其后的所有字符转换为大写
<	将其后的所有字符转换为小写
!	使输入掩码从右向左显示，输入掩码一般都是从左向右显示的，可以在输入掩码的任意位置包含感叹号（输入掩码中的字符始终都是从左到右输入的）
\	使其后的字符按原样显示
密码	在表或窗体的设计视图中，将“输入掩码”属性设置为“密码”会创建一个密码输入框。当用户在该框中键入密码时，Access 会存储这些字符，但是会将其显示为星号（*）。

下面的表 2.5 显示了部分有用的输入掩码定义以及可以向其中输入值的示例。

表 2.5　输入掩码字符使用示例

输入掩码定义	允许值示例
(000) 000-0000	(206) 555-0199
(999) 000-0000!	(206) 555-0199、( ) 555-0199
(000) AAA-AAAA	(206) 555-TELE
#999	–20、2000
>L????L?000L0	GREENGR339M3、MAY R 452B7
00000-9999	98115-、98115-3007
>L<??????????????	Maria、Pierre
ISBN 0-&&&&&&&&&-0	ISBN 1-55615-507-7
>LL00000-0000	DB51392-0493

（4）标题。

标题属性值在显示表中数据时出现在字段名称的位置，取代字段名称。即在显示表中数据时，表列的栏目名将是标题属性值，而不是字段名称值。

（5）默认值。

在表中新增加一条记录，并尚未输入数据时，如果希望 Access 自动为某字段填入一个特定的数据，则应为该字段设定默认值属性值。此处设置的默认值将成为新增记录中 Access 为该字段自动填入的值。

（6）有效性规则和有效性文本。

有效性规则属性用于指定对输入到该字段中的数据的要求。当输入的数据违反了有效性规则的设置时，将给用户显示有效性文本设置的提示信息。可用“生成器”帮助完成有效性规则的设置。

表的有效性规则可以看作是用户定义的完整性（关系的完整性约束中的第 3 类）。

例如，可以为数字类型字段定义有效性规则表达式“>9”；定义有效性文本“请输入大于 9 的数据”，防止用户输入小于等于 9 的数作为字段值。如果用户输入了小于等于 9 的数，Access 则会提示“请输入大于 9 的数据”。

表 2.6 是一些有效性规则的示例。

表 2.6　有效性规则示例

有效性规则设置	含　义
< >0	输入一个非零值
0 Or >100	值必须为 0 或大于 100
Like "K???"	值必须是以 K 打头的 4 个字符
<#1996-1-1#	输入一个 1996 年之前的日期
>=#2010-1-1# And <#2011-1-1#	日期必须是在 2010 年之内的日期值

【例 2.6】　设置学生信息表中入学日期字段的有效性规则为大于 1990-1-1，当输入的数据不满足此要求时，显示提示信息“应输入大于 1990-1-1 的日期”。操作步骤如下。

① 以设计视图打开学生信息表，选中“入学日期”字段。

② 在“常规”选项卡中设置“入学日期”字段有效性规则属性为“>#1990-1-1#”。请注意，日期型数据的两端应该用“#”号括起来。

③ 设置“入学日期”字段的有效性文本属性为“应输入大于 1990-1-1 的日期”。如图 2.15 所示。

设置完成之后，如果输入的入学日期字段的值小于等于 1990-1-1，则系统会给出如图 2.16 所示的提示性信息，提示信息中的“应输入大于 1990-1-1 的日期”来源于所设置的有效性文本属性的内容。

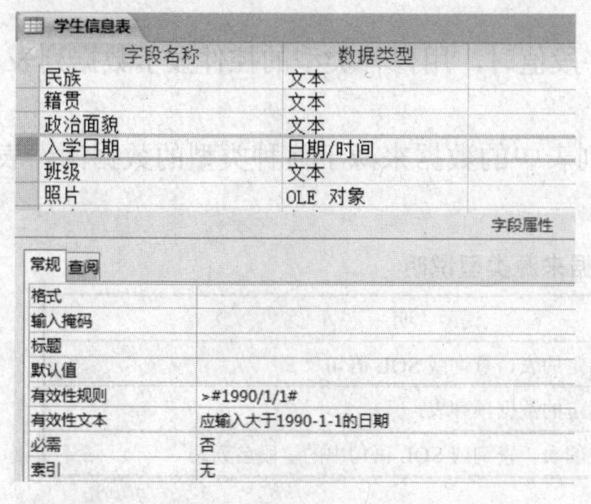

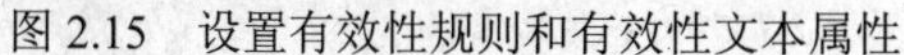

图 2.15　设置有效性规则和有效性文本属性　　　　图 2.16　违反有效性规则后的提示信息

（7）索引。

本属性可以用于设置单一字段的索引。设置索引可加速对索引字段的查询速度，还能加速排序及分组操作。所以，通常对经常查询的字段、查询中的连接字段、排序字段建立索引，以提高这些操作的速度。

本属性可有以下取值：“无”，表示本字段无索引；“有（有重复）”，表示本字段有索引，且各记录中的索引字段的值可以重复；“有（无重复）”，表示本字段有索引，且各记录中的索引字段的值不允许重复。

（8）输入法模式。

输入法模式用来设置在数据表视图中为字段输入数据时所采用的输入方法。

（9）必需。

必需属性有“是”或“否”两个值。“是”代表此字段值必需输入，“否”代表此字段值可以不输入，允许字段值为空。

（10）允许空字符串。

此属性用来设置文本字段是否允许空字符串。

（11）Unicode 压缩。

在默认情况下，Access 数据类型都将 Unicode 压缩属性设置为“是”，表示本字段中数据可能存储和显示多种语言的文本。如果此字段是文本类型，字段大小是 20，则无论汉字、数码还是英文字母最多输入个数都是 20。

2．字段的查阅属性

设置字段的查阅属性，可以使该字段的内容取自于一组固定的数据。用户向带有查阅属性的字段中输入数据时，该字段提供一个列表，用户可以从列表中选择数据作为该字段的值。

在表设计视图中，单击“字段属性”下面的“查阅”选项卡，可以为字段设置查阅属性；或者利用“数据类型”中的“查阅向导”，也可以设置字段的查阅属性。

在查阅属性中，经常需要设置“显示控件”、“行来源类型”和“行来源”三个属性的值，这三个属性的含义如下。

（1）显示控件。

使用显示控件属性可以定义在输入该字段值时，用何种类型的控件显示数据列表。

（2）行来源类型。

该属性用来定义在输入该字段值时，列表中的数据来源于何种类型的数据源。表 2.7 分别说明了三种可能的数据源类型的含义。

表 2.7　数据来源类型说明

设　置	说　明
表/查询	数据来自行来源属性指定的表、查询或 SQL 语句
值列表	数据是由行来源属性指定的数据项列表
字段列表	数据是行来源属性指定的表、查询或 SQL 语句中的字段名列表

（3）行来源。

该属性的设置取决于行来源类型属性的设置，表 2.8 列出了各种行来源类型所对应的行来源应该如何设置。

表 2.8　行来源说明

行来源类型	含　义
表/查询	表名称、查询名称或者 SQL 语句
值列表	以分号(;)作为分隔符的字段值列表
字段列表	表名、查询名或 SQL 语句

【例 2.7】 设置学生信息表中的性别字段的查阅属性，使得在输入性别字段的值时，可以从值列表中选择，操作步骤如下。

① 在学生信息表的设计视图中选中“性别”字段，单击“查阅”选项卡，设置“显示控件”属性为“列表框”，以便在输入数据时，可以列表框显示“男、女”列表。

② 设置行来源类型为“值列表”。

③ 在行来源属性中输入：男;女，如图 2.17 所示。请注意，在设置“行来源”属性的值时，如果输入的数据项为文本型数据，则应使用双引号将每个数据项括起来。

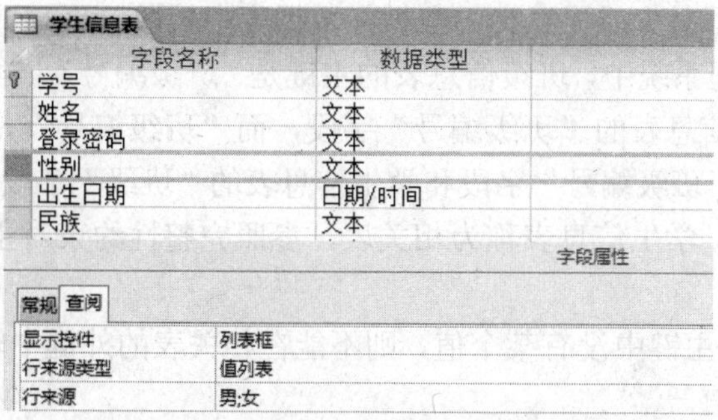

图 2.17 设置性别字段的查阅属性

【例 2.8】 设置学生信息表的班级字段的查阅属性，使得在输入班级字段的值时，可以从列表中选择班级编号。列表中的班级编号来源于班级信息表中的班级编号字段。操作步骤如下。

① 以设计视图打开学生信息表，选中“班级”字段，单击“查阅”选项卡，设置“显示控件”属性为组合框。

② 设置“行来源类型”为“表/查询”。

③ 在“行来源”属性中输入查询语句“SELECT 班级编号 FROM 班级信息表;”，如图 2.18 所示。（关于查询语句的详细讲解在第 3 章中介绍）

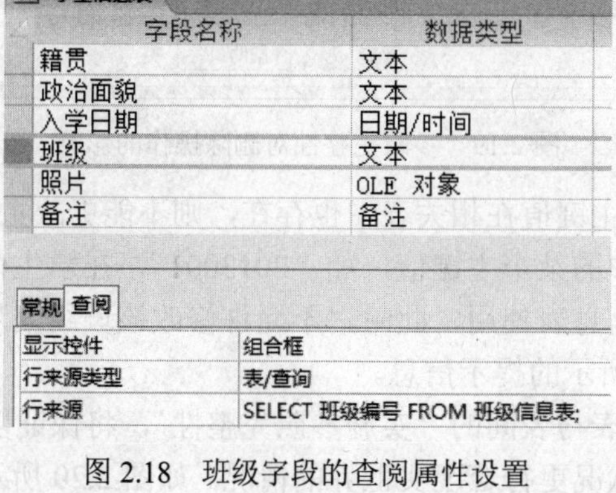

图 2.18 班级字段的查阅属性设置

2.3.4 建立表间关系

通常，一个数据库应用系统中包含多个表，表中的数据表示的是现实世界中的事物，而在现实世界中，事物之间存在着各种各样的联系，所以在数据库中，需要建立表之间的关系，以反映现实世界中事物之间的联系。另外，建立正确的表间关系保证了关系数据库的参照完整性，同时，也为连接查询建立了正确的连接条件。

1．参照完整性

现实世界中的实体之间往往存在某种联系，在关系模型中实体及实体之间的联系都是用关系表来描述的，这样自然存在着关系表与关系表之间的参照，即相互约束的关系。参照完整性是一种约束机制，主要约束了两个表的主键和外键之间的关系，保证了表之间数据的一致性，防止数据丢失或无意义的数据在数据库中扩散。

例如，在教学管理系统中，班级信息表的主键是“班级编号”，学生信息表中的“班级”字段的值来自于班级信息表的“班级编号”字段，而“班级编号”是班级信息表的主键，所以，班级信息表的“班级编号”字段和学生信息表的“班级”字段就形成了主外键关系，班级信息表称为主表，学生信息表称为相关表，参照完整性约束对主表和相关表中的数据有如下要求。

① 如果在主表的主键中没有某个值，则不能在相关表的外键中输入该值。但是，可以在外键中输入一个空值。

例如，假设“2009100”是一个在班级信息表中不存在的班级编号，则该班级编号不能出现在学生信息表中，否则将会出现学生在一个不存在的班级中学习的情况，这不符合客观实际。但是，可以在学生信息表的“班级”字段中输入空值。

② 如果主表中的某行在相关表中存在相匹配的行，则不能在主表中删除该行。

例如，若在学生信息表中存在某个班级编号，如“2013001”，表示该班级中有学生注册，在这种情况下，不能删除班级信息表中班级编号为“2013001”的班级信息，否则将会出现学生所在班级是不存在的班级的情况。若试图删除班级信息表中该班级的记录，则出现如图 2.19 所示的提示信息。

图 2.19　参照完整性对删除操作的影响

③ 如果主表中某个主键值在相关表中也存在，则不能更改主表中该主键的值。

例如，若班级信息中的某个主键值，如“2013001”，在学生信息表中也存在，则表示该班级编号正在被学生信息表使用，此时，不允许修改该班级编号的值，如若试图修改，则同样会出现如图 2.19 所示的提示信息。

在 Access 中，设定表与表间的“实施参照完整性”，将保证以上 3 条规则的成立，也使关系表中的数据存在状况更符合现实世界的情况。如图 2.20 所示为设定班级信息表和学生信息表间的“实施参照完整性”。

对已经“实施参照完整性”的关系，可以指定是否允许 Access 自动对相关记录进行级联更新和级联删除（如图 2.20 所示，选中“级联更新相关字段”、“级联删除相关记录”复选框即可）。如果设置了这些选项，通常被参照完整性约束所禁止的删除及更新操作就会获准进行。在删除记录或更改主表中主键的值时，Access 将对相关表做必要的更改以保证各关系表中的数据符合参照完整性的要求。具体情况如下：

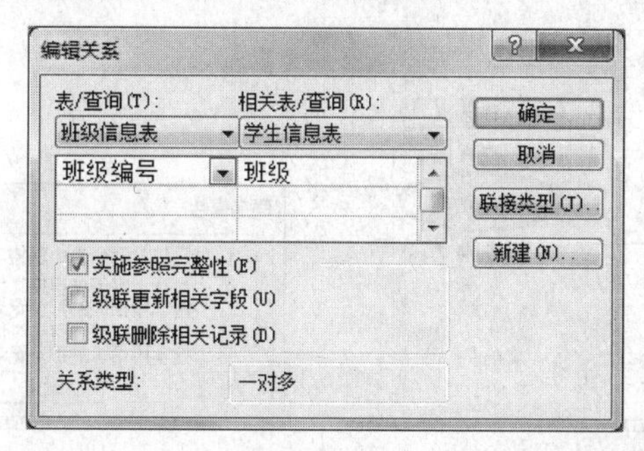

图 2.20　班级信息表与学生信息表之间实施参照完整性

（1）级联更新。

对于在表之间实施参照完整性的关系，当更改主表中某主键的值时，Access 会自动在所有相关表的记录中将该主键更新为新值。

例如，在建立关系时，如果班级信息表和学生信息表之间实施了参照完整性，并选择了级联更新，那么在更改班级信息表中某一班级的“班级编号”时，如将“2013001”改为“2013030”，则学生信息表中每个使用了该班级编号“2013001”的记录，其“班级”字段都会自动更新为“2013030”。

（2）级联删除。

对于在表之间实施参照完整性的关系，当删除主表中的记录时，相关表（一个或多个）中的所有相关记录也随之删除。

例如，在建立关系时，如果班级信息表和学生信息表之间实施了参照完整性，并选择了级联删除，那么如果在删除班级信息表中某个记录时，学生信息表中与此班级相关的所有学生记录都会自动删除。例如删除“班级编号”为“2013001”的班级记录时，学生信息表中每个使用了该班级编号“2013001”的学生记录将随之删除，删除时出现如图 2.21 所示的提示信息。

图 2.21　级联删除

2．表关系的连接属性

Access 支持两类关系连接类型：内部连接和外部连接，其中外部连接又分为左外部连接和右外部连接，两个表的连接类型的设定，将会影响在对两个表进行连接查询时的查询结果。

若想设定两个表间的连接类型，如设定班级信息表和学生信息表的连接类型，则通过如图 2.22 所示的“编辑关系”对话框中的“连接类型”按钮，进入如图 2.23 所示的“连接属性”对话框进行设定。

具体连接类型的含义，以及不同连接类型对连接查询结果造成的影响，请参见第 3 章的相关内容。

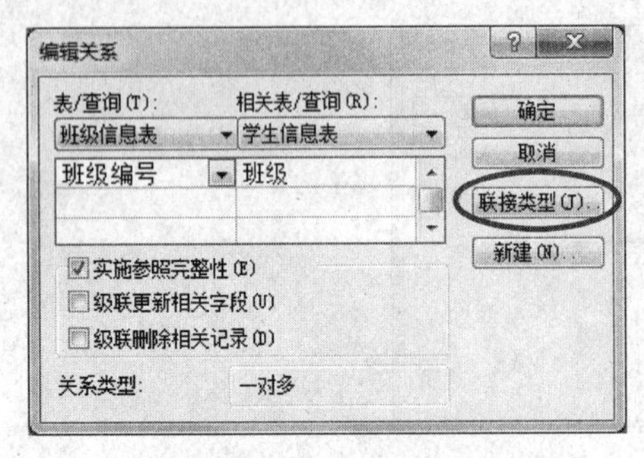

图 2.22 “编辑关系”对话框

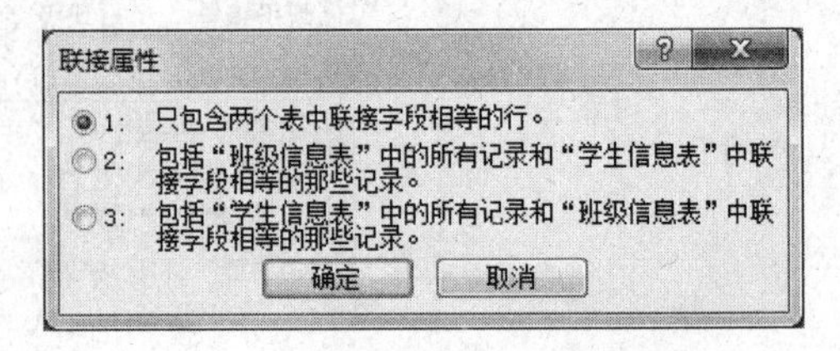

图 2.23 “连接属性”对话框

3．定义表关系

创建表之间的关系时，相关联的字段不一定要有相同的名称，但必须有相同的字段类型，除非主键字段是个自动编号字段，而且仅当自动编号字段与数字字段的字段大小属性相同时，才可以依据自动编号字段和数字字段建立表间关系。例如，如果一个表中的自动编号字段和另一个表中的数字字段的字段大小属性均为长整型，则可以依据它们建立两个表之间的关系。即便两个表中的两个字段都是数字字段，必须具有相同的字段大小属性设置，才可以依据这两个字段建立两个表间的关系。

创建表之间关系的操作步骤如下。

① 关闭所有打开的表。不能在已打开的表之间创建或修改关系。

② 单击“数据库工具”选项卡上的“关系”组中的按钮，打开“关系”窗口。

如果数据库中尚未定义任何关系，则会自动显示“显示表”对话框，如图 2.24 所示；如果未出现该对话框，在“关系”窗口中单击鼠标右键，在出现的快捷菜单中单击“显示表”，也会出现该对话框。“显示表”对话框会显示数据库中的所有表和查询。只查看表，单击“表”；只查看查询，单击“查询”；同时查看表和查询，单击“两者都有”。

图 2.24 “显示表”对话框

③ 选择一个或多个表或查询，然后单击“添加”按钮。将表和查询添加到“关系”窗

口之后，单击“关闭”按钮。

④ 从某个表中将所要的相关字段拖到其他表中的相关字段。若要拖动多个字段，请按下【Ctrl】键并单击每个字段，然后拖动这些字段。

⑤ 系统将显示“编辑关系”对话框。根据需要设置关系选项，如“实施参照完整性”、“连接类型”等。

⑥ 单击“创建”按钮创建关系。两个表之间出现连线，表示关系已经建立。如图 2.25 所示，建立了班级信息表和学生信息表之间的一对多关系，并实施了参照完整性。一对多关系的主键方由“1”符号表示，外键方由“∞”表示。

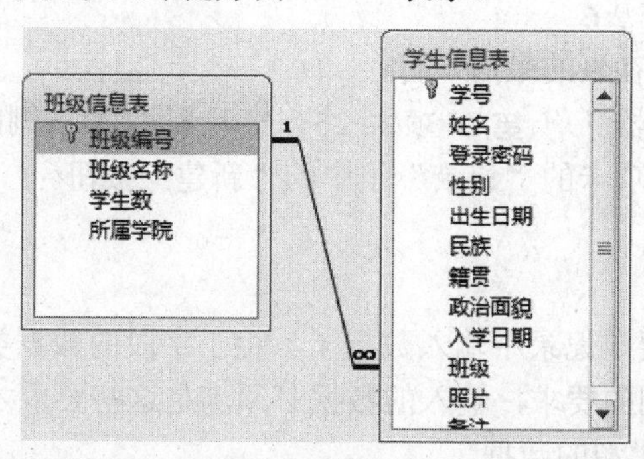

图 2.25　建立表间关系

4．显示、编辑、删除表关系

（1）显示表关系。

单击“数据库工具”选项卡上的“关系”组中的按钮，打开“关系”窗口，即可显示数据库中已定义的表间关系。

（2）编辑表关系。

Access 数据库中的表关系建立之后，可以编辑现有的表关系，其操作步骤如下。

① 关闭所有打开的表，因为不能修改已打开的表之间的关系。

② 单击“数据库工具”选项卡上的“关系”组中的按钮，打开“关系”窗口。

③ 双击要编辑表关系的关系连线，系统将显示“编辑关系”对话框。

④ 根据需要设置关系选项，并单击“确定”按钮。

（3）删除表关系。

删除表关系的操作步骤如下：

① 关闭所有打开的表，因为不能删除已打开的表之间的关系。

② 单击“数据库工具”选项卡上的“关系”，打开“关系”窗口。

③ 单击要删除表关系的关系连线（当选中时，关系线会变成粗黑），然后按【Delete】键或单击右键，在弹出的菜单中选择“删除”命令。

2.4　操作表

Access 数据表的操作主要包括增加记录、输入数据、删除记录、修改记录、查找数据、记录排序，以及记录筛选等操作。

2.4.1 表中数据的输入及编辑

建立了表结构之后，就可以向表中输入数据记录了。在 Access 中，可以利用数据表视图向表中输入数据。

1. 增加新记录

增加新记录有 3 种方法：

- 直接将光标定位在表的最后一行；
- 单击“记录导航器 第 14 项(共 26) ”最右侧的“ ”按钮；
- 单击“开始”选项卡的“记录”组中的“新建”按钮。

2. 输入数据

增加新记录之后就要向记录中输入数据了。由于字段的数据类型和属性不同，对不同字段输入数据时会有不同的要求，输入的数据必须满足这些要求才能成功输入。

（1）输入“是/否”类型的数据。

在数据表中，“是/否”类型的数据字段上显示一个复选框。选中复选框则表示输入“是”，不选中表示输入“否”。

（2）输入日期/时间类型的数据。

可以用如图 2.26 所示的格式中的任意一种来输入日期型数据，但是在输入后，Access 自动会按照设计表时在格式属性中定义的格式显示这类数据。例如，出生日期字段的格式属性为“短日期”，则无论采用何种格式输入出生日期值，其结果自动会显示为短日期所示的格式，如“2010-3-12”。需要注意的是，如果在日期的后面带有时间，日期和时间之间要用空格分隔，例如：“2010-3-12 3:20”。

常规日期	2007/6/19 17:34:23
长日期	2007年6月19日
中日期	07-06-19
短日期	2007/6/19
长时间	17:34:23
中时间	5:34 下午
短时间	17:34

图 2.26　日期格式

另外，当光标定位到日期型数据字段时，在字段的右侧会出现一个日期选取器图标，单击该图标可打开“日历”控件，可在该日历控件中选择日期进行输入。

（3）输入 OLE 对象字段。

OLE 对象字段用来存储诸如 Microsoft Word 或 Microsoft Excel 文档、图片、声音的数据以及在别的程序中创建的其他类型的二进制数据。OLE 类型的字段应该使用插入对象的方式来输入。

（4）输入带有查阅属性的字段。

用户向带有查阅属性的字段中输入数据时，该字段提供一个列表，用户可以从列表中选择数据作为该字段的值。

3. 修改记录

在 Access 2010 的数据表视图中，只需将光标移动到所需修改的数据处，就可以修改光标所在处的数据。

4．删除记录

用数据表视图打开表，选中需要删除的那些记录，单击鼠标右键，选择“删除记录”菜单项。

需要注意的是，在删除数据时，可能需要同时删除其他相关联的表中的数据。例如，在删除 “班级信息表”中的某一班级记录的同时，也会删除“学生信息表”中该班级的学生记录。在某些情况下，通过实施参照完整性并打开级联删除，可以确保删除适当的数据。

2.4.2　数据的导入和导出

在 Access 中，除了可以利用数据表视图向表中输入数据之外，还可以通过导入操作，将其他数据库中的表或其他文件中的数据导入到本数据库中。

1．数据的导入

可以通过导入的方法将其他文件中的数据导入到 Access 数据库中，通常，可以将以下类型的数据文件导入到 Access 表中：其他 Access 数据库中的表、文本文件、Microsoft Excel、Lotus、dBASE、FoxPro 和 HTML 文档等。具体操作步骤如下：

① 打开需要导入数据的数据库。

② 在如图 2.27 所示的“外部数据”选项卡的“导入并链接”组中，单击与要导入的文件类型相对应的命令。例如，如果要从 Excel 工作表中导入数据，则单击“Excel”按钮，此时将出现“获取外部数据”对话框。如果没有看到所需的程序类型，单击“其他”按钮。

图 2.27　导入并链接

③ 在“获取外部数据”对话框中，单击“浏览”按钮找到源数据文件，或在“文件名”框中键入源数据文件的完整路径。在“指定数据在当前数据库中的存储方式和存储位置”下单击所需的选项，可以创建使用导入数据的新表，将数据追加到现有表中，或者创建保存数据源链接的链接表。然后，单击“确定”按钮。

④ 按照“导入数据表向导”对话框的提示进行操作。以 Excel 文件的导入为例，导入向导共有 5 步。

第 1 步：如果工作簿中有多个工作表，选中要导入的数据工作表，单击“下一步”按钮，如图 2.28 所示。

第 2 步：在复选框中选择要导入的数据中是否包含标题（能够提供字段名的行），如图 2.29 所示。

第 3 步：指定正在导入的数据每一个字段的信息。包括：命名新表的字段名、定义字段有无索引、是否要跳过该字段等。如图 2.30 所示。

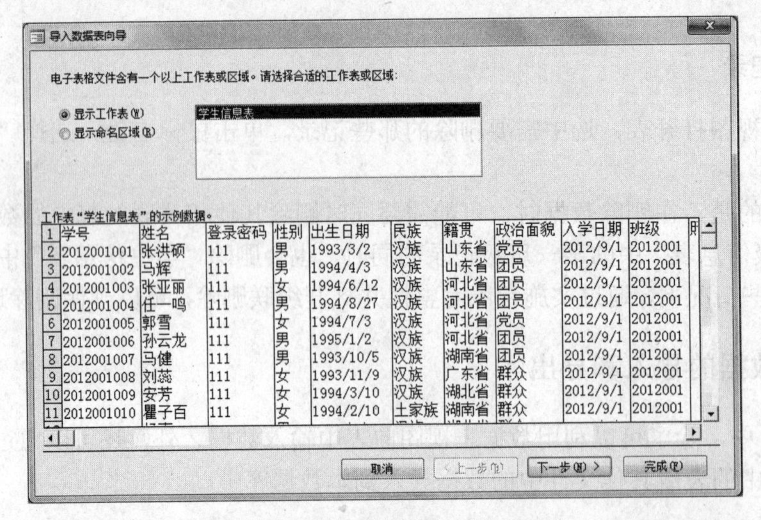

图 2.28 “导入数据表向导”第 1 步

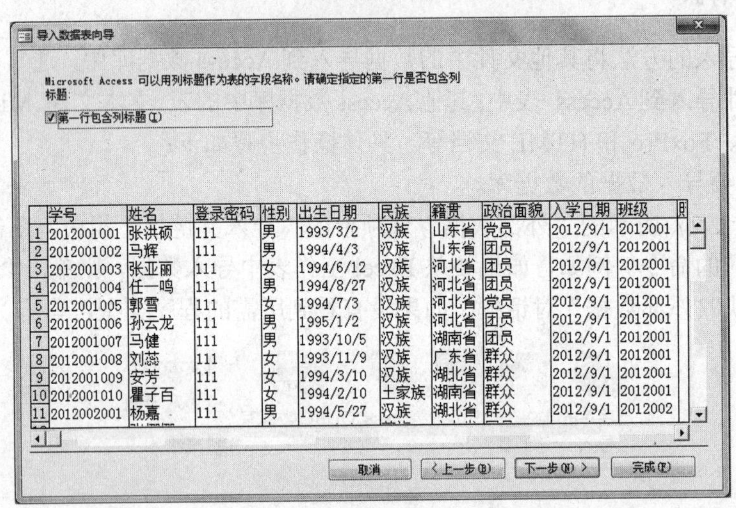

图 2.29 “导入数据表向导”第 2 步

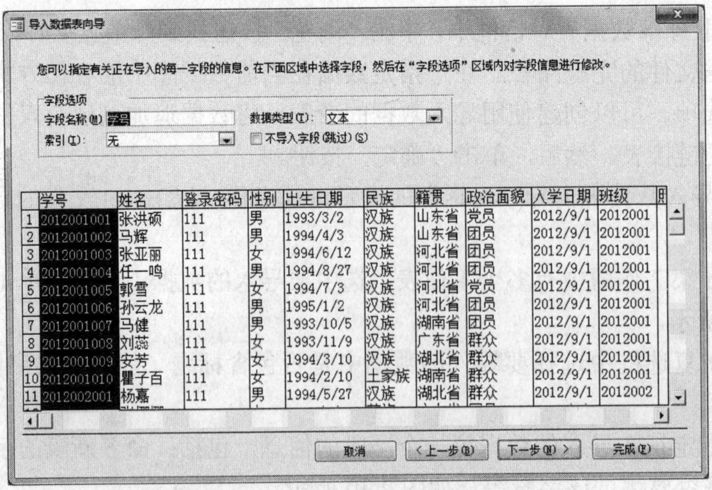

图 2.30 “导入数据表向导”第 3 步

第 4 步：定义主键。可以选择“让 Access 添加主键”、“自己选择主键”、“不要主键”。如果让 Access 添加主键，Access 将添加字段名为“ID”的自动编号类型字段；如果自己选择主键，可以从下拉列表中选择导入表中的某字段作为表的主键，如图 2.31 所示。

图 2.31 “导入数据表向导”第 4 步

第 5 步：命名导入后的 Access 表名，如图 2.32 所示。

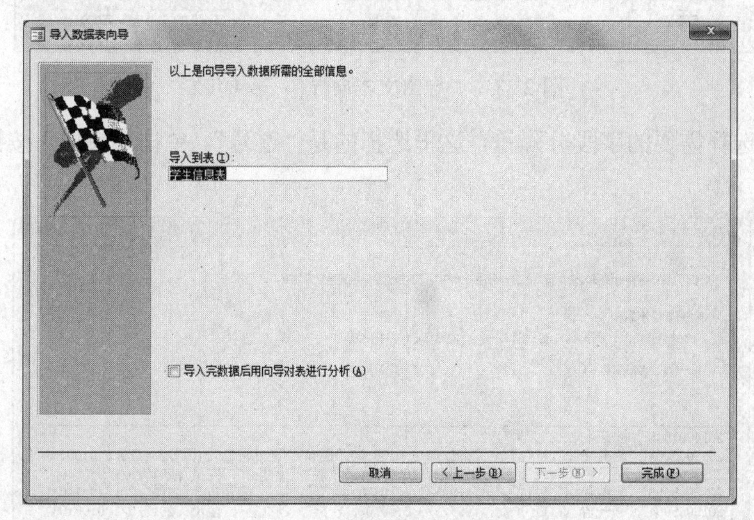

图 2.32 “导入数据表向导”第 5 步

通过以上操作，即可把 Excel 工作表中的数据导入 Access 表中。

对于其他类型数据源的导入，根据导入对象的类型不同，导入向导的各个步骤也不同。用户可以按照向导的提示，完成导入表的操作。

2. 数据的导出

通过 Access 的数据导出功能，可以将数据表中的数据导出为其他格式的文件。下面以文本文件为例讲解数据的导出过程。

【例 2.9】 将教学管理数据库中的学生信息表导出为文本文件，步骤如下。

（1）打开教学管理系统数据库中的“学生信息表”。

（2）在“外部数据”选项卡的“导出”组中，单击“文本文件”命令。

（3）打开“选择数据导出操作的目标”对话框中，选择导出位置和导出的目标文档，单击“确定”按钮，进入“导出文本文件”向导。

第 1 步：确定数据的导出格式，这里选择“带分隔符”格式，单击“下一步”按钮，如图 2.33 所示。

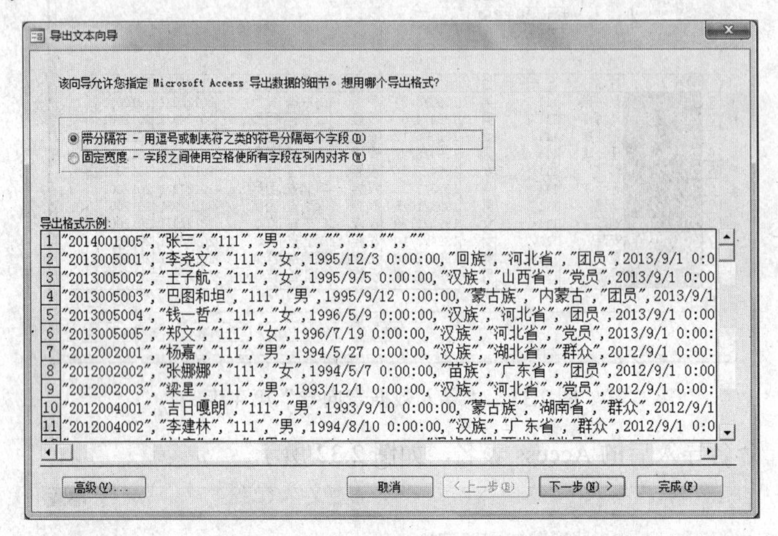

图 2.33 “导出文本向导” 第 1 步

第 2 步：选择需要的字段分隔符，这里选择的是“逗号”，单击“完成”按钮，如图 2.34 所示。

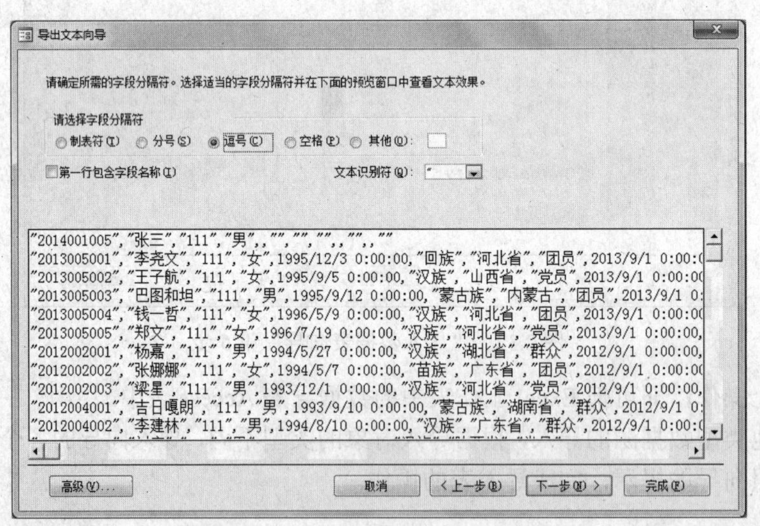

图 2.34 “导出文本向导” 第 2 步

第 3 步：在打开的“保存导出步骤”对话框中，可以选择把导出步骤保存起来，这适用于需要经常导出同样文档的情况，也可以不保存导出步骤，直接单击“关闭”按钮。

除文本文件之外，还可以将数据导出为其他格式的文件，格式不同，导出步骤也不同，用户可以根据导出向导，完成表的导出。

2.4.3 查找记录

当数据表中的数据很多时，可以使用 Access 的查找功能快速定位所需要的内容。

1. 查找操作

【例 2.10】 查询学生信息表中籍贯为“广东省”的学生，具体操作如下：

① 打开学生信息表，将光标放置在“籍贯”字段。

② 单击“开始”选项卡的“查找”组中的“查找”按钮。

③ 在“查找和替换”对话框中，单击“查找”选项卡，在“查找内容”框中输入“广东省”，设置“查找范围”为“当前字段”，“匹配”列表选择“字段任何部分”，“搜索”列表选择“全部”，如图 2.35 所示。

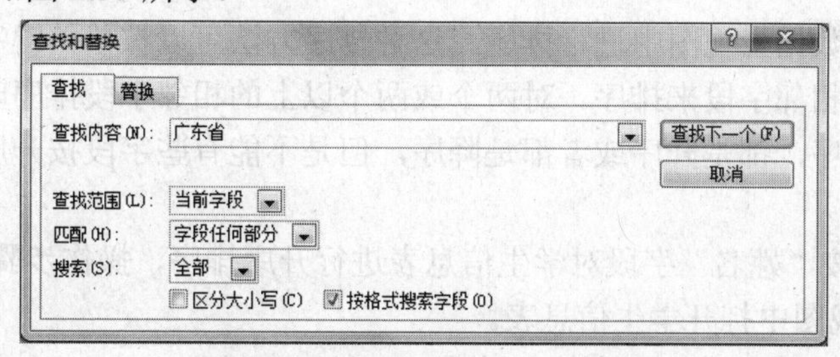

图 2.35 “查找和替换”对话框

设置“查找范围”为“当前字段”，可限定查找范围仅限于某个字段，从而提高搜索效率。

④ 单击“查找下一个”按钮，可以逐一进行查找。

在查找时，如果不完全知道要查找的内容或者要查找符合某种样式的指定内容，则可以在“查找内容”框中使用通配符。

对于 Access 数据库，在“查找和替换”对话框中，可以使用的通配符如表 2.9 所示。

表 2.9 进行查找时可以使用的通配符

字符	用法	示例
*	与任何个数的字符匹配，它可以在字符串中，当作第一个或最后一个字符使用	wh* 可以找到 what、white 和 why 等
?	与任何单个字符匹配	b?ll 可以找到 ball、bell 和 bill 等
[ ]	与方括号内任何单个字符匹配	b[ae]ll 可以找到 ball 和 bell 但找不到 bill
!	匹配任何不在括号之内的字符	b[!ae]ll 可以找到 bill 和 bull 等 但找不到 bell 或 ball
-	与范围内的任何一个字符匹配。必须以递增排序次序来指定区域 （A～Z，而不是～A）	b[a-c]d 可以找到 bad、bbd 和 bcd 等
#	与任何单个数字字符匹配	1#3 可以找到 103、113、123 等

2. 替换操作

在操作数据表时，如果需要同时修改多处相同的数据，则可以使用 Access 的替换功能。

【例 2.11】 将学生信息表籍贯字段中的“山冬省”替换为“山东省”，操作步骤如下。

① 打开学生信息表，将光标放置在“籍贯”字段。

② 单击“开始”选项卡的“查找”组中的“替换”按钮。

③ 在“查找和替换”对话框中，单击“替换”选项卡，在“查找内容”框中输入“山冬省”，在“替换为”框中输入“山东省”，设置“查找范围”为“当前字段”，单击“全部替换”按钮，完成替换。

2.4.4 排序记录

排序是根据表中一个或多个字段的值对表中的所有记录进行重新排列，以便于查看和浏览。在 Access 中，可以对数据表中的数据进行两种类型的排序：简单排序和复杂排序。

1．简单排序

简单排序是在数据表视图中进行排序。这种排序方法可以按单关键字排序，也可以按两个或两个以上的相邻字段来排序。对两个或两个以上的相邻字段排序时，这些字段只能选择同一种次序排序，都是升序或者都是降序，但是不能有些字段按升序另外一些字段按降序。

【例 2.12】 按“姓名”字段对学生信息表进行升序排序，操作步骤如下。

① 在数据表视图中打开学生信息表。

② 选择要排序的字段，即“姓名”字段。

③ 单击“开始”选项卡上“排序和筛选”组中的“升序”按钮。

2．复杂排序

复杂排序操作需要打开“高级筛选/排序”窗口进行排序。当要排序的多个关键字字段不是相邻字段，或者这些关键字字段不按同一种次序排序（某些字段按升序排序，对其他字段按降序排序），则要使用复杂排序。

【例 2.13】 按照“籍贯”升序，“姓名”降序的顺序对学生信息表进行排序，操作步骤如下。

① 在数据表视图中打开学生信息表。

② 在“开始”选项卡的“排序和筛选”组中单击“高级”按钮，在出现的下拉菜单中选择“高级筛选/排序”，则屏幕显示“学生信息表筛选 1”窗口。窗口的上半部是要进行排序的表，下半部是设计网格。

③ 单击设计网格中第一列的“字段”单元格，从下拉列表中，选择“籍贯”，再单击第一列的“排序”单元格，从下拉列表中选择“升序”。

④ 单击设计网格中第二列的“字段”单元格，从下拉列表中，选择“姓名”，再单击第二列的“排序”单元格，从下拉列表中选择“降序”，如图 2.36 所示。

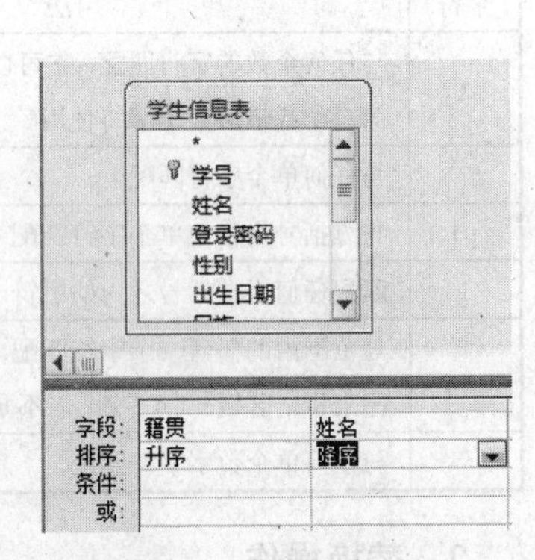

图 2.36 复杂排序

⑤ 在“开始”选项卡的“排序和筛选”组中单击“高级”按钮，在出现的下拉菜单中选择“应用筛选/排序”命令，则 Access 将按上述设置排列表中的数据。

如果要取消之前的排序，在“开始”选项卡的“排序和筛选”组中，单击“取消排序”按钮。

2.4.5 筛选记录

筛选记录的操作是按某种条件选择数据的操作，把符合条件的数据筛选出来，不符合条件的数据隐藏不予显示。

在数据表中主要可以使用四种方法筛选记录：利用“筛选器”筛选、基于选定内容的筛选、按窗体筛选、高级筛选。

1. 利用“筛选器”筛选

除了 OLE 对象字段、附件字段和显示计算值的字段外，所有字段类型都提供了公用筛选器。可用筛选列表取决于所选字段的数据类型和值。

【例 2.14】 利用“筛选器”筛选出学生信息表中所有姓张的学生，操作步骤如下。

① 在数据表视图中打开学生信息表。

② 单击要进行筛选的“姓名”字段，在“开始”选项卡上的“排序和筛选”组中，单击“筛选器”按钮，出现如图 2.37 所示的文本型字段筛选器。

③ 单击筛选器中的“文本筛选器”选项，出现级联菜单，如图 2.38 所示。

④ 在级联菜单中选择“开头是”选项，出现“自定义筛选”对话框，输入“张”，单击“确定”按钮，如图 2.39 所示，完成筛选。

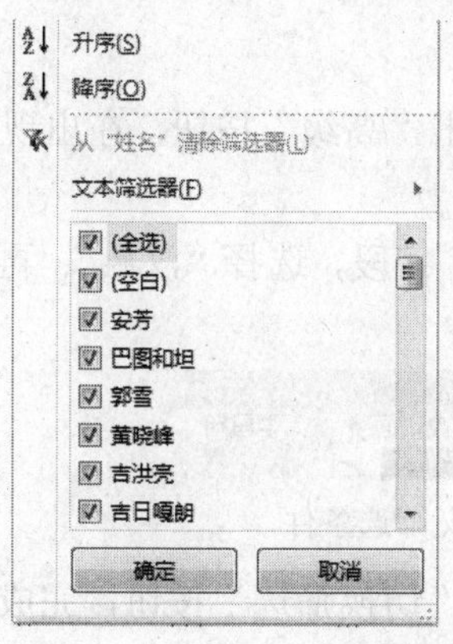

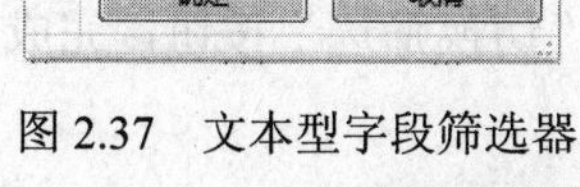

图 2.37 文本型字段筛选器

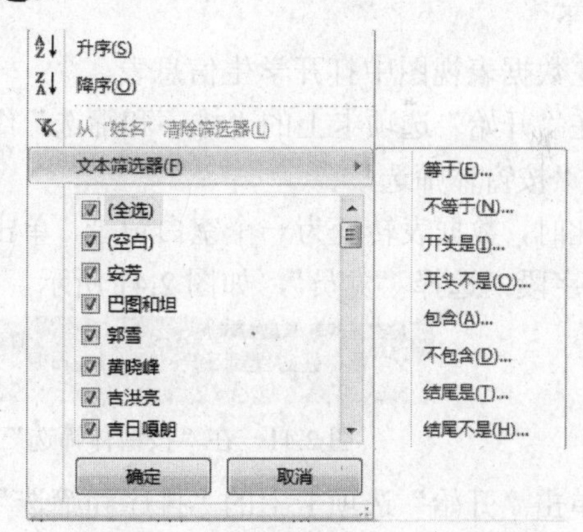

图 2.38 文本型字段筛选器及其级联菜单

图 2.39 “自定义筛选”对话框

此时，学生信息表中仅显示所有姓张的学生的信息，其他学生的信息都被隐藏起来。

不同类型字段的筛选器和级联菜单有所不同，但使用方法类似。

2．基于选定内容的筛选

使用这种方法需要在数据表的字段中，首先选择某一字段的一个值，然后按这个值进行筛选。

【例 2.15】 使用基于选定内容筛选的方法，筛选出 1994 年出生的学生的信息，操作步骤如下。

① 在数据表视图中打开学生信息表。

② 在“出生日期”字段的字段值选择“1994”，在“开始”选项卡上的“排序和筛选”组中，单击“选择”按钮，出现如图 2.40 所示的菜单。

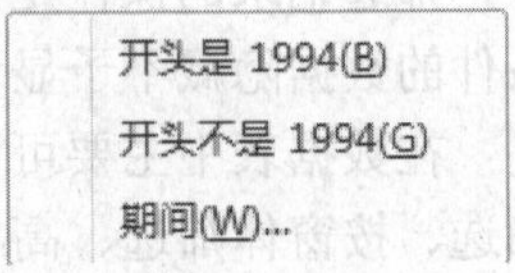

开头是 1994(B)
开头不是 1994(G)
期间(W)...

图 2.40 下拉菜单

③ 在菜单中选择“开头是 1994”选项，完成筛选。

筛选后，仅显示学生信息表 1994 出生的学生的信息。

在进行基于选定内容的筛选时，根据所选内容的数据类型以及在整个字段值中的位置，所出现的下拉菜单也有所不同。

3．按窗体筛选

使用“按窗体筛选”的方法，可以同时根据两个以上的字段值进行筛选。单击“按窗体筛选”命令时，数据表转变为一个空白记录的形式，并且每个字段都变为一个下拉列表框，可以从每个列表中选取一个值作为筛选的条件。

【例 2.16】 使用“按窗体筛选”的方法，筛选出学生信息表中汉族的党员学生，操作步骤如下。

① 在数据表视图中打开学生信息表。

② 在“开始”选项卡上的“排序和筛选”组中，单击“高级”按钮，在出现的下拉菜单中选择“按窗体筛选”。

③ 此时，数据表转变为一个空白记录，单击“民族”字段，选择“汉族”；再单击“政治面貌”字段，选择“党员”，如图 2.41 所示。

图 2.41 在“按窗体筛选”窗口中定义筛选条件

④ 单击“开始”选项卡上的“排序和筛选”组中的“切换筛选”按钮，完成筛选，显示筛选结果。

4．高级筛选

前几种筛选方法虽然简单易用，但是功能有限。使用高级筛选，可以进行复杂的筛选。并且在通过筛选器、基于选定的内容筛选、按窗体筛选进行筛选后，可以切换到高级筛选窗口来查看筛选条件的设置。

【例 2.17】 使用高级筛选，筛选学生信息表中所有少数民族的学生，操作步骤如下。

① 在数据表视图中打开学生信息表。

② 在“开始”选项卡上的“排序和筛选”组中，单击“高级”按钮，在出现的下拉菜单中选择“高级筛选/排序”，则屏幕显示“学生信息表筛选 1”窗口。

③ 单击设计网格中第一列的“字段”单元格，从下拉列表中，选择“民族”，再在第一列的“条件”行中输入“<>"汉族"”，如图 2.42 所示。

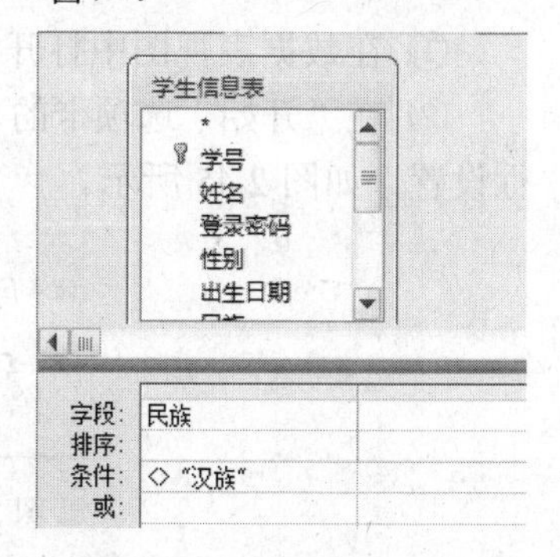

图 2.42　高级筛选条件

④ 单击“开始”选项卡上的“排序和筛选”组中的“切换筛选”按钮，完成筛选，显示筛选结果。

在高级筛选中，还可以添加更多的字段列设置更复杂的筛选条件。高级筛选实际上是创建了一个查询，通过查询可以实现各种复杂条件的筛选。在 Access 中查询是使用更普遍的操作，有关查询的内容将在第 3 章中详细介绍。

2.4.6　数据表的行汇总统计

数据表的汇总统计是一项经常使用的操作。在 Access 中，可以通过向表中添加汇总行来对表中的数据进行汇总统计。

显示汇总行时，可以从下拉列表中选择聚集函数（如 SUM、AVERAGE、MIN、MAX 或 COUNT 等）。

【例 2.18】　统计学生选课表中学生的考试成绩的平均值，操作步骤如下。

① 向数据表添加汇总行。

在数据表视图中打开学生选课表，单击“开始”选项卡“记录”组中的“Σ 合计”按钮，在数据表的最下部自动添加一个空的汇总行。

② 使用汇总行进行汇总统计。

单击“考试成绩”字段的汇总行的单元格，出现一个箭头，单击此箭头，在打开的汇总函数列表框（图 2.43）中选择“平均值”，汇总结果就显示在该单元格中，如图 2.44 所示。

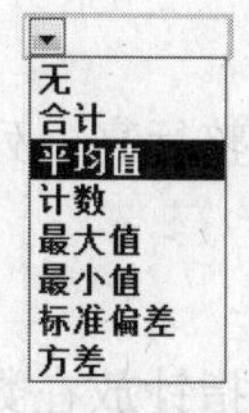

图 2.43　汇总函数

2012005004	c008	62.5	78	69
2012005004	c009	69	70	69
2012005005	c001	92	90	91
2012005005	c008	90	87	89
2012005005	c009	91	90	91
*				
汇总		78.35		

图 2.44　汇总结果

如果不再需要汇总的结果，可以再单击“开始”选项卡“记录”组中的“Σ 合计”按钮，将汇总结果隐藏起来。

2.5　设置数据表的格式

通过设置数据表的格式可以调整表的外观，使表看上去更清楚、美观。数据表格式的调整一般包括字体、行高和列宽、样式、字段的隐藏和冻结等操作。

1. 设置字体

① 在数据表视图中打开表。

② 在“开始”选项卡的“文本格式”组中，可以对表中数据的显示字体、显示格式进行设置，如图 2.45 所示。

图 2.45 “开始”选项卡的“文本格式”组

单击字体组右下角“ ”按钮，出现如图 2.46 所示的“设置数据表格式”对话框，可以用来设置数据表的格式。

图 2.46 “设置数据表格式”对话框

2. 调整行高或列宽

可以通过鼠标拖动调整行高和列宽，也可以通过对话框精确调整行高、列宽。

（1）通过鼠标拖动调整行高、列宽。

具体操作过程如下。

- 调整行高：在数据表视图中打开表，如果要调整行高，将指针放在数据表左侧的任意两个记录之间，然后一直拖动到所需行高。
- 调整列宽：鼠标指针指向要调整大小的列字段名的右边缘，然后一直拖动到所需列宽。

（2）通过对话框精确调整行高、列宽。

在数据表视图中打开表，用鼠标右键单击表格任意一行（或一列），在弹出的菜单中单击“行高”（或“字段宽度”），弹出“行高”（或“列宽”）对话框，如图 2.47 所示。设置行高（或列宽），单击“确定”。

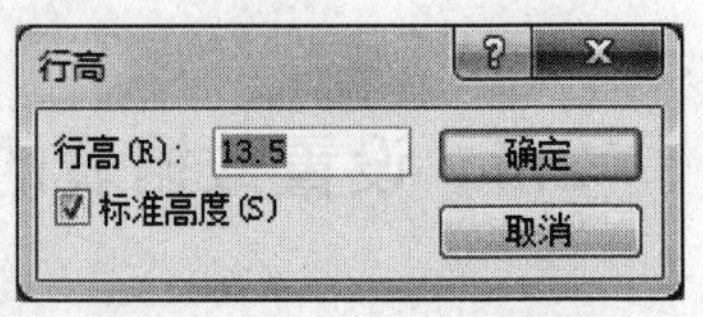

图 2.47 调整行高

3．冻结和解除冻结数据表中的字段

使用数据表时，若遇到一个很宽的数据表，屏幕上无法显示其全部字段，则有些字段必须通过拖动滚动条才能看到。在这种情况下，如果希望某些字段不参与滚动，可以冻结数据表中的这些字段，这样无论表怎样滚动，这些被冻结的字段都会成为最左侧的字段，并且始终是可见的。

具体操作过程如下：

在数据表视图中打开表，用鼠标右键单击要冻结的一个或多个字段的字段名称处，在弹出的快捷菜单中选择“冻结字段”。

若要解除对所有字段的冻结，用鼠标右键单击任一字段的字段名称处，在弹出的快捷菜单中选择“取消冻结所有字段”。

4．显示或隐藏数据表中的字段

在浏览数据时，如果数据表中的字段太多，可以将某些字段隐藏起来，需要时再重新显示。

（1）隐藏字段。

在数据表视图中打开表，用鼠标右键单击要隐藏的字段的字段名，在弹出的菜单中选择“隐藏字段”。

（2）显示所隐藏的一个或多个字段。

在数据表视图中打开表，用鼠标右键单击任一字段的字段名，在弹出的菜单中选择“取消隐藏字段”，弹出“取消隐藏列”对话框，如图 2.48 所示。被隐藏的字段名前是未被选中的复选框，选中要显示的字段的名字，单击“关闭”按钮。

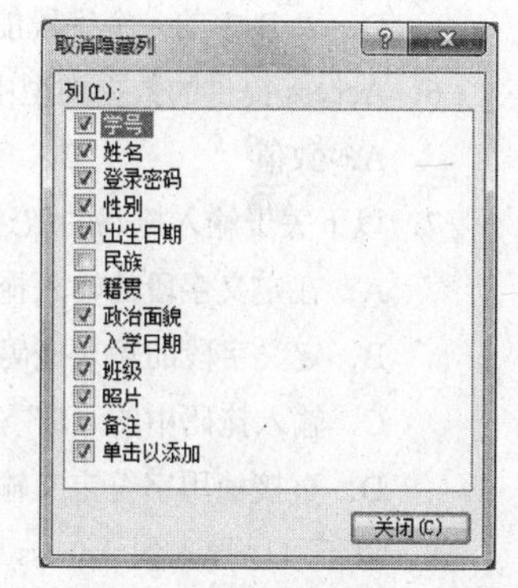

图 2.48 “取消隐藏列”对话框

本章小结

本章介绍了在 Access 2010 中创建数据库和创建表的基本方法，主要讲解了创建表的基本过程：设计表结构、表间关系，为表中每个字段选择合适的数据类型，在 Access 2010 中创建表结构，设置字段的属性，建立表间关系。最后，介绍了表中数据的操作：数据的输入、查找、排序和筛选等。

习题

一、选择题

1. 若要确保输入的联系电话值只能为 8 位数字，应将该字段的输入掩码设置为（ ）。

   A. 00000000　　B. 99999999　　C. ########　　D. ????????

2．某数据库的表中要添加一个 Word 文档，则应采用的字段类型是（　　）。

A．OLE 对象数据类型　　B．超级链接数据类型

C．查阅向导数据类型　　D．自动编号数据类型

3．Access 数据库是（　）。

A．层状数据库　　B．网状数据库

C．关系型数据库　　D．树状数据库

4．以下说法正确的是（　　）。

A．一个数据库可以包含多个表　　B．一个表可以包含多个数据库

C.一个表只能包含一个数据库　　D．一个数据库只能包含一个表

5．假设数据库中表 A 与表 B 是“一对多”的关系，B 为“多”的一方，则以下说法正确的是（　　）。

A．表 A 中的一个记录能与表 B 中的多个记录匹配

B．表 B 中的一个记录能与表 A 中的多个记录匹配

C．表 A 中的一个字段能与表 B 中的多个字段匹配

D．表 B 中的一个字段能与表 A 中的多个字段匹配

6．Access 提供的数据类型中不包括（　　）。

A．数值　　B．多媒体　　C．备注　　D．货币

7．以下关于输入掩码的叙述中，错误的是（　　）。

A．在定义字段的输入掩码时，既可以从键盘输入，也可以使用输入掩码向导

B．定义字段的输入掩码，是为了设置密码，保护字段

C．输入掩码中的“L”表示必须输入“A”到“Z”的字母

D．直接使用字符定义输入掩码时，可以根据需要将字符组合起来

8．以下可以导入到 Access 中的数据源是（　　）。

A．Excel　　B．FoxPro　　C．文本文件　　D．以上都是

9．以下叙述中，错误的是（　　）。

A．文本型字段最长为 255 个字符

B．创建表之间的关系时，应关闭这些表

C．在创建一对一关系时，要求两个表的相关字段都是主关键字（主键）

D．在创建表间关系时，实施参照完整性可以保障表间数据的一致性

10．在已经建立的数据表中，如果在显示表中内容时，使某些字段不能显示出来，可以使用的方法是（　　）。

A．排序　　B．筛选　　C．隐藏　　D．冻结

11．在 Access 数据库中，数据保存在（　　）对象中。

A．窗体　　B．查询　　C．报表　　D．表

12．如果字段内容为声音文件，可将此字段定义为（　　）类型。

A．文本　　B．查询向导　　C．OLE 对象　　D．备注

13．在表设计视图中，如果要限定数据的输入格式，应修改字段的（　　）属性。

A．格式　　B．有效性规则　　C．输入掩码　　D．字段大小

14．不可以用“输入掩码”属性设置的数据类型是（　　）。

A．数字　　B．文本　　C．日期/时间　　D．自动编号

15．掩码“LLL000”对应的正确输入数据是（　　）。

A．555555　　B．aaa555　　C．555aaa　　D．aaaaaa

16．数据库表中的字段可以定义有效性规则，有效性规则是（　　）。

A．控制符　　B．文本　　C．条件　　D．前三种说法都不对

17．邮政编码是由6位数字组成的字符串，为邮政编码设置输入掩码的格式是（　　）。

A．000000　　B．CCCCCC　　C．999999　　D．LLLLLL

18．Access数据库中，为了保持表之间的关系，要求在子表（从表）中添加记录时，如果主表中没有与之相关的记录，则不能在子表（从表）中添加该记录。为此需要定义的关系是（　　）。

A．输入掩码　　B．有效性规则　　C．默认值　　D．参照完整性

19．数据库中有A、B两表，均有相同字段C，在两表中C字段都设为主键。当通过C字段建立两表关系时，则该关系为（　　）。

A．一对一　　B．一对多　　C．多对多　　D．不能建立关系

20．要在查找表达式中使用通配符通配一个数字字符，应选用的通配符是（　　）。

A．*　　B．？　　C．!　　D．#

二、思考题

1．数据表如何创建，有几种方法？

2．Access提供了哪些数据类型？定义字段时，如何选择字段的数据类型？

3．表对象的常用视图有哪些？在什么视图下可以对表的结构进行修改？

4．使用字段的有效性规则属性和有效性文本属性有何意义？

5．什么是参照完整性？级联更新和级联删除各指什么？

6．怎样设置输入掩码？它有什么作用？

7．主键是什么，怎样创建主键？

8．为表创建索引的目的是什么？

9．什么情况下使用“冻结列”，什么情况下使用“隐藏列”？

10．表的汇总行有什么作用？

第 3 章　应用系统的数据重组——查询

在使用数据库时，很多工作都需要对数据库中的数据进行统计、计算或检索。虽然在数据表中可以直接浏览、排序、筛选数据，但是，如果要进行数据计算或者从多个表中检索符合条件的数据时，仅仅利用数据表的记录操作就不能实现了。例如，想知道某个学生选修了哪些教师的课程，选修的所有课程的总成绩……因为当初我们在设计数据库时，为了节省空间，常常把数据分类存放在多个数据表中。现在需要检索数据，那么，有什么办法可以把我们感兴趣的数据抽取出来重新组织在一起，以完成相应的数据检索需求吗？

为了解决这个问题，在 Access 中引入了查询对象，查询实际上就是从一个或多个表（查询）中把用户认为有用的字段或记录抽取出来形成一个新的数据集合，方便用户对数据进行进一步的查看和分析。本章将介绍 Access 中查询对象的基本概念、各种类型的查询视图及创建方法，以及 SQL 的基本内容。

3.1　查询简介

查询是关系数据库中的一个重要概念，通过查询可以对数据库中的数据进行添加、修改、删除、更新、筛选、汇总及各种计算。查询的结果虽然也是一个数据记录的集合（操作查询除外），但是这个记录集并不真正存在于数据库中，而是每次打开查询时才临时生成，以使得查询中的数据始终与源表中的数据保持一致。也就是说，每次打开查询，只是按照查询中保存的查询条件从数据表中抽取数据，并以记录集合的形式显示抽取数据的结果，关闭查询时，抽取出来的数据记录集随之消失。

查询在创建数据库应用系统时很重要，随着逐步熟悉，将体会到以下几方面的用途：

① 利用查询可以使用户的注意力集中在自己感兴趣的数据上，而将当前不需要的数据排除在外。

② 通过查询可以浏览表中的数据，分析数据或修改数据。

③ 将经常处理的原始数据或统计计算定义为查询，可大大简化处理工作。用户不必每次都在原始数据上进行检索，从而提高了整个数据库的性能。

④ 查询的结果可以用于生成新的基本表，可以用来进行新的查询，还可以为窗体、报表提供数据。

3.1.1　查询的类型

根据应用查询的目的的不同，可以将 Access 查询分为以下 5 种类型：选择查询、交叉表查询、操作查询、参数查询、SQL 查询。

1. 选择查询

选择查询是最常见的查询类型，它从一个或多个表中检索数据，也可以使用选择查询来对记录进行分组，并且对记录作总计、计数、平均值以及其他类型的总计计算。

2．交叉表查询

使用交叉表查询可以计算并重新组织数据的结构，这样可以更加方便地分析数据。交叉表查询可以实现数据的总计、平均值、计数或其他类型的统计工作。

3．操作查询

操作查询是指通过执行查询对数据表中的记录进行更改。操作查询分为以下四种。

- 生成表查询：将一个或多个表中数据的查询结果创建成新的数据表。生成表查询有助于数据表备份，也方便将数据导出到其他数据库中。
- 更新查询：根据指定条件对一个或多个表中的一批记录进行修改。
- 追加查询：将查询结果添加到一个或多个表的末尾。
- 删除查询：从一个或多个表中删除一批记录。

4．参数查询

参数查询是在查询时增加可变化的参数，以增加查询的灵活性。当用户需要每次查询都针对某个字段改变查询准则时，就可以利用参数查询来解决。参数查询在使用时通过对话框，提示用户输入查询准则，系统再以用户输入的查询准则为条件，将查询结果显示出来。

5．SQL 查询

SQL（Structured Query Language）查询是一种结构化语言，它是一种国际化的标准语言，包括专门为数据库而建立的操作命令集，可以实现对任何数据库管理系统的操作。SQL 查询就是用 SQL 语言创建的查询，包括联合查询、传递查询、数据定义查询、子查询等。

3.1.2 查询的视图

查询视图是设计查询或显示查询结果的界面。Access 2010 中的查询视图有五种：数据表视图、设计视图、SQL 视图、数据透视表视图和数据透视图视图，下面将介绍常用的数据表视图、设计视图、SQL 视图。

1．数据表视图

数据表视图主要用于在行和列格式下显示表、查询以及窗体中的数据，用户可以通过这种方式查看查询结果、更改数据、追加记录、删除记录等操作，图 3.1 所示是学生基本信息查询的数据表视图，此查询的目的是了解学生的学号、姓名、性别、班级信息。

2．设计视图

设计视图是一个设计查询的窗口，包含了创建查询所需要的各个组件，用户可以很便捷地通过设计视图创建一个查询来查找自己感兴趣的数据，如图 3.2 所示，是用户查找学生基本信息的设计视图。

查询1-学生基本信息查询

学号	姓名	性别	班级
2012001001	张洪硕	男	2012001
2012001002	马辉	男	2012001
2012001003	张亚丽	女	2012001
2012001004	任一鸣	男	2012001
2012001005	郭雪	女	2012001

图 3.1　数据表视图

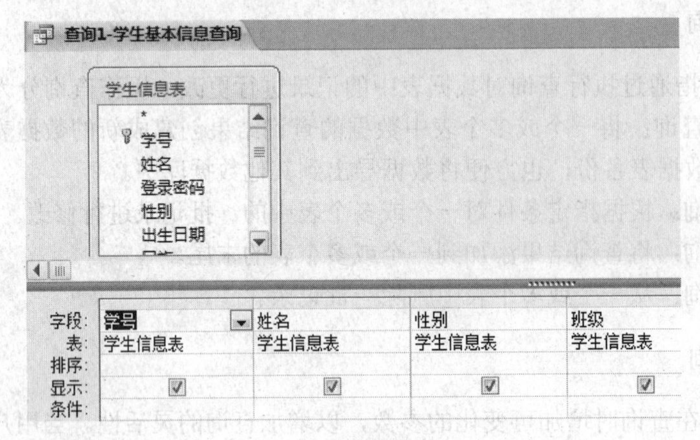

图 3.2　设计视图

查询设计窗口分为上下两部分，上部是创建查询需要的数据源，可以是表，也可以是其他查询；下部是查询设计区，每列定义查询结果数据集中的一个字段，每一行分别是字段的属性和要求，每行是查询的字段、来源表或其他查询、排序、字段是否显示、查询条件的设置；中间的粗线是可以调节的分隔线。

其中：

- 字段：设置查询需要的字段；
- 表：设置字段的来源；
- 排序：定义查询的结果是否按该字段排序。
- 显示：设置该字段是否在数据表视图中（即查询结果中）显示出来；
- 条件：设置用户对查询的限制或要求。

3. SQL 视图

SQL 是“结构化查询语言”的缩写，通过描写 SQL 语言，也能完成用户查找数据的要求，如图 3.3 所示查找学生的学号、姓名、性别、班级的 SQL 语言。Access 能将设计视图中的查询翻译成 SQL 语句，所以大多情况下我们只需要在设计视图中设计查询的要求就可以了，Access 会在 SQL 视图中自动创建与查询对应的 SQL 语句。当然，用户也可以在 SQL 视图中查看、描写或改变 SQL 语句，进而改变查询的设计。

查询1-学生基本信息查询

```
SELECT 学生信息表.学号, 学生信息表.姓名, 学生信息表.性别, 学生信息表.班级
FROM 学生信息表;
```

图 3.3　查询的 SQL 视图

3.2　利用向导创建查询

有一些简单的查询可以直接用向导创建，常用的查询向导有：简单查询向导、交叉表查询向导、查找重复项查询向导、查找不匹配项查询向导。

3.2.1　简单查询向导

通过 Access 2010 提供的“简单查询向导”，即可快速创建一个简单而实用的查询，并且可以在一张或多张表或查询中指定检索字段中的数据。如果需要，也可以对记录组或全部记录作总计、计数以及平均值的计算，以及计算字段中的最小值或最大值，只是不能通过设置查询准则来限制检索的记录。

问题：当用户只对学生的学号、姓名、性别和班级感兴趣时，那么就只需要浏览这些信息，这时，我们就可以利用查询把用户感兴趣的这些信息抽取出来。实例中用查询向导来完成此查询的建立。

【例 3.1】　利用查询向导查找并显示“学生信息表”中的“学号”、“姓名”、“性别”和“班级”4 个字段。其操作步骤如下。

（1）打开“某高校教学管理系统”，在“创建”选项卡的“查询”组中，单击“查询向导”，出现“新建查询”窗口，如图 3.4 所示。

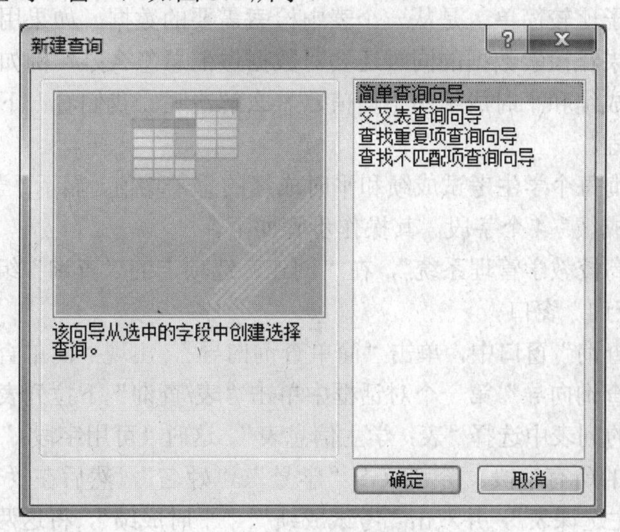

图 3.4　“新建查询”窗口

（2）在“新建查询”窗口中，单击“简单查询向导”，出现“简单查询向导”的第一个对话框。

（3）在“简单查询向导”第一个对话框中单击“表/查询”下拉列表框右侧的向下箭头按钮，然后从弹出的列表中选择“表：学生信息表”。这时“可用字段：”列表框中显示“学生信息表”中包含的所有字段。分别双击“学号”、“姓名”、“性别”和“班级”4 个字段，把它们添加到“选定的字段：”列表框中。结果如图 3.5 所示。

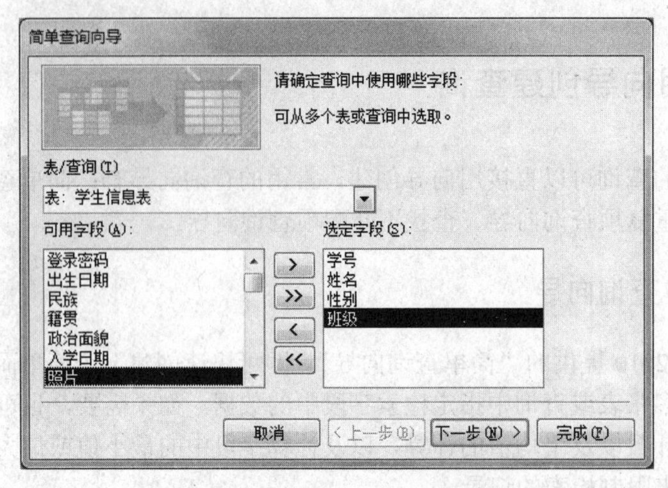

图 3.5　确定查询的数据源和字段

（4）确定所需字段后，单击“下一步”按钮，这时屏幕显示“简单查询向导”第二个对话框，在“请为查询指定标题：”文本框中输入查询名称，也可以使用默认的“学生信息表 查询”，这里就使用默认标题。如果要打开查询查看结果，则单击“打开查询查看信息”单选按钮；如果要修改查询设计，则单击“修改查询设计”单选按钮。这里选择“打开查询查看信息”选项。

（5）单击“完成”按钮，这时 Access 创建查询并将查询结果显示出来。

问题：这个例子比较简单，是从一个表中检索需要的数据。如果用户要从多个表中检索数据怎么办？如果在检索数据的同时还要对数据做汇总怎么办？例如，用户想知道每个学生各门课程考试成绩和平时成绩的平均值，怎么解决呢？我们看一下用查询向导创建查询来汇总结果的过程。

【例 3.2】　查询每个学生考试成绩和平时成绩的总平均值，显示“学号”、“姓名”、“考试成绩”和“平均成绩”4 个字段。其操作步骤如下。

（1）打开“某高校教学管理系统”，在“创建”选项卡的“查询”组中，单击“查询向导”，出现“新建查询”窗口。

（2）在“新建查询”窗口中，单击“简单查询向导”，出现“简单查询向导”的第一个对话框。在“简单查询向导”第一个对话框中单击“表/查询”下拉列表框右侧的向下箭头按钮，然后从弹出的列表中选择“表：学生信息表”。这时“可用字段：”列表框中显示“学生信息表”中包含的所有字段。分别双击“学号”、“姓名”，然后在“表/查询”下拉列表框中选择“表：学生选课表”，并双击“考试成绩”、“平时成绩”，将这两个字段添加到“选定的字段：”列表框中。结果如图 3.6 所示。

（3）单击“下一步”按钮，这时屏幕上显示“简单查询向导”第二个对话框。在这个对话框中，用户需要选择“明细”或“汇总”两种查询类型。明细查询可以显示每个记录的每个字段，汇总查询可以计算字段的总值、平均值、最小值、最大值、记录数等。

（4）选择“汇总”单选按钮后，进一步设置汇总选项，如图 3.7 所示。

（5）单击“确定”按钮，为查询命名为“例 32-学生平均成绩查询”，Access 建立查询并将查询结果显示出来，如图 3.8 所示。

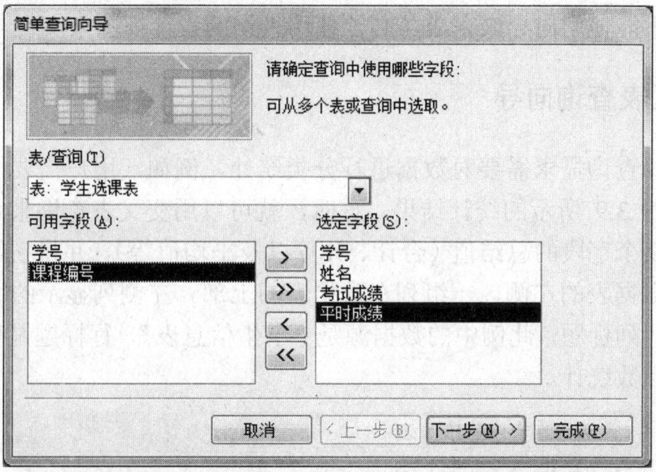

简单查询向导

请确定查询中使用哪些字段:

可从多个表或查询中选取。

表/查询(T)

表: 学生选课表

可用字段(A): 学号 课程编号

选定字段(S): 学号 姓名 考试成绩 平时成绩

取消 < 上一步(B) 下一步(N) > 完成(F)

图 3.6 学生信息表和学生选课表作为查询的数据源

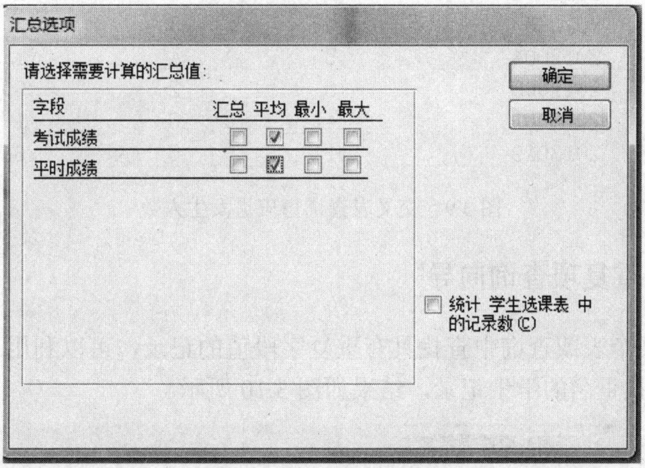

汇总选项

请选择需要计算的汇总值:

字段	汇总	平均	最小	最大
考试成绩	☐	☑	☐	☐
平时成绩	☐	☑	☐	☐

确定 取消

☐ 统计 学生选课表 中的记录数(C)

图 3.7 查询的汇总选项

例32-学生平均成绩查询

学号	姓名	考试成绩	平时成绩
2012001001	张洪硕	86.5	84.5
2012001002	马辉	88.75	92.5
2012001003	张亚丽	83.5	92.5
2012001004	任一鸣	72.75	84
2012001005	郭雪	81	92.5
2012001006	孙云龙	57.75	79
2012001007	马健	82.5	90.5
2012001008	刘蕊	77.25	79
2012001009	安芳	65	84.5

图 3.8 汇总查询的结果

此查询显示的字段中涉及了“学生信息表”和“学生选课表”两个表。由此可见，Access 查询功能非常强大，它可以将多个表中的信息联系起来，并从中找出符合条件的记录。

通过向导创建查询简单方便，但是更复杂的查询如带条件的查询、查询结果的排序、复杂的计算等都不能使用向导来完成，必须使用查询的设计视图来实现。

3.2.2 交叉表查询向导

有一些用户的查询需求需要对数据进行分类统计，例如，用户需要统计每班学生中男女生的人数，如图 3.9 所示的统计结果。这时，就可以用交叉表查询来完成。交叉表查询显示来源于表中某个字段的总结值（合计、计算以及平均值等），并将它们分组放置在查询表中，一组列在数据表的左侧，一组列在数据表的上部。左侧列显示的字段叫行标题，上侧列显示的字段叫列标题，此例中的数据源是“学生信息表”，行标题是班级，列标题是性别，对学号进行计数统计。

查询2-学生信息交叉表

班级	总计 学号	男	女
2012001	10	5	5
2012002	5	3	2
2012003	5	3	2
2012004	5	4	1
2012005	5	2	3
2013001	4	3	1
2013019	11	5	6

图 3.9　交叉表查询每班男女生人数

3.2.3 查找重复项查询向导

如果需要在某个表或查询中查找具有重复字段值的记录，可以利用“查找重复项查询向导”，例如，查找重名的学生记录，结果如图 3.10 所示。

查询3-查找重名学生

姓名	学号	入学日期	班级
李莉	2012005004	2012-09-01	2012005
李莉	2012003002	2012-09-01	2012003
*			

图 3.10　利用“查找重复项查询向导”找到的重名学生

3.2.4 查找不匹配项查询向导

如果需要在表中查找与其他记录不相关的记录，可以利用“查找不匹配项查询向导”，例如，查找未选课的学生记录，如图 3.11 显示的部分未选课的学生。“学生信息表”中是所有学生记录，而“学生选课表”中是所有选了课的学生选课信息，两个表进行不匹配查询，就是找到在“学生信息表”中存在而“学生选课表”中不存在的记录，这些记录就是没有选课的学生记录，其实就是对两张表做了一个差运算。

查询4-查找未选课学生

学号	姓名	班级	入学日期
2013005001	李尧文	2013019	2013-09-01
2013005002	王子航	2013019	2013-09-01
2013005003	巴图和坦	2013019	2013-09-01
2013005004	钱一哲	2013019	2013-09-01
2013005005	郑文	2013019	2013-09-01
2013001001	王梓	2013001	2013-09-01

图 3.11　利用“查找不匹配项查询向导”找到的未选课学生（部分结果）

3.3　查询条件

查询条件是一种规则，用来标识包含在查询结果中的记录，如果需要查看基本记录源中满足特定条件的记录，而不是全部记录，则需要在设计查询时使用查询条件。在 Access 2010 中，查询条件也称为表达式，是运算符、常数、函数和字段名称、控件和属性的任意组合，计算结果为单个值。在 Access 中，许多操作都要使用表达式，如创建表中字段的有效性规则、默认值、查询或筛选的准则、报表的计算控件，以及宏的条件等。

3.3.1　在查询条件中使用运算符

在 Access 的表达式中，使用的运算符包括算术运算符、关系运算符、逻辑运算符、字符运算符。

1．算术运算符

使用算术运算符可以根据两个或更多个数字计算值，也可以将数字符号从正号更改为负号。Access 中可以使用七个算术运算符：+、−、*、/、\、Mod 和^。

（1）“\”运算符。

“\”为整除运算符，运算结果是整数。如 20.6\4.5 的结果为 5。而正斜杠“/”是除法运算符，使用时要注意二者的区别。

（2）“Mod”运算符。

“Mod”为求模运算符，也称为求余运算符，其作用是首先将两个数字舍入为整数，再将第一个数字除以第二个数字，然后返回余数。

例：20.6 Mod 4 的结果为 1。

（3）“^”运算符。

“^”为指数运算符，作用是进行指数运算。

例：3^2 的结果为 9。

2．关系运算符

Access 可以使用 6 个关系运算符，包括>、<、>=、<=、=和<>。通过关系运算符可对两个值或表达式进行比较运算，运算结果是逻辑值 True、False 或 Null。如果进行比较的两个值中只要有一个是 Null，则比较结果为 Null。

3．逻辑运算符

逻辑运算符也成为布尔运算符，包括 And、Or、Not、Eqv 和 Xor，逻辑运算的结果为 True、False 或 Null。下面详细介绍 And、Or 和 Not 运算符。

（1）And 运算符。

And 为逻辑与运算符，当两个操作数都为 True 时，表达式的结果为 True；当两个操作数中只要有一个为 False，表达式的结果为 False；否则为 Null。

表 3.1 列出了一些使用 And 运算符的查询条件。

表 3.1　使用 And 运算符的查询条件

字段	查询条件	查询功能
入学日期	>= #2013-9-1# And <= #2013-10-1#	查询 2013 年 9 月 1 日和 2013 年 10 月 1 日之间入学的学生

（2）Or 运算符。

Or 为逻辑或运算符，当两个操作数中只要有一个为 True，表达式的结果就为 True；两个操作数都为 False 时，表达式结果才为 False；否则为 Null。

表 3.2 列出了一些使用 Or 运算符的查询条件。

表 3.2　使用 Or 运算符的查询条件

字段	查询条件	查询功能
政治面貌	“团员” or “党员”	查询政治面貌是团员或党员的学生

（3）Not 运算符。

Not 为逻辑非运算符，表示取操作数的相反值，即操作数为 True 时表达式的结果为 False；操作数为 False 时表达式结果为 True；操作数为 Null 时表达式结果为非 Null。

表 3.3 列出了一些使用 Not 运算符的查询条件。

表 3.3　使用 Not 运算符的查询条件

字段	查询条件	查询功能
民族	Not "汉族"	查询少数民族的学生
姓名	Not Like "王*"	查询不姓王的学生

4．连接运算符

Access 中可使用“&”和“+”这两个连接运算符，其作用是将两个文本值组合成为一个文本值。例如，“ab” & “cd” 的结果是得到字符串“abcd”，同样，“ab” + “cd” 的结果也是得到字符串“abcd”。“&”和“+”的不同之处在于，“+”运算符传播 Null 值，例如，

“ab”& Null 的结果是得到字符串“ab”，而“ab”+ Null 的结果是 Null。例如“2013001003”&“张一飞”的结果是“2013001003 张一飞”。

5. 特殊运算符

Access 查询中常用的特殊运算符有 Between…And、Like、In、Is Null 和 Is Not Null。

（1）Between…And 运算符。

Between…And 运算符用于确定表达式的值是否在指定值范围内，其基本语法为：

```
expr Between value1 And value2
```

如果 expr 的值在 value1 与 value2 之间（包含 value2 和 value2），则 Between…And 运算符返回 True；否则，返回 False。

表 3.4 列出了一些使用 Between…And 运算符的查询条件。

表 3.4 使用 Between…And 运算符的查询条件

字段	查询条件	查询功能
出生日期	Between #1995-1-1# And #1995-12-31#	查询在 1995 年出生的学生
考试成绩	Not Between 80 And 100	查询考试成绩不在 80～100 之间的记录

（2）Like 运算符。

Like 运算符用于查找与指定模式匹配的值。在所定义的模式中，可以指定完整值，也可以使用通配符查找值范围。表 3.5 中列出了可以与 Like 运算符一起使用的通配符。

表 3.5 可与 Like 一起使用的通配符

通配符	匹配内容
?	任意单字符
*	零个或多个字符
#	任意一个数字（0～9）
[字符列表]	字符列表中的任意单字符
[!字符列表]	不在字符列表中的任意单字符

Like 运算符的语法如下：

```
expr Like "pattern"
```

如果 expr 的值与指定的模式相匹配，返回 True；否则，返回 False。

表 3.6 列出了一些使用 Like 运算符的查询条件。

表 3.6 使用 Like 运算符的查询条件

字段	查询条件	查询功能
课程名称	Like "*数据*"	查询课程名称中包含“数据”的课程
姓名	Like "??"	查询名字为两个字的学生
姓名	Not Like "[王,李]*"	查询不姓王和不姓李的学生

（3）In 运算符。

In 运算符用于确定表达式的值是否等于指定列表内若干值中的任意一个。In 运算符的基本语法如下：

```
expr [Not] In (value1, value2, ...)
```

如果 expr 的值等于指定列表内若干值中的任意一个，返回 True；否则，返回 False。

表 3.7 列出了一些使用 In 运算符的查询条件。

表 3.7　使用 In 运算符的查询条件

字段	查询条件	查询功能
籍贯	In ("河北省","河南省")	查询籍贯是河北省和河南省的学生
政治面貌	Not In ("团员","党员")	查询政治面貌不是团员和党员的学生

（4）Is Null 和 Is Not Null。

Null 是数据库中经常使用的一个常量，表示空值。Is Null 用于确定一个值是否为空值，Is Not Null 用于确定一个值是否为非空值。

空值是使用 Null 或空白来表示字段的值。空字符串（""）是用英文半角双引号括起来的字符串，且左右双引号之间没有任何符号。在查询时常常需要使用空值或空字符串作为查询的准则。Null 适用于所有类型的字段，而空字符串只适用于文本型字段。

表 3.8 列出了一些使用空字段值和空字符串的查询条件。

表 3.8　使用空字段值和空字符串的查询条件

字段	查询条件	查询功能
籍贯	Is Null	查询籍贯为空值的学生记录
籍贯	Is not Null	查询籍贯不为空值的学生记录
籍贯	""	查询籍贯是空字符串的学生记录

3.3.2　在查询条件中使用函数

Access 提供了很多标准函数，利用它们可以更好地描述查询准则，使得用户可以更加方便地完成统计计算、数据处理等工作。这些函数包括字符函数、日期/时间函数、统计函数等几大类。

1．字符函数

对姓名、籍贯等文本类型的字段可以使用字符函数构造查询准则，常用字符函数的功能如表 3.9 所示，使用字符函数的查询条件如表 3.10 所示。

表 3.9　常用字符函数及功能

字符函数	功　能
Left(字符表达式,数值表达式)	返回从字符表达式左侧第 1 个字符开始长度为数值表达式值的字符串
Right(字符表达式,数值表达式)	返回从字符表达式右侧第 1 个字符开始长度为数值表达式值的字符串

续表

字符函数	功　能
Len(字符表达式)	返回字符表达式的字符个数
Mid(字符表达式,数值表达式 1[,数值表达式 2])	返回从字符表达式中数值表达式 1 的值开始为初始位置，长度为数值表达式 2 的值的字符串。数值表达式 2 可以省略，若省略则表示从数值表达式 1 的值开始直到最后一个字符为止

表 3.10　使用字符函数的查询条件

字段名称	查询条件	查询功能
姓名	Len([姓名]) = 2	查询姓名为两个字的学生记录
学号	Left([学号],4) = "2013"	查询学号以“2013”开始的学生记录
学号	Right([学号],3) = "002"	查询学号最后 3 个字符是“002”的学生记录
学号	Mid([学号],5,3) = "001"	查询学号第 5、6、7 个字符是“001”的学生记录

2．日期时间函数

对出生日期、入学日期等日期/时间类型的字段可以使用日期/时间函数构造查询准则，常用日期/时间函数的功能如表 3.11 所示，使用日期函数的查询条件如表 3.12 所示。

表 3.11　常用日期/时间函数及功能

日期/时间函数	功　能
Day(date)	返回给定日期 1～31 的值，表示给定日期是一个月中的哪一天
Month(date)	返回给定日期 1～12 的值，表示给定日期是一年中的哪个月
Year(date)	返回给定日期 100～9999 的值，表示给定日期是哪一年
Weekday(date)	返回给定日期 1～7 的值，表示给定日期是一周中的哪一天
Hour(date)	返回给定小时 0～23 的值，表示给定时间是一天中的哪个钟点
Date()	返回当前的系统日期

表 3.12　使用日期字函数的查询条件

字段名称	日期/时间函数	功　能
入学日期	Year([入学日期])=2013	查询 2013 年入学的学生记录
出生日期	Month([出生日期])=10　and　Day([出生日期])=1	查询 10 月 1 日出生的学生记录
出生日期	Between #1995-1-1# and　#1995-12-31#	查询 1995 年出生的学生记录
入学日期	Year(Date()) –Year([入学日期])<4	查询近 4 年入学的学生记录

3．统计函数

对考试成绩等数字类型的字段可以使用统计函数构造查询准则，常用统计函数及功能如表 3.13 所示。

表 3.13　常用统计函数及功能

统计函数	功　能
Sum(表达式)	返回表达式中值的总和。表达式可以是一个字段名或包含字段名的表达式
Avg(表达式)	返回表达式中值的平均值。表达式可以是一个字段名或包含字段名的表达式，但所含字段应该是数字数据类型的字段

续表

统计函数	功　能
Count(表达式)	返回表达式中值的计数。
Max(表达式)	返回表达式中值的最大值。表达式可以是一个字段名或包含字段名的表达式，但所含字段应该是数字数据类型的字段

讲到这里，有必要把表达式介绍一下。在 Access 中，表达式非常有用，在很多地方用于执行计算、操作字符或测试数据。表达式可以是以下全部或部分的组合：内置的或用户定义的函数、标识符、运算符和常量，如 Avg([考试成绩])，Left([学号],4) = "2013"，[考试成绩]*0.6+[平时成绩]*0.4 等都是表达式。每个表达式的计算结果均为单个值。表、查询、窗体、报表和宏等都具有接受表达式的属性。例如，在表的属性设置时，“默认值”属性和“有效性规则”属性中我们已经使用过表达式，本章前面讲述的一些查询条件也都用到了表达式。在下面内容中窗体或报表中的控件，其“控件来源”也可以使用表达式。此外，在为事件过程或模块编写 Microsoft Visual Basic for Applications (VBA) 代码时，使用的表达式通常与在 Access 对象（如表或查询）中使用的表达式类似。

3.4　选择查询

选择查询是最常见的查询类型，它从一个或多个表中检索数据，并且允许在可以更新记录（带有一些限制条件）的数据表中进行各种操作数据。也可以使用选择查询来对记录进行分组，并且对记录作总计、计数、平均以及其他类型总和的计算。选择查询的优点在于能将多个表或查询中的数据集合在一起，或对多个表或查询中的数据执行操作。

一般情况下，建立查询的方法有两种：使用查询向导和查询设计，3.2 小节已介绍了查询向导的使用，本节主要介绍设计视图中创建各种不同的查询。

3.4.1　在设计视图中创建查询

在 Access 中，查询有三种视图：设计视图、数据表视图和 SQL 视图。使用设计视图不仅可以创建各种类型的查询，也可以对已有的查询进行修改。

1. 在设计视图中创建查询

问题：查找考试成绩 90 分以上的学生，浏览他们的学号、姓名、课程名称、考试成绩的明细信息，如图 3.12 所示。

分析：这些信息分别来自于学生信息表、课程信息表、学生选课表，所以，创建查询时数据源需要这三张表，而且，三张表间应建立自然连接。

【例 3.3】 建立查询查找考试成绩在 90 分以上的学生，查询结果中显示学号、姓名、课程名称、考试成绩。

例33-成绩优秀学生查询

学号	姓名	课程名称	考试成绩
2012001002	马辉	大学计算机基础	90
2012001005	郭雪	大学计算机基础	95
2012001010	瞿子百	大学计算机基础	91.5
2012003002	李莉	大学计算机基础	90.5
2012003003	王笛	大学计算机基础	93
2012004002	李建林	大学计算机基础	97
2012005003	李政	大学计算机基础	98
2012005004	李莉	大学计算机基础	90

图 3.12　考试成绩优秀的学生

创建查询的一般步骤如下：

（1）打开“某高校教学管理系统”，在“创建”选项卡中，单击“查询设计”进入查询的设计视图。

（2）在设计视图中添加查询的数据源表：学生信息表、课程信息表、学生选课表，这些表显示在查询“设计视图”的上半部分中，如果表间关系在建立查询前已经建立好，这三张表在查询设计视图中的关系自然会显示出来。否则，应该添加表后先建立表与表之间的关系。

（3）添加学号、姓名、课程名称、考试成绩字段到“设计视图”下面窗格的“字段”行的相应列中。

（4）在“考试成绩”对应的列中输入条件“>=90”。

（5）设计好的查询如图 3.13 所示，最后运行查询，结果正确后保存。

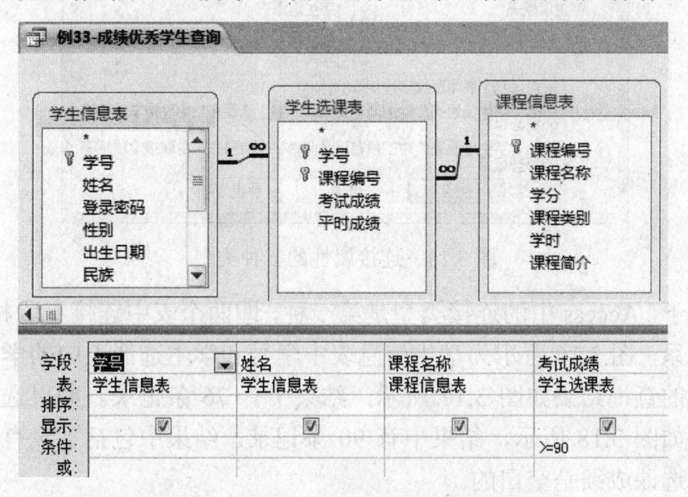

图 3.13　成绩优秀学生选择查询的设计

说明：使用条件时，如果在条件行写入多个条件，则条件之间是“与”的关系，如果写在不同行，则表示条件之间是“或”的关系。

2．连接属性

【例 3.4】　你有没有想过一个问题，当你查找学生的选课信息时，如图 3.14 所示，结果中显示的是选了课程的学生及课程信息，还是不管有没有选课，所有的学生及课程都能显示在结果中呢？

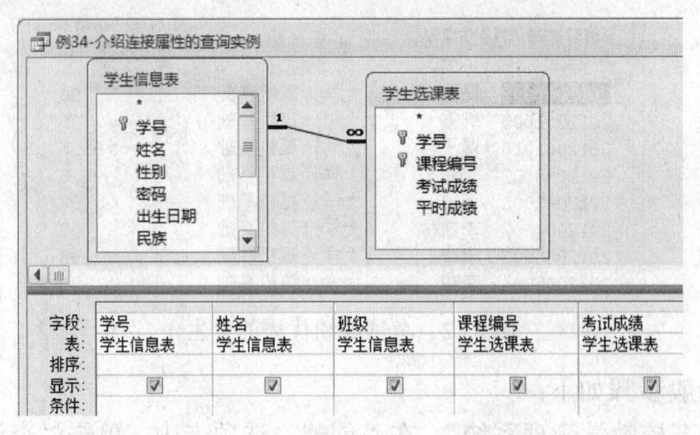

图 3.14　学生选课查询的设计

要解决这个问题，就要了解一下表与表之间的连接属性了。

当使用多个表创建查询时，Access 根据表之间定义的关系创建表之间的连接。Access 的连接属性有三种类型：连接字段相等行的连接、左表所有记录和右表连接字段相等行的连接，右表所有记录和左表连接字段相等行的连接。如图 3.15 所示，学生信息表和学生选课表的连接属性设置对话框。打开此对话框只需要在查询的设计视图中右击表间关系的连线，在快捷菜单中选择“连接属性”即可。也可以在建立关系时利用“连接”按钮设置。

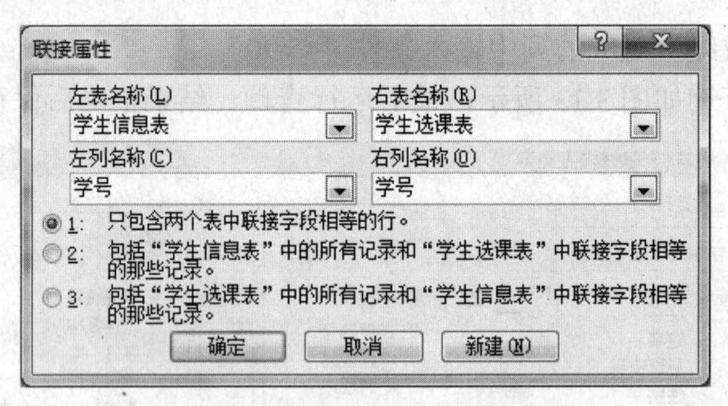

图 3.15　连接属性的三种类型

在默认情况下，Access 中的连接类型是第一种，即两个表中连接字段相等的两行连接，形成一个新的关系，图 3.16 所示为学生信息表中学号和学生选课表中的学号相等的两行对应连接，连接后的查询结果如图 3.17 所示，结果中有 76 条记录。如果选择连接属性的第二种，查询结果如图 3.18 所示，结果中有 90 条记录，结果中包括了没有选课的学生，他们的课程编号和选课成绩是空白的。

例34-介绍连接属性的查询实例

学号	姓名	班级	课程编号	考试成绩
2012005004	李莉	2012005	c008	62.5
2012005004	李莉	2012005	c009	69
2012005005	杨静	2012005	c001	92
2012005005	杨静	2012005	c008	90
2012005005	杨静	2012005	c009	91
2013001001	王梓	2013001	C009	78
*				

记录: 第 1 项(共 76 项　无筛选器　搜索

图 3.16　第一种连接属性学生选课的结果

例34-介绍连接属性的查询实例

学号	姓名	班级	课程编号	考试成绩
2012005004	李莉	2012005	c001	90
2012005004	李莉	2012005	c008	62.5
2012005004	李莉	2012005	c009	69
2012005005	杨静	2012005	c001	92
2012005005	杨静	2012005	c008	90
2012005005	杨静	2012005	c009	91
2013001001	王梓	2013001	C009	78
2013001002	张晓亮	2013001		
2013001003	张一飞	2013001		
2013001004	王大龙	2013001		
2013005001	李尧文	2013019		

记录: 第 1 项(共 90 项 无筛选器 搜索

图 3.17　第二种连接属性学生选课的结果

注意：当使用“学生信息表”和“学生选课表”建立查询，并删除两表之间的连接线，则查询结果如图 3.18 所示。此时的查询结果中共有 3420 个记录。这是因为，只要运行的查询中没有显示连接的表，“学生信息表”中的每个记录都会和“学生选课表”中的每个记录进行连接，“学生信息表”中有 45 条记录，“学生选课表”中有 76 条记录，所以，查询结果中的记录数为 45*76，即 3420。而实际上，这样的连接结果是没有价值的。

例34-介绍连接属性的查询实例

学号	姓名	班级	课程编号	考试成绩
2012001001	张洪硕	2012001	c001	89
2012001002	马辉	2012001	c001	89
2012001003	张亚丽	2012001	c001	89
2012001004	任一鸣	2012001	c001	89
2012001005	郭雪	2012001	c001	89
2012001006	孙云龙	2012001	c001	89
2012001007	马健	2012001	c001	89
2012001008	刘蕊	2012001	c001	89

记录: 第 1 项(共 3420 无筛选器 搜索

图 3.18　学生信息表与学生选课表笛卡儿积的结果

说明：一个表中的每一行与另一个表中的每一行合并，导致生成笛卡儿积，连接结果中记录的数目为两个连接表的记录数目之积。

3. 使用设计视图修改查询设计

查询建立后，用户可以通过查询的设计视图修改查询设计。操作方法是在“导航窗格”的“查询”对象中右键单击要修改的查询，然后在弹出的快捷菜单中选择“设计视图”，则可进入查询的设计视图进行修改。修改查询设计可以改变查询的数据源，增加、删除查询字段，改变原来查询字段的顺序等。

（1）改变查询的数据源。

① 添加表/查询。单击“查询工具设计”选项卡“查询设置”上的“显示表”按钮，打开“显示表”对话框，可以根据查询需求添加相应的表或查询等。也可以右击设计视图上半部分，利用快捷菜单的“显示表”命令打开“显示表”对话框。

② 删除表/查询。在设计视图上半部分单击查询的源数据表/查询，利用快捷菜单或者按键盘上的【Delete】键。

（2）查询字段操作。

① 添加字段。向设计网格中添加字段有以下几种方法：双击源字段名称；直接从源字段列表中拖动到设计网格中；在网格字段行中选择相应的字段。其中“*”表示选择所有字段。如果查询结果中显示所有字段，可以直接将“*”添加到设计网格中。

② 插入字段。从设计视图上半部分源字段列表中选中要插入的字段，然后用鼠标直接拖动到目的位置。

③ 删除字段。将鼠标指向要删除字段的最上方，单击鼠标左键以选中整列，按键盘上的【Delete】键或者直接单击“查询工具设计”选项卡“查询设置”上的“删除列”按钮。

④ 改变字段顺序。选中要移动的一个或多个字段，然后通过鼠标拖放操作将字段移动到目的位置。

3.4.2 在查询中进行计算

Access 的查询不仅具有记录检索的功能，而且具有计算的功能。在 Access 查询中可执行许多类型的计算。例如，可以计算一个字段值的总和或平均值，使两个字段的值相乘，或者计算从当前日期算起 3 个月后的日期。Access 查询中具有两种基本计算：预定义计算和自定义计算。

在字段中显示计算结果时，结果实际并不存储在基础表中，Access 在每次执行查询时都将重新进行计算，以使计算结果永远都以数据库中最新的数据为准。

1. 预定义计算

预定义计算，即所谓的“总计”计算，用于对查询中的记录组或全部记录进行总和、平均值、计数、最小值、最大值、标准偏差或方差等数量计算，也根据查询要求选择相应的分组、第一条记录、最后一条记录、表达式、条件等。

【例 3.5】 统计各门课程的选课人数。

分析：此需求需要按照每个课程分组，然后统计选修每个课程的学生人数。

查询的创建过程如下。

（1）打开“教学管理系统”，新建一个查询，打开其设计视图，添加数据源，“课程信息表”和“选课信息表”，并保证这两张表已建立连接关系。

（2）添加“课程名称”和“学号”字段到设计网格中。

（3）选择”查询工具设计”选项卡，单击工具栏上的“汇总”按钮，设计网格中将会添加“总计”行，然后选择相应的总计方式：“课程名称”字段所在列的“总计”行选择“分组（Group By）”；“学号”所在列的“总计”行选择“计数”，并重新命名“学号”列的汇总结果为“选课人数”，方法为在“图书编号”前输入“选课人数:”，如图 3.19 所示。

（4）“选课人数”列的排序方式为“降序”，运行查询，结果如图 3.20 所示。

（5）保存查询即可。

总计行中各种计算的含义如下。

（1）分组（Group By）：定义要执行计算的组，将记录与指定字段中的相等值组合成单一记录。

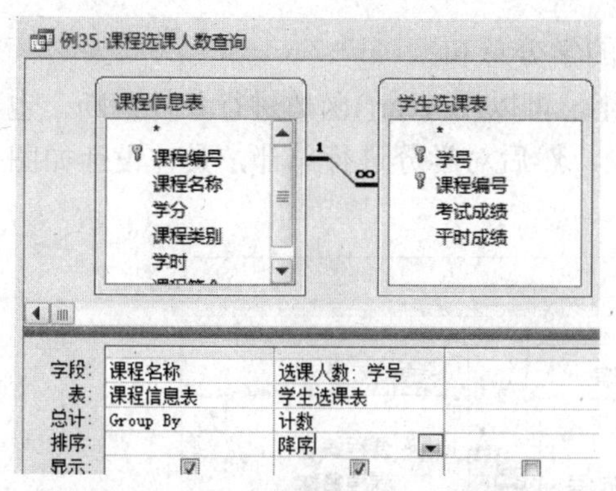

图 3.19 每门课程选课人数的查询设计

例35-课程选课人数查询

课程名称	选课人数
大学计算机基础	30
大学数学	10
数据库系统概论	6
数值分析	5
数据结构	5
大学英语	5
大学物理	5
操作系统	5
C语言程序设计	5

记录: 第 1 项(共 9 项) 无筛选器

图 3.20 选课人数的查询结果

（2）表达式（Expression）：创建表达式中包含汇总函数的计算字段，通常在表达式中使用多个函数时，将创建计算字段。

（3）条件（Where）：指定不用于分组的字段准则。

（4）第一条记录（First）：求表或查询中第一条记录的字段值。

（5）最后一条记录（Last）：求表或查询中最后一条记录的字段值。

（6）计数（Count）：返回无空值的记录总数。

（7）此外，还有合计、均值等的一系列计算：合计（Sum）、平均值（Avg）、最小值（Min）、最大值（Max）、标准偏差（StDev）等。

问题：需要找出大学计算机基础课程考试成绩前 5 名的学生。

分析：如果按考试成绩由高到低排序，挑出前 5 个记录即可。

【例 3.6】 创建查询显示大学计算机基础课程考试成绩前 5 名的学生，查询结果中显示课程名称、学生姓名、考试成绩字段，如图 3.21 所示。

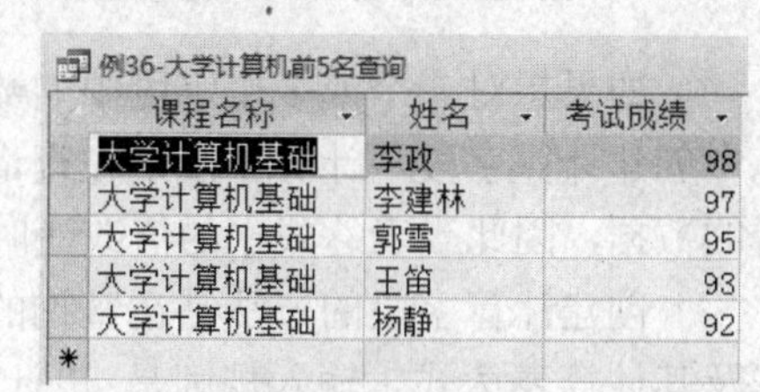
例36-大学计算机前5名查询

课程名称	姓名	考试成绩
大学计算机基础	李政	98
大学计算机基础	李建林	97
大学计算机基础	郭雪	95
大学计算机基础	王笛	93
大学计算机基础	杨静	92

图 3.21 大学计算机基础考试成绩前 5 名的学生

说明：此查询的设计视图如图 3.22 所示，数据源需要学生信息表、学生选课表、课程信息表三张表，查询条件是课程名称是“大学计算机基础”，按照考试成绩降序排序，并且设置“查询工具设计”中的上限值为 5（返回: 5）。

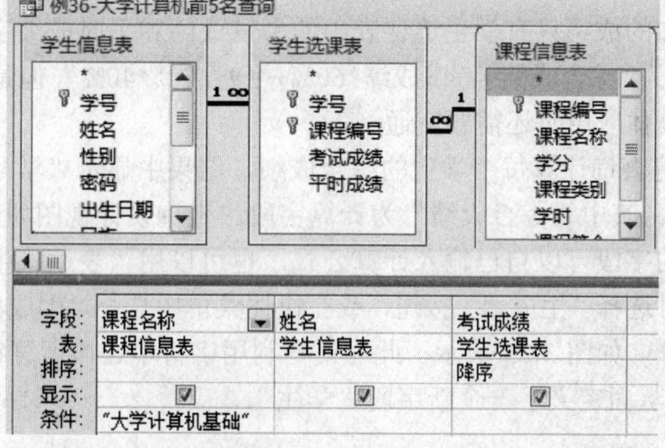

图 3.22 大学计算机基础考试成绩前 5 名学生的查询设计

【例 3.7】 统计 2012 年入学的每个学生的学分总和。

分析：此查询的条件为入学日期是 2012 年，可以用 Year()函数进行条件判断，也可以用 Between 运算符；学号和姓名都是分组字段，然后对学分进行总计，具体设计如图 3.23 所示。

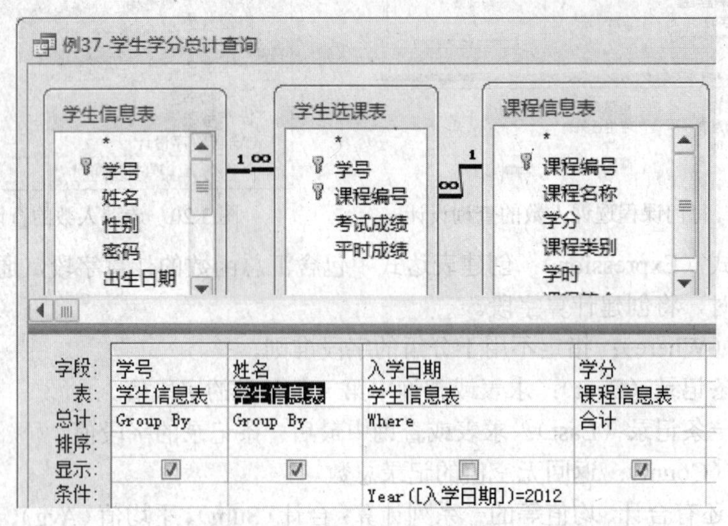

图 3.23 学生学分总计查询的设计

2. 自定义计算

如果想对一个或多个字段中的数据进行数值、日期和文本计算，需要直接在设计网格中创建计算字段。计算字段是在查询中定义的字段，用于显示表达式的结果而非显示存储的数据，因此当表达式中的值改变时，将重新计算该字段的值。

创建计算字段的方法是在查询的设计视图的设计网格“字段”行中直接输入计算字段及其计算表达式。输入规则是：“计算字段名: 表达式”，其中计算字段名和表达式之间分隔符是英文半角的“:”。在表达式中可以使用运算符、常数、函数和标识符（包括字段名称、控件名称和属性等）。

问题：在学期结束后，会根据学生的考试成绩和平时成绩计算出每个人每门课的综合成绩，其中考试成绩占 60%，平时成绩占 40%。

分析：目前已知的成绩只有学生选课表中的考试成绩和平时成绩字段，综合成绩需要计算得到，计算公式为“综合成绩=考试成绩*60%+平时成绩*40%”，但是“%”并不是 Access 中的运算符，所以具体应用时还需要变通一下。

【例 3.8】 创建查询计算每个学生的综合成绩，结果中显示“学号”、“姓名”、“课程名称”、“综合成绩”。其中“综合成绩”为计算字段。查询设计视图如图 3.24 所示。

提示：自定义的字段可以自己输入计算公式，也可以用“表达式生成器”来生成。创建查询自定义字段时选择“生成器”按钮，或在快捷菜单中选择“生成器”都可以打开“表达式生成器”对话框，如图 3.25 所示，此对话框利用字符串连接运算符“&”生成了公式“[学号] & [姓名]”，从而定义了一个新字段“学生”。

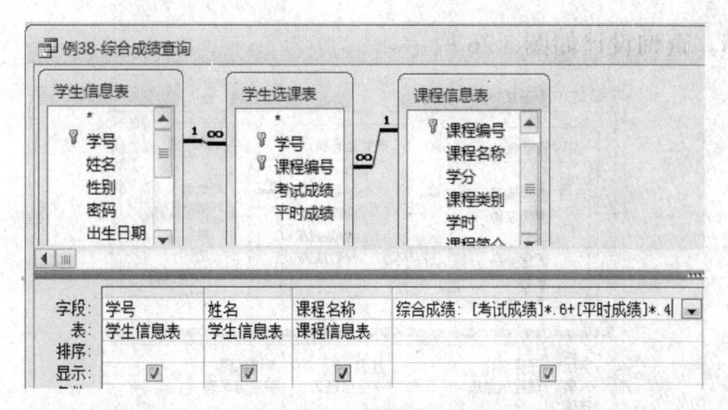

图 3.24　综合成绩查询设计

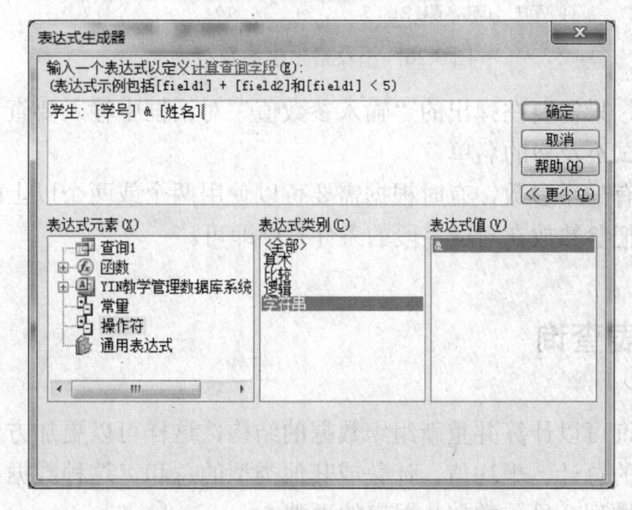

图 3.25　“表达式生成器”对话框

参数查询利用对话框提示用户输入参数，并检索符合所输入参数的记录或值。可基于选择查询、交叉表查询和操作查询创建参数查询。在 Access 中用户可以创建单参数查询和多参数查询。

3.5　参数查询

前面建立的查询，条件都是固定在查询设计里的，如果用户需要不时变换查询条件来查找记录，例如用户这次想知道大学计算机基础考试成绩不及格的学生，下次想知道大学英语考试成绩不及格的学生，就需要不断地建立新的查询，这样会很麻烦。为了方便用户随时输入新的查询条件，Access 提供了参数查询，这种灵活的查询方式，是利用对话框提示用户输入参数并检索符合输入参数的记录或值。

参数查询在设计时不直接输入条件，而是在条件行中输入参数表达式，即括在方括号中的文本提示信息。查询运行时，Access 显示包含参数表达式的参数提示框，在提示框中输入参数值（数据）后，Access 使用此数据作为查询条件查找到查询结果。

【例 3.9】　根据用户需求查找某门课程考试成绩不及格的学生，结果显示课程名称、姓名、考试成绩。查询设计如图 3.26 所示。

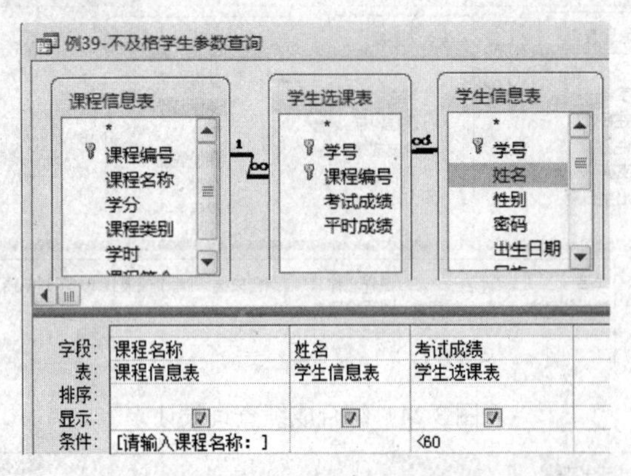

图 3.26　不及格学生参数查询

此查询运行时，只需要在弹出的“输入参数值”对话框中输入要查询的课程的名称，就会显示此课程考试不及格的名单。

这个例子中只有一个参数，有时根据需要可以使用两个或两个以上的参数，创建多参数查询时，只需要把参数放在对应字段的条件行中即可。

3.6　交叉表查询

使用交叉表查询可以计算并重新组织数据的结构，这样可以更加方便地分析数据。交叉表查询计算数据的总计、平均值、计数或其他类型的总和，这种数据可分为两组信息：一类在数据表左侧排列，另一类在数据表的顶端。

创建交叉表查询可以使用“交叉表查询向导”，也可以使用查询设计视图创建。在本章介绍查询向导时曾举过一个查询每班男女生人数的例子，下面介绍这个查询的设计视图。

创建交叉表查询的关键是要在“查询工具设计”选项卡中的“查询类型”选项里选择“交叉表查询”，这样，在设计视图的设计网格中就会出现“总计”和“交叉表”两行。随后，根据具体情况设置分类字段和总计字段，这里的分类字段是“班级”和“性别”，总计字段是“学号”，总计方式是计数；最后，设置查询的显示格式。此例中班级为行字段，将来显示在查询结果的左侧，性别为列字段，将来显示在查询结果的顶端，学号为值。查询的设计和结果如图 3.27 所示。

班级	男	女
2012001	5	5
2012002	3	2
2012003	3	2
2012004	4	1
2012005	2	3
2013001	3	1
2013019	5	6

图 3.27　交叉表查询的设计及查询结果

说明：如果需要分类的字段有多个也没关系，因为交叉表查询可以设置多个行标题和一个列标题。有兴趣的话，你可以为例子中再添加一个行标题“民族”，看看结果有何不同。

3.7 操作查询

在数据库应用中，经常需要大量地修改数据，例如在“学生管理系统”中，当学生毕业时，需要把毕业生信息追加到“已毕业学生信息表”中，并且将这些信息从“在校学生信息表”中删除。这样的操作既需要检索记录，也需要更新记录。根据功能的不同，操作查询分为生成表查询、更新查询、追加查询和删除查询。

操作查询的运行与选择查询、交叉表查询的运行有很大不同。选择查询、交叉表查询的运行结果是从数据基本表中生成的动态记录集合，并没有物理存储，也没有修改基本数据表中的记录。用户可以直接在数据表视图中查看查询结果。而操作查询的运行结果是对数据表进行创建或更新，无法直接在数据表视图中查看其运行的结果，只能通过打开操作的表对象浏览操作查询运行的结果。由于操作查询可能对基本数据表中的数据进行大量的修改或删除，因此为了避免误运行操作查询带来的损失，在“查询”对象窗口中每个操作查询图标都有一个感叹号，以提醒用户注意。

3.7.1 备份数据

操作查询会更改或删除表中的数据，所以，在创建或运行这类查询之前，需要先对要操作的表进行备份。

备份时，先选中要备份的表进行“复制”，之后进行“粘贴”，在如图 3.28 所示的对话框中选择“结构和数据”即可。

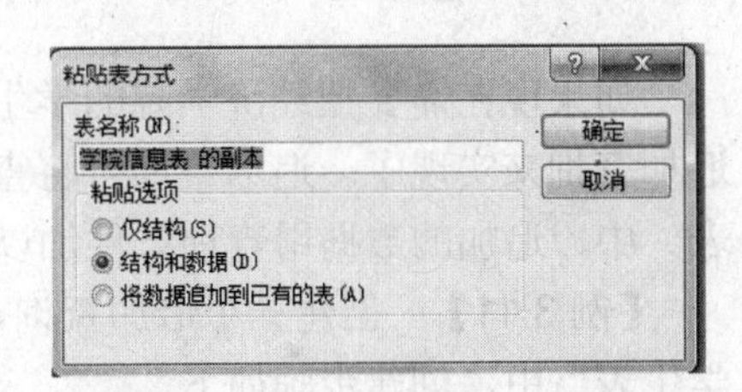

图 3.28 “粘贴表方式”对话框

3.7.2 生成表查询

生成表查询利用一个或多个表中的全部或部分数据创建新表。创建生成表查询时，关键是要在查询设计视图中设计好将要生成表的字段和条件。

【例 3.10】 将管理学院的学生信息生成一张独立的数据表。表中包含学号、姓名、学院字段。

创建过程如下。

（1）打开“教学管理系统”，创建一个新的查询设计视图。

（2）在设计视图中选择三张表：学生信息表、班级信息表、学院信息表，并确保表之间的正确关系。

（3）在查询设计视图中，将“学号”、“姓名”、“学院名称” 3 个字段添加到设计网格的“字段”行上。

（4）在“学院名称”字段列的“条件”区域输入“管理学院”，如图 3.29 所示。

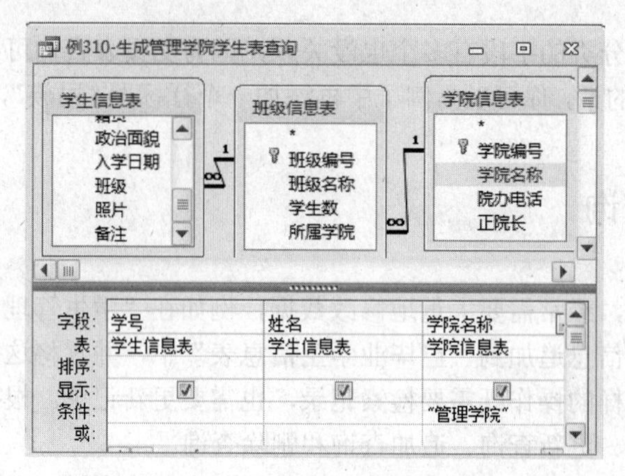

图 3.29　生成表查询的设计

（5）“查询类型”组中选择“生成表”按钮，此时屏幕显示“生成表”对话框。

（6）把将要生成的表命名为“管理学院学生表”。

（7）保存查询为“例 3-10 生成管理学院学生信息比查询”。

（8）运行查询时，由于查询的结果要生成一个新的数据表，因此屏幕出现一个提示框，提示用户将要向新创建的表中粘贴记录，选择“是”即可生成“管理学院学生表”。

3.7.3　追加查询

如果现在需要把经济学院的学生也添加到刚才生成的管理学院学生表中，就可以利用追加查询来实现了。追加查询可将查询的结果追加到其他表（可以有数据，也可以是空白表）中，追加的数据用查询条件加以限制。

【例 3.11】　创建一个追加查询，将“经济学院”的学生追加到已经建立的“管理学院学生表”中。创建步骤如下。

（1）打开“图书销售管理系统”，新建一个查询的设计视图。

（2）如例 3.10 为查询添加表，添加字段，并在学院字段对应的条件处输入条件“经济学院”。

（3）在 “查询类型”组中选择“追加”。屏幕显示“追加”对话框，提示用户选择查询结果追加到哪个表中。在“表名称：”下拉列表中选择“管理学院学生信息表”，如图 3.30 所示。

图 3.30　“追加”对话框

（4）这时，查询设计网格增加“追加到”行。由于查询的字段与目标表字段完全相同，所以“追加到”行自动填充“学号”、“姓名”、“学院名称”3 个字段，如图 3.31 所示。

（5）运行查询，即可实现经济学院学生的记录追加到“管理学院学生信息表”中。

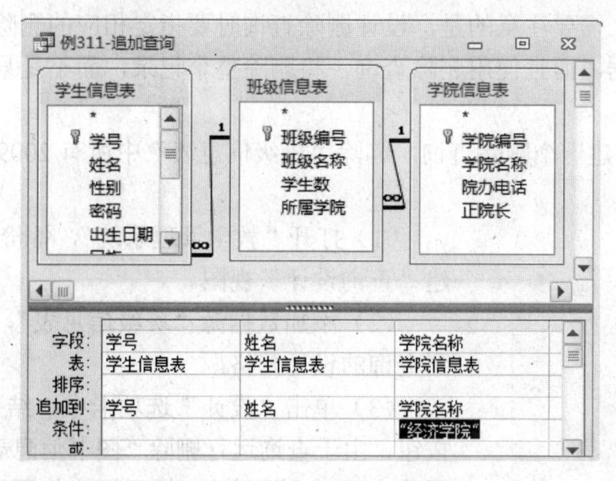

图 3.31 “追加查询”的设计

3.7.4 更新查询

现在用户想把“班级信息表”中的班级字段值（目前为“09 财政”、“10 财政”）更改为“2009 财政”等的形式，即在班级名称前加“20”。可是表中已有 30 多条记录，一个一个修改字段值会很麻烦，那有什么办法可以一下就完成所有记录该字段值的更新吗？

答案是肯定的，那就是利用更新查询了。更新查询可以对数据表中已有记录的字段值进行全部或部分的更新。

【例 3.12】 创建一个更新查询，将“班级信息表”中所有记录的班级名称字段值前面加上“20”。查询的设计步骤如下。

（1）打开“图书销售管理系统”，备份表“班级信息表”，之后新建一个“查询设计”视图。

（2）添加数据源“班级信息表”，添加“班级名称”到查询的设计网格。

（3）在“查询类型”组中选择“更新”。此时设计网格增加“更新到”行，在“班级名称”列的“更新到”单元格中输入“"20" & [班级名称]”，如图 3.32 所示。

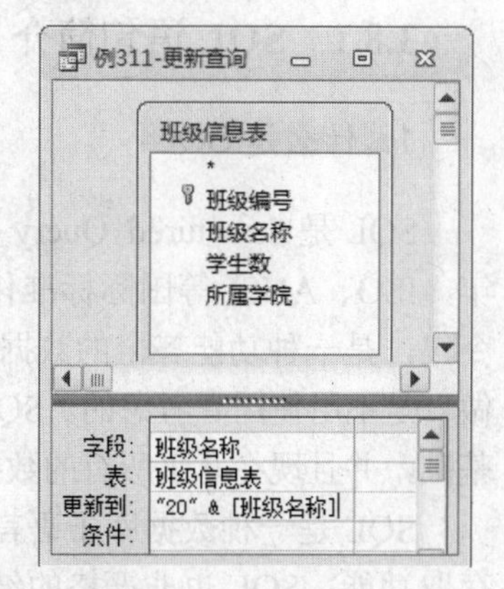

图 3.32 更新查询设计

（4）单击“运行”按钮，由于查询的结果要修改原数据表中的数据，因此屏幕出现一个提示框，提示用户将要更新记录。

（5）单击“是”按钮，将执行更新查询。查询执行后打开“班级信息表”就可以看到更新后的班级名称字段。

3.7.5 删除查询

现在又有一个新的问题，2009 级的学生已经毕业，所以，准备在“班级信息表”中删除 2009 级的班级记录，Access 提供了什么快速删除的办法了吗？

答案仍然是肯定的，那就是使用删除查询。删除查询就是用来从数据表中有规律地成批删除一些记录的。需要注意的是，设计删除查询时要指定相应的删除条件，否则会删除数据表中的全部数据。而且使用删除查询，将删除整个记录，而不是只删除记录中所选的字段。

【例 3.13】 创建一个删除查询，删除“班级信息表”中所有 2009 年的班级。创建步骤如下。

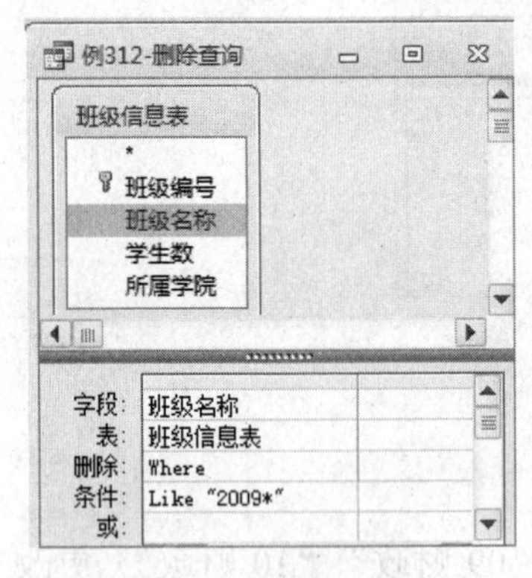

图 3.33 删除查询设计

（1）打开“教学管理系统”，备份“班级信息表”，新建“查询设计”视图。

（2）添加数据源“班级信息表”，添加“班级名称”到查询的设计网格。

（3）单击“设计”选项卡中“结果”组中的“运行”按钮，由于查询运行删除“图书信息表”中的数据，因此屏幕出现一个提示框，提示用户将要删除记录，如图 3.33 所示。

（4）运行查询，仍然会看到系统的删除提示，确认后执行查询，之后保存查询。

（5）打开“班级信息表”，检查 2009 年的班级记录是否已经成功删除。

3.8 SQL 查询

在使用数据库的过程中经常会遇到一种情况，就是一些查询需求使用查询向导和设计器都无法完成，此时就要使用 SQL 查询了。SQL 作为一种通用的数据库语言，并不是 Access 用户必须要掌握的，但在实际工作中有时必须使用它才能解决问题。

3.8.1 SQL 语句简介

1．什么是 SQL

SQL 是 Structured Query Language（结构化查询语言）的缩写，它的概念起始于 1974 年，ISO、ANSI 等国际标准化组织都为它制定了标准。SQL 是专为数据库而建立的操作命令集，是一种功能齐全的数据库语言。在使用它时，只需要发出“做什么”的命令，“怎么做”是不用使用者考虑的。SQL 功能强大、简单易学、使用方便，已经成为了数据库操作的基础，并且现在几乎所有的数据库均支持 SQL。

SQL 是一种数据库子语言，SQL 语句可以被嵌入另一种语言中，从而使其具有数据库存取功能。SQL 也非严格的结构式语言，它的句法更接近英语语句，因此易于理解，大多数 SQL 语句都是直述其意，读起来就像自然语言一样明了。SQL 还是一种交互式查询语言，允许用户直接查询存储数据，利用这一交互特性，用户可以在很短的时间内回答相当复杂的问题，而同样问题若让程序员编写相应的报表程序，则可能要用几个星期甚至更长时间。

2．SQL 的特点

SQL 语言之所以能够为用户和业界所接受，并成为国际标准，是因为它是一个综合的、功能极强同时又简捷易学的语言。SQL 语言集数据查询、数据操纵、数据定义和数据控制功能于一体，主要特点包括：

（1）综合统一。

SQL 语言集数据查询语言、数据定义语言、数据操纵语言、数据控制语言的功能于一体，语言风格统一，可以独立完成数据库生命周期中的全部活动，包括定义关系模式、录入数据以建立数据库、查询、更新、维护、数据库重构、数据库安全行控制等系列操作要求，为数据库应用系统提供了良好的环境。用户在数据库系统投入运行后，还可以根据需要随时地、逐步地修改模式，且并不影响数据库的运行，从而使系统具有良好的可扩展性。

（2）高度非过程化。

SQL 语言高度非过程化，只要提出“做什么”，而无须指明“怎么做”，大大减轻了用户的负担，也有利于提高数据独立性。

（3）面向集合的操作方式。

SQL 语言采用集合操作方式，不仅一次插入、删除、更新操作的对象是元组的集合，而且操作的结果也是元组的集合。

（4）以同一种语法结构提供两种使用方式。

SQL 语言既是自含式语言，又是嵌入式语言。作为自含式语言，它能够独立地用于联机交互的使用方式，用户可以在终端键盘上直接键入 SQL 命令对数据库进行操作。作为嵌入式语言，SQL 语句能够嵌入到高级语言（如 C 语言）程序中，供程序员设计程序时使用。而在两种不同的使用方式下，SQL 语言的语法结构基本上是一致的。这种以统一的语法结构提供两种不同使用方式的做法，为用户提供了极大的灵活性和方便性。

（5）语言简捷，易学易用。

SQL 语言功能极强，但由于设计巧妙，语言十分简洁，完成数据定义、数据操纵、数据控制的核心功能只用了 9 个动词，而且 SQL 语言语法简单，接近英语口语，因此容易学习，容易使用。

3.8.2　SQL 语句的应用

SQL 语言强大，但是关键词只有 9 个，包括 SELECT、INSERT、UPDATE、DELETE、CREATE、DROP、ALTER、GRANT、REVOKE 等。

1．数据查询语句 SELECT 的应用

SELECT 语句是 SQL 的核心语句，它从数据库中检索数据，并将查询结果提供给用户。其完整语法如下（[]表示可选项）：

```
SELECT  目标表的列名或列表达式集合
FROM  基本表或(和)视图集合
[WHERE 条件表达式]
[GROUP BY 列名集合
```

```
[HAVING 组条件表达式]]
[ORDER BY 列名 [集合] …];
```

整个语句的语义如下：从 FROM 子句中列出的表中，选择满足 WHERE 子句中给出的条件表达式的元组，然后按 GROUP BY 子句（分组子句）中指定列的值分组，再提取满足 HAVING 子句中组条件表达式的那些组，按 SELECT 子句给出的列名或列表达式求值输出。ORDER BY 子句（排序子句）是对输出的目标表进行重新排序，并可附加说明 ASC（升序）或 DESC（降序）排列。

【例 3.14】 查询党员学生的记录，显示“学号”、“姓名”、“出生日期”和“班级”4 个字段，并且查询结果按照“出生日期”升序排序，用 SQL 语句实现如下：

```
SELECT  学号, 姓名, 出生日期, 班级
FROM    学生信息表;
WHERE   政治面貌="党员"
Order By 出生日期 asc;
```

【例 3.15】 查询没有选课的学生，显示“学号”、“姓名”、“出生日期”和“班级”4 个字段，并且查询结果按照“出生日期”升序排序，用 SQL 语句实现如下：

```
SELECT  学号, 姓名, 出生日期, 班级
FROM    学生信息表
where 学号 not in
(SELECT  学号
FROM    学生选课表)
```

【例 3.16】 查询教师人数多于 5 人的职称，显示“职称”和“人数”两个字段，用 SQL 语句实现如下：

```
SELECT 职称,count（[教师编号]）as 人数
FROM 教师信息表
GROUP BY 职称
HAVING count（[教师编号]）> 5;
```

2. 数据更新语句 INSERT、UPDATE、DELETE 等的应用

（1）INSERT 语句。

INSERT 语句的功能是将一条或多条记录添加到表中，具有两种形式。

① 插入一条记录：

```
INSERT INTO 表名[（列名, 列名…）]
VALUES（常量 1,常量 2…）;
```

【例 3.17】 向课程信息表中插入一个新的课程记录（课程编号：703010501X；售书数量：10；售书日期：2010-10-1；售货员：002）：

```
INSERT INTO 课程信息表（课程编号,课程名称,学分,课程类别,学时）
VALUES（"c030", "数据库应用技术",3, "公共课" ,30）;
```

② 插入多条记录：

```
INSERT INTO 表名[（列名, 列名…）]
子查询;
```

【例 3.18】 将类别是公共课的课程追加到已经提前建立的“大一学生选课课程表”中：

```
INSERT INTO 大一学生选课课程表（课程编号,课程名称,课程类别,学时）
SELECT 课程编号,课程名称,课程类别,学时
FROM 课程信息表
WHERE 课程类别="公共课";
```

（2）UPDATE。

UPDATE 语句的功能是修改表中的记录，其基本格式为：

```
UPDATE 表名
SET 列名=表达式, [列名=表达式]……
WHERE 条件表达式;
```

【例 3.19】 将学院信息表中的“文学院”改名为“人文学院”。

```
UPDATE 学院信息表
SET 学院名称 ="人文学院"
WHERE 学院名称 ="文学院";
```

【例 3.20】 假如学生信息表中有一个“年龄”字段，可以用 UPDATE 语句实现每年将年龄更新。

```
UPDATE 学生信息表
SET 年龄 =[年龄]+1
```

（3）DELETE。

DELETE 语句的功能是删除表中的记录，其基本格式为：

```
DELETE
FROM 表名
WHERE 条件表达式;
```

【例 3.21】 删除学生信息表中所有 2009 年以前入学的学生记录。

```
DELETE
FROM 学生信息表
WHERE 入学日期<#2009-1-1#;
```

3．数据表操作语句的应用

数据表的操作主要通过 CREATE、ALTER（修改）和 DROP（删除）等语句实现。

（1）CREATE TABLE 语句。

CREATE TABLE 语句的作用是创建数据表。

【例 3.22】 创建一张课程表，包含课程编号、课程名称、学时字段。

```
CREATE TABLE 课程
( [课程编号] char(4) Primary Key,
[课程名称]   string,
[学时] integer);
```

（2）Alter Table 语句。

Alter Table 语句用来往表中添加、修改、删除字段。

【例 3.23】 在刚刚创建的课程表中添加学分字段。

```
ALTER TABLE 课程
ADD 学分 integer
```

（3）DROP TABLE 语句。

当某张表不需要时，可以用 DROP TABLE 语句删除。

【例 3.24】 把刚刚创建的课程表删除。

```
DROP TABLE 课程
```

3.8.3 创建 SQL 查询

SQL 查询是使用 SQL 语句创建的查询。可以用结构化查询语言（SQL）来查询、更新和管理 Microsoft Access 这样的关系数据库。

实际上，在查询“设计”视图中创建查询时，Access 将在后台构造等效的 SQL 语句。事实上，在查询“设计”视图的属性表中，大多数的查询属性在“SQL”视图中都有可用的等效子句和选项。用户可以在“SQL”视图中查看和编辑 SQL 语句。

当然，对于熟悉 SQL 语句的用户，可以直接在 SQL 视图中书写 SQL 语句完成对数据库的查询和更新。打开 SQL 视图的方法很简单，只要在新建查询时，关闭“显示表”对话框，就会在“查询工具设计”选项卡中看到 SQL 视图 按钮，单击此按钮，进入查询设计视图，在视图中输入 SQL 查询语句，运行即可。

3.8.4 创建 SQL 特定查询

在 Access 中，某些 SQL 查询不能在查询对象的设计网格中创建，这些查询称为 SQL 特定查询，包括联合查询、传递查询、数据定义查询和子查询。对于传递查询、数据定义查询和联合查询，必须直接在“SQL”视图中创建 SQL 语句。对于子查询，要在查询设计网格的“字段”行或“条件”行中输入 SQL 语句。

1. 联合查询

联合查询将两个或更多个表或查询中的字段合并到查询结果的一个字段中。使用联合查询可以合并两个表中的数据。联合查询使用的关键字为 UNION。

【例 3.25】 查询所有教师和学生的信息，显示教师的教师编号和姓名，以及学生的学号和姓名。

```
SELECT 教师编号 as 编号,姓名
FROM 教师信息表
UNION
SELECT 学号 as 编号,姓名
FROM 学生信息表;
```

2. 传递查询

传递查询使用服务器能接受的命令直接将命令发送到 ODBC 数据库，如 Microsoft SQL Server。例如，可以使用传递查询来检索记录或更改数据。使用传递查询可以不必连接到服务器上的表而直接使用它们。传递查询对于在 ODBC 服务器上运行存储过程也很有用。

传递查询可以这样创建：

（1）新建一个查询的设计视图，关闭“显示表”对话框，在“查询工具设计”选项卡中单击“传递”按钮，切换到 SQL 视图。

（2）单击“显示/隐藏”选项卡中的“属性表”按钮，显示查询的属性表窗格，设置“ODBC 连接字符串”属性。此属性将指定 Access 执行查询所需的连接信息。可以输入连接信息，或单击“生成”按钮，获得关于连接服务器的必要信息。

（3）在 SQL 传递查询窗口中输入查询语句。

（4）单击“运行”按钮，执行查询。

3．数据定义查询

数据定义查询可以创建、删除或改变表，也可以在数据库表中创建索引。

【例 3.26】 使用 CREATE TABLE 语句创建名为“学生”的表。

```
CREATE TABLE 学生
( [学生编号] char(10),
[姓名]  string,
[出生日期] date,
[电话] text,
[邮箱] string,
PRIMARY KEY ([学生编号] ));
```

4．子查询

子查询由另一个选择查询或操作查询之内的 SQL SELECT 语句组成。可以在查询设计网格的“字段”行输入这些语句来定义新字段，或在“条件”行来定义字段的条件。

【例 3.27】 查询和“会计学”学分相等的课程记录，显示“课程编号，课程名称，学分，课程类别”、“学时”5 个字段。

其 SELECT 语句为：

```
SELECT 课程信息表.课程编号, 课程信息表.课程名称, 课程信息表.学分, 课程信息表.课程类别,
课程信息表.学时
FROM 课程信息表
WHERE (((课程信息表.学分)=(select 学分 from 课程信息表 where 课程名称="会计学")));
```

该查询可以用设计视图实现，即在“学分”所在列的“条件”行中输入的是一条 SQL 语句“(select 学分 from 课程信息表 where 课程名称="会计学")”，如图 3.34 所示。

例326-子查询

课程信息表

课程编号

字段:	课程编号	课程名称	学分	课程类别	学时
表:	课程信息表	课程信息表	课程信息表	课程信息表	课程信息表
排序:					
显示:	☑	☑	☑	☑	☑
条件:			(select 学分 from 课程信息表 where 课程名称="会计学")		

图 3.34 子查询举例

本章小结

查询的主要目的就是通过某些条件的设置，从表中选择所需要的数据。Access 支持 5 种查询方式：选择查询、交叉表查询、操作查询、参数查询和 SQL 查询。

使用查询需要了解查询和数据表的关系。查询实际上就是将分散存储在数据表中的数据按一定的条件重新组织起来，形成一个动态的数据记录集合，而这个记录集在数据库中并没有真正存在，只是在查询运行时从查询源表的数据中抽取创建，数据库中只是保存查询的方式。当关闭查询时，动态数据集会自动消失。

选择查询是最常见的查询类型，它从一个或多个表中检索数据，也可以使用选择查询来对记录进行分组，并且对记录作总计、计数、平均值以及其他类型的总和计算。

使用交叉表查询可以计算并重新组织数据的结构，这样可以更加方便地分析数据。交叉表查询计算数据的总计、平均值、计数或其他类型的总和。

操作查询是指通过执行查询对数据表中的记录进行更改。操作查询分为四种：生成表查询、更新查询、追加查询和删除查询。

参数查询在执行时显示对话框以提示用户输入信息。

SQL 查询是用户使用 SQL 语句创建的查询。可以用结构化查询语言（SQL）来查询、更新和管理 Access 这样的关系数据库。

使用查询向导来创建选择查询和交叉表查询方便快捷，但是缺乏灵活性。查询的设计视图可以实现复杂条件和需求的查询设计，是本章学习和掌握的重点。

习题

一、选择题

1．如果在数据库中已有同名的表，（　　）查询将覆盖原有的表？

A．删除查询　　B．追加查询　　C．生成表查询　　D．更新查询

2．书写查询条件时，日期型数据应该用（　　）符号括起来？

A．*　　B．%　　C．&　　D．#

3．在查询设计视图中，可以作为查询数据源的是（　　）。

A．只有数据表　　B．只有查询

C．既可以是数据表，也可以是查询　　D．以上都不对

4．以下查询不属于操作查询的是（　　）。

A．追加查询　　B．交叉表查询　　C．追加查询　　D．生成表查询

5．下面不属于 SQL 查询的是（　　）。

A．联合查询　　B．选择查询　　C．传递查询　　D．子查询

6．利用对话框提示用户输入查询条件进行查询的是（　　）。

A．参数查询　　B．选择查询　　C．操作查询　　D．子查询

7．查找是姓王的教师的查询条件应该是（　　）。

A．"王"　　B．Like "王"　　C．Like "王?"　　D．Like "王*"

8．在学生表中查找“学生编号”字段的第5、6位的字符是“13”的查询准则为（　　）。

A．Mid([学生编号],5,6)="13"　　B．Mid("学生编号",5,6)= "13"

C．Mid([学生编号],5,2)= "13"　　D．Mid("学生编号",5,2)= "13"

9．在SQL的查询语句Select中，用来指定根据字段名排序的是（　　）。

A．Where　　B．Having　　C．Order By　　D．Group By

10．能够实现字符串连接运算的是（　　）。

A．#　　B．""　　C．!　　D．&

11．Access查询中的数据源（　　）。

A．只能是表　　B．只能是查询　　C．是窗体　　D．是表和或查询

12．查询的类型包括选择查询、操作查询、参数查询、SQL查询和（　　）。

A．生成表查询　　B．交叉表查询　　C．更新查询　　D．追加查询

13．使用结构化查询语言来建立查询实现对数据库的查找、更新和管理功能的查询是（　　）。

A．更新查询　　B．交叉表查询　　C．参数查询　　D．SQL查询

14．创建Access查询可以用（　　）。

A．查询向导　　B．查询设计视图　　C．SQL查询　　D．以上均可

15．下列关于查询的叙述，不正确的是（　　）。

A．查询结果随记录源中数据的变化而变化

B．查询与表的名称不能相同

C．一个查询不能作为另一个查询的记录源

D．在查询设计视图中设置多个排序字段时，最左方的排序字段优先级最高

16．查询条件判断某个字段是否空值时，不正确的用法是（　　）。

A．Is Null　　B．Is Not Null　　C．=Null　　D．Not Is Null

17．SQL语句中，表示条件的子句是（　　）。

A．IF　　B．FOR　　C．WHILE　　D．WHERE

18．SQL语句中，定义表的命令是（　　）。

A．DROP　　B．CREATE　　C．UPDATE　　D．DEFINE

19．SQL语句中，删除表的命令是（　　）。

A．DROP　　B．DELETE　　C．UPDATE　　D．DEFINE

20．在SQL语句中，HAVING短语必须和（　　）子句同时使用。

A．ORDER BY　　B．GROUP BY　　C．WHERE　　D．以上均可

二、思考题

1．简述查询和数据表的关系。

2．Access中查询有几种类型？

3．操作查询分为哪几种？

4．如何为一个查询添加一个计算字段？

5．如何改变查询结果中字段标题？

6．参数查询的有什么特点？

7．有哪些查询向导，怎样使用？

8．在Access中，有哪些SQL特定查询？

9．总结查询的作用。

第 4 章　开发用户界面——窗体

窗体是 Access 数据库管理系统的重要对象，利用窗体对象可以设计友好的用户操作界面，实现用户和数据库应用系统的交互。窗体可以使数据输入与数据查看更加容易和安全，用户直接通过表或查询来操作数据库的数据是不明智的。窗体在一定程度上体现了系统的安全性、功能完善性和操作便捷性。本章首先说明窗体的功能和结构，然后介绍窗体的创建方法，重点是使用设计视图和布局视图创建窗体。

4.1　窗体概述

4.1.1　窗体的作用

窗体主要用于在数据库中输入和编辑数据，也可以将窗体用作导航窗体来打开数据库中的其他对象，或者用作自定义对话框接受用户输入来执行相应操作。

为什么要制作窗体呢？

（1）不可能每一个用户都具备数据库的知识，都能够正确操作数据库，数据库应用系统应该提供一个方便、简单的操作界面，降低使用数据库的难度。

（2）不同用户拥有不同的数据操作权限，例如有些用户能够浏览，查询数据；有些用户可以增加、删除和修改数据；有些数据只允许某些用户操作，而对其他用户保密。这就要求通过不同的用户界面来呈现数据。

因此窗体的功能主要表现在两方面：提供美观方便的输入界面，使数据库的操作更容易；根据用户的权限呈现数据，保证数据的安全。

4.1.2　窗体组成

窗体由窗体本身和窗体内的控件组成，窗体的形式和内容取决于自身属性和所包含控件的属性，如图 4.1 所示。

一个完整的窗体由窗体页眉、页面页眉、主体、页面页脚和窗体页脚 5 部分组成；每一部分称为一个“节”。其中主体节是必不可少的，其他节根据使用需要可以显示或者隐藏。

窗体各部分功能说明如下。

- 窗体页眉：在窗体最上方，一般用于设置窗体的标题，或者其他说明信息。
- 页面页眉：设置窗体打印时的页眉信息，只在打印窗体时有效。
- 主体：一般用来显示窗体数据源的数据。
- 页面页脚：设置窗体打印时的页脚信息，只在打印窗体时有效。
- 窗体页脚：在窗体最下方，一般用于显示功能按钮，或者汇总信息。

图 4.1　窗体的组成

在窗体中可以使用多种控件，包括：标签、文本框、复选框、列表框、组合框、按钮等，它们在窗体中有不同的表现形式和应用。

4.1.3　窗体视图

用户通过不同的视图可以从不同角度查看和操作数据库中的对象，不同类型的窗体具有不完全相同的视图。普通窗体有三种视图，分别是：窗体视图、布局视图和设计视图，具体说明如下。

（1）窗体视图：主要用于显示、添加和修改数据，作为操作界面提供给最终用户，如图 4.2 所示。

选课成绩一览

选课成绩一览

2014年5月23日
15:20:02

学号	姓名	课程编号	课程名称	考试成绩	平时成绩	期末成绩
201200100	张洪硕	c001	大学计算机基础	89	80	84
201200100	张洪硕	c002	大学数学	84	89	87
201200100	马辉	c001	大学计算机基础	90	95	93
201200100	马辉	c002	大学数学	87.5	90	89
201200100	张亚丽	c001	大学计算机基础	74	90	84
201200100	张亚丽	c002	大学数学	93	95	94
201200100	任一鸣	c002	大学数学	78.5	88	84
201200100	任一鸣	c001	大学计算机基础	67	80	75
201200100	郭雪	c002	大学数学	67	85	78
201200100	郭雪	c001	大学计算机基础	95	100	98

记录: 第 1 项(共 75 项　无筛选器　搜索

图 4.2　窗体视图

（2）设计视图：主要用于创建和编辑窗体，如图 4.3 所示。

（3）布局视图：主要用于设计和修改窗体，如图 4.4 所示。

布局视图与设计视图之间有相似点和不同点，在进行窗体设计和布局时，可以使用其中任何一种视图完成许多相同的任务，但某些任务在其中一种视图中执行起来会相对容易。

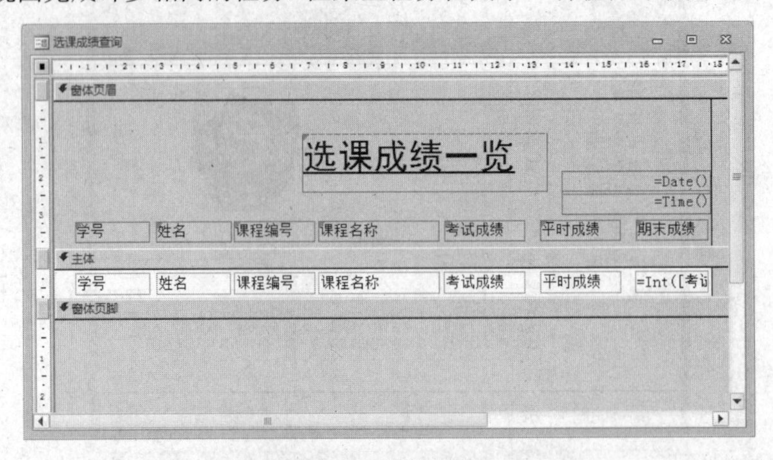

图 4.3 设计视图

学号	姓名	课程编号	课程名称	考试成绩	平时成绩	期末成绩
201200100	张洪硕	c001	大学计算机基础	89	80	84
201200100	张洪硕	c002	大学数学	84	89	87
201200100	马辉	c001	大学计算机基础	90	95	93
201200100	马辉	c002	大学数学	87.5	90	89
201200100	张亚丽	c001	大学计算机基础	74	90	84
201200100	张亚丽	c002	大学数学	93	95	94
201200100	任一鸣	c002	大学数学	78.5	88	84

图 4.4 布局视图

此外窗体可能还具有以下三种视图。

（1）数据表视图：类似数据表以行列的形式显示数据，如图 4.5 所示，在数据表视图中可以编辑、查看和删除数据。

选课成绩查询

学号	姓名	课程编号	课程名称	考试成绩	平时成绩
2012001001	张洪硕	c001	大学计算机基础	89	80
2012001002	马辉	c001	大学计算机基础	90	95
2012001003	张亚丽	c001	大学计算机基础	74	90
2012001004	任一鸣	c001	大学计算机基础	67	80
2012001005	郭雪	c001	大学计算机基础	95	100
2012001006	孙云龙	c001	大学计算机基础	52	65
2012001007	马健	c001	大学计算机基础	86	92
2012001008	刘蕊	c001	大学计算机基础	69	78
2012001009	安芳	c001	大学计算机基础	79	90
2012001010	瞿子百	c001	大学计算机基础	91.5	95
2012002001	杨嘉	c001	大学计算机基础	85	90
2012002002	张娜娜	c001	大学计算机基础	86	85
2012002003	梁星	c001	大学计算机基础	78	92
2012002004	张亦法	c001	大学计算机基础	72.5	65

记录: 第 1 项(共 75 项 无筛选器 搜索

图 4.5 数据表视图

（2）数据透视表视图：用于对大量数据进行分析，通过改变版面布置，可以按照不同方式查看数据，如图 4.6 所示，类似 Excel 的数据透视表。

学生信息透视表

将筛选字段拖至此处

	性别		
	男	女	总计
籍贯	学号 的计数	学号 的计数	学号 的计数
广东省	1	3	4
河北省	7	8	15
湖北省	3	1	4
湖南省	2	2	4
内蒙古	1		1
山东省	2		2
山西省	2	3	5
陕西省	4	2	6
天津市	2	1	3
总计	25	20	45

图 4.6　数据透视表视图

（3）数据透视图视图：以图表形式形象直观地表现数据，便于用户进行比较和分析，如图 4.7 所示。

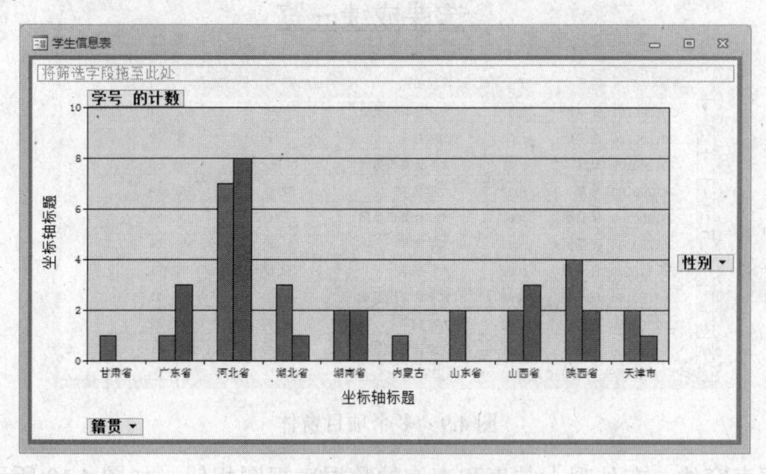

图 4.7　数据透视图视图

4.1.4　窗体的类型

根据窗体功能和应用，可以分为数据窗体和非数据窗体。在数据库应用系统中数据窗体用于查看、编辑数据库中的数据，是窗体的主要应用形式；非数据窗体不关联数据库中的数据，起辅助作用，例如可以创建导航窗体和切换面板窗体，把功能模块组织起来，形成一个集中、方便的对象启动界面。

1．数据窗体

在数据库应用系统中，根据窗体中数据的呈现形式，把数据窗体分为以下几种。

（1）单项目窗体：每次显示一条记录信息，按列分布，每列的左边显示说明信息，右边显示数据，如图 4.8 所示。

学生信息浏览

学生信息浏览

学号	2012001001	照片	
姓名	张洪硕		
登录密码	***		
性别	男		
出生日期	1993/3/2		
民族	汉族		
班级	2012001	入学日期	2012/9/1
政治面貌	党员	籍贯	山东省

备注
1985年4月29日，获小红花一朵，由大班赵奶奶亲自颁发；
1998年6月1日，获进步最大奖一次，由刘老师发小本一个；
2000年某月某日，获班篮球队新人奖，由张天光同学口头表扬；
2001年12月18日，获北京电脑体育彩票一次，由帅小伙儿发奖金5元。

第一项记录　下一项记录　前一项记录　最后一项　关闭

图 4.8　单项目窗体

（2）多个项目窗体：按照表格的样式显示数据，可以显示多条记录，如图 4.9 所示。

选课成绩一览

选课成绩一览

2014年5月23日
15:20:02

学号	姓名	课程编号	课程名称	考试成绩	平时成绩	期末成绩
201200100	张洪硕	c001	大学计算机基础	89	80	84
201200100	张洪硕	c002	大学数学	84	89	87
201200100	马辉	c001	大学计算机基础	90	95	93
201200100	马辉	c002	大学数学	87.5	90	89
201200100	张亚丽	c001	大学计算机基础	74	90	84
201200100	张亚丽	c002	大学数学	93	95	94
201200100	任一鸣	c002	大学数学	78.5	88	84
201200100	任一鸣	c001	大学计算机基础	67	80	75
201200100	郭雪	c002	大学数学	67	85	78
201200100	郭雪	c001	大学计算机基础	95	100	98

记录: 第 1 项(共 75 项 无筛选器 搜索

图 4.9　多个项目窗体

（3）数据表窗体：在外观上与表和查询的数据表视图相似，如图 4.10 所示。

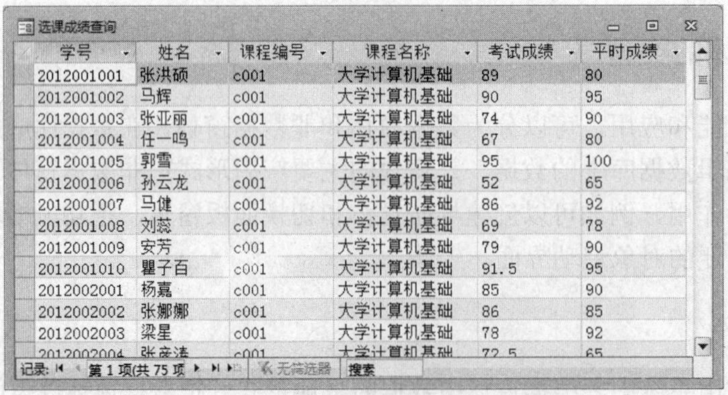

选课成绩查询

学号	姓名	课程编号	课程名称	考试成绩	平时成绩
2012001001	张洪硕	c001	大学计算机基础	89	80
2012001002	马辉	c001	大学计算机基础	90	95
2012001003	张亚丽	c001	大学计算机基础	74	90
2012001004	任一鸣	c001	大学计算机基础	67	80
2012001005	郭雪	c001	大学计算机基础	95	100
2012001006	孙云龙	c001	大学计算机基础	52	65
2012001007	马健	c001	大学计算机基础	86	92
2012001008	刘蕊	c001	大学计算机基础	69	78
2012001009	安芳	c001	大学计算机基础	79	90
2012001010	瞿子百	c001	大学计算机基础	91.5	95
2012002001	杨嘉	c001	大学计算机基础	85	90
2012002002	张娜娜	c001	大学计算机基础	86	85
2012002003	梁星	c001	大学计算机基础	78	92
2012002004	张彦涛	c001	大学计算机基础	72.5	65

记录: 第 1 项(共 75 项 无筛选器 搜索

图 4.10　数据表窗体

（4）分割窗体：是单个项目窗体和数据表窗体的组合，同时表现两种窗体类型的特点，如图 4.11 所示。

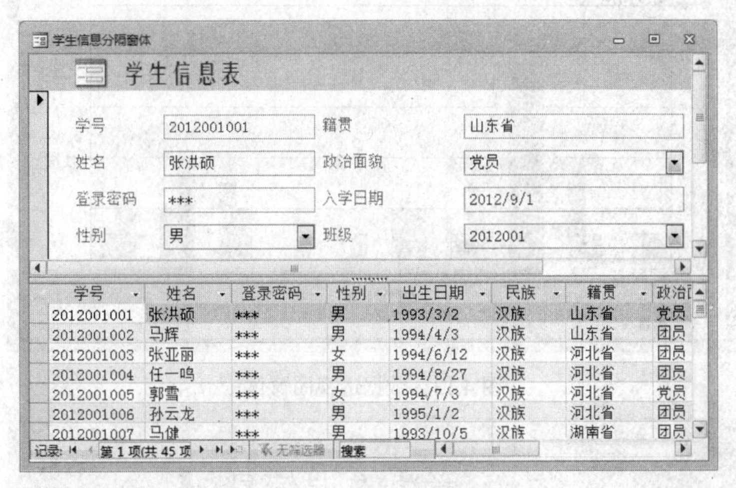

图 4.11　分割窗体

（5）数据透视表窗体：交互式窗体，通过排列筛选、行、列和明细等区域字段，可以查看明细数据或汇总数据，如图 4.12 所示。

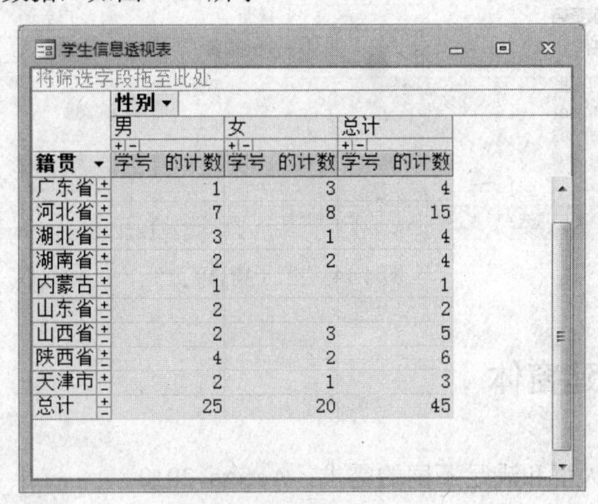

籍贯	男 学号 的计数	女 学号 的计数	总计 学号 的计数
广东省	1	3	4
河北省	7	8	15
湖北省	3	1	4
湖南省	2	2	4
内蒙古	1		1
山东省	2		2
山西省	2	3	5
陕西省	4	2	6
天津市	2	1	3
总计	25	20	45

图 4.12　数据透视表窗体

（6）数据透视图窗体：交互性图表窗体，通过选择图表类型并排列筛选、序列、类别和数据区域等字段，可以直观地显示数据，如图 4.13 所示。

（7）主/子窗体：在窗体中嵌入其他窗体，这种方式叫做主/子窗体。包含其他窗体的窗体称为主窗体，被包含的是子窗体。主/子窗体可以显示来自多个数据源的数据，如图 4.14 所示。

2．非数据窗体

非数据窗体形式比较灵活，没有固定的模式，根据应用要求来创建，在数据库应用系统中，起辅助作用。主要包括导航窗体、切换面板窗体和对话框窗体。

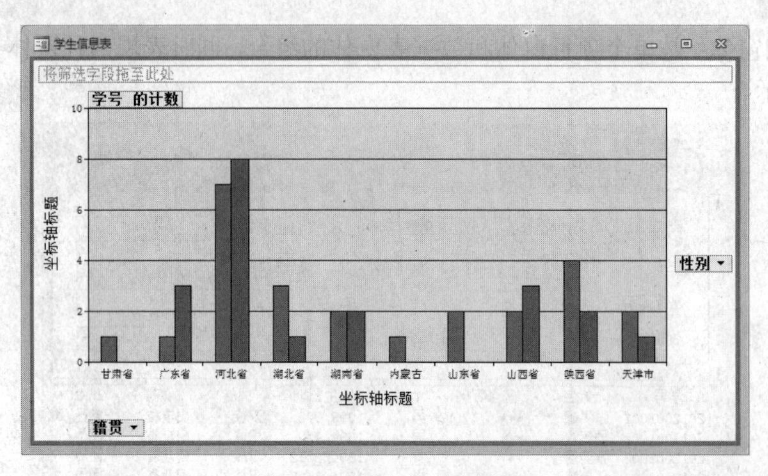

图 4.13 数据透视图窗体

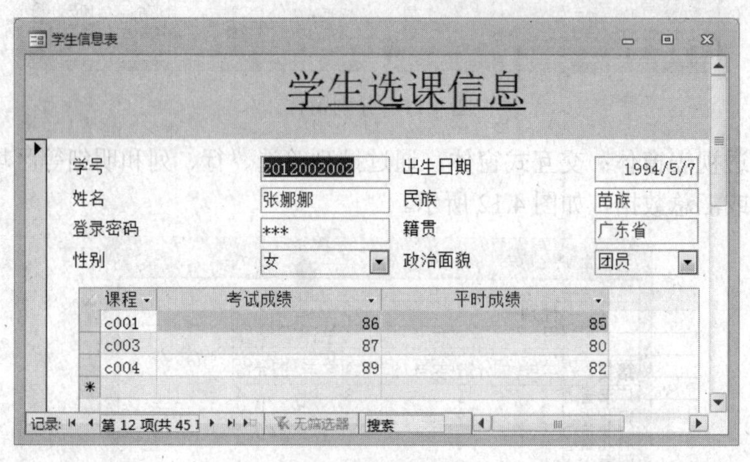

图 4.14 主/子窗体

4.2 快速创建窗体

为了适用不同的人群和满足不同的需求，Access 2010 提供了多种方法创建窗体。打开“创建”选项卡，在“窗体”选项组中包括“窗体”、“空白窗体”、“窗体设计”等命令按钮，如图 4.15 所示。根据操作应用的特点，把这些方法分为 4 类，分别说明如下。

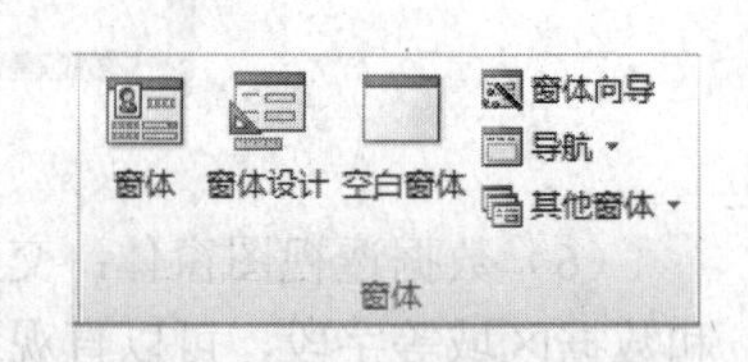

图 4.15 窗体选项组

- 快速创建窗体：指定单个表或查询作为数据源，直接创建窗体。
- 使用窗体向导：在向导提示下，一步一步地设置窗体各种参数，最终完成窗体，可以创建单数据源和多数据源窗体。
- 特定类型窗体：透视表和透视图，切换面板窗体、对话框和导航窗体。
- 手工方式：使用设计视图和布局视图。自行创建窗体，独立设计窗体的每一个对象，可以灵活创建各种类型的窗体，并进行窗体修饰和完善。

在实际的系统开发过程中，并不拘泥于某种方法，往往是灵活选择和综合应用。比如对于数据窗体可以先使用快速创建窗体或窗体向导建立窗体的基本框架，然后切换到设计视图或布局视图进行修饰和完善。

本节介绍快速创建窗体的方法，通过指定数据源，一步即可生成窗体，包括单项目窗体、多个项目窗体、分割窗体和数据表窗体。该方法简单直接，但所创建窗体不够美观，并且数据源只能是单一的表或者查询。

4.2.1 创建单项目窗体

单项目窗体每次只显示一条数据，适合单独查看和分析数据。创建方法：选择某个表或者查询，打开“创建”选项卡，单击“窗体”选项组中的相应命令，直接生成该数据源的窗体。

【例 4.1】 在“教学管理系统”数据库中，使用快速创建窗体的方法为“课程信息表”创建单项目窗体。创建步骤如下。

（1）在数据库窗口中，选择“课程信息表”，打开“创建”选项卡，单击“窗体”选项组的“窗体”，直接创建窗体并进入布局视图，如图 4.16 所示。

（2）单击“保存”按钮，如图 4.17 所示，窗体命名为“课程信息窗体”。

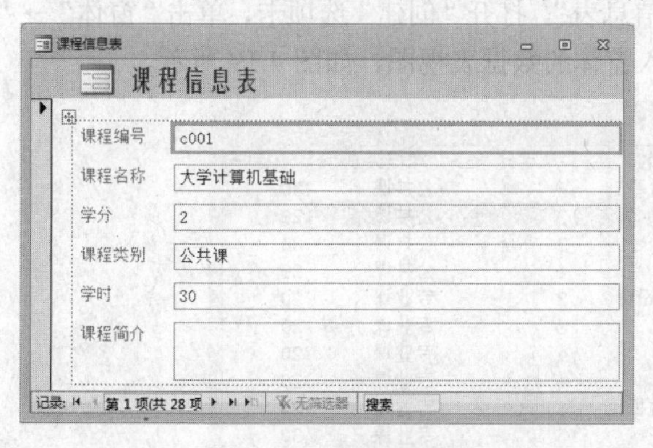

图 4.16 单项目窗体

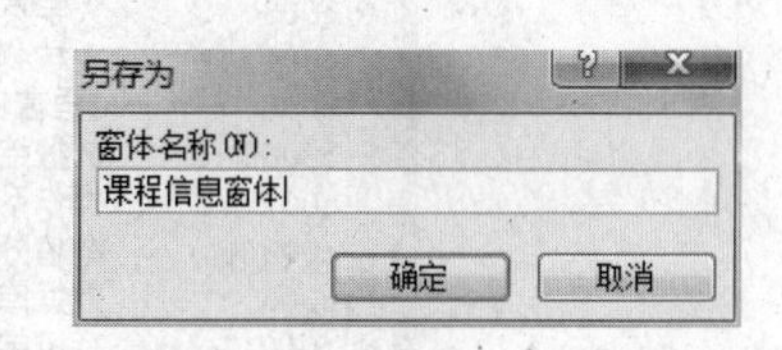

图 4.17 保存窗体

若要使用窗体请切换到窗体视图，方法是在“开始”选项卡的“视图”选项组中，单击“视图”→“窗体视图”。

4.2.2 创建多个项目窗体

创建多个项目窗体类似创建单项目窗体，选中数据源后，在“其他窗体”下拉列表中选择“多个项目”，直接生成多个项目窗体。

【例 4.2】 在“教学管理系统”数据库中，使用快速创建窗体的方法为“课程信息表”创建多个项目窗体。创建步骤如下。

（1）在数据库窗口中，选择“课程信息表”，打开“创建”选项卡，选择“窗体”→“其他窗体”→“多个项目”，生成窗体并进入布局视图，如图 4.18 所示。

（2）单击“保存”按钮。

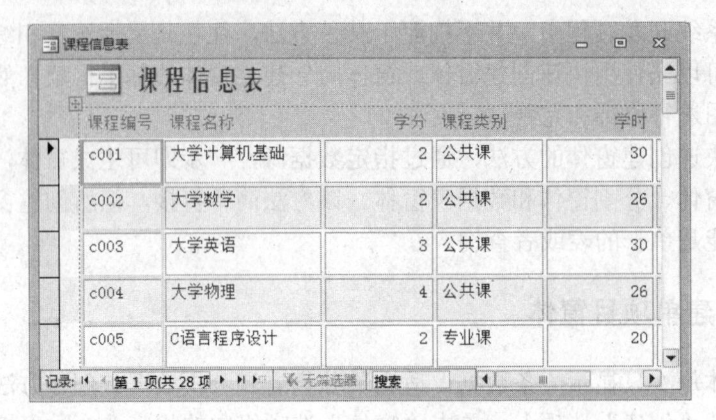

课程信息表

课程编号	课程名称	学分	课程类别	学时
c001	大学计算机基础	2	公共课	30
c002	大学数学	2	公共课	26
c003	大学英语	3	公共课	30
c004	大学物理	4	公共课	26
c005	C语言程序设计	2	专业课	20

记录: 第 1 项(共 28 项 无筛选器 搜索

图 4.18 多项目窗体

4.2.3 创建数据表窗体

数据表窗体外观类似数据表，创建方法同上。

【例 4.3】 在“教学管理系统”数据库中，使用快速创建窗体的方法为“课程信息表”创建数据表窗体。创建步骤如下。

（1）在数据库窗口中，选择“课程信息表”，打开“创建”选项卡，单击“窗体”→“其他窗体”→“数据表”，创建窗体并进入窗体的数据表视图，如图 4.19 所示。

课程信息表

课程编号	课程名称	学分	课程类别	学时
c001	大学计算机基础	2	公共课	30
c002	大学数学	2	公共课	26
c003	大学英语	3	公共课	30
c004	大学物理	4	公共课	26
c005	C语言程序设计	2	专业课	20
c006	数据结构	3	专业课	20
c007	操作系统	4	专业课	20
c008	数值分析	4	专业课	20
c009	数据库系统概论	3	专业课	20
c010	经济学说史	3	专业课	30
c011	财政学	3	专业课	30

记录: 第 2 项(共 28 项 无筛选器 搜索

图 4.19 数据表窗体

（2）单击“保存”按钮。

4.2.4 创建分割窗体

分割窗体同时具有单项目窗体和数据表窗体的特点，创建方法同上。

【例 4.4】 在“教学管理系统”数据库中，使用快速创建窗体的方法为“课程信息表”创建分割窗体。创建步骤如下。

（1）在数据库窗口中，选择“课程信息表”，打开“创建”选项卡，选择“窗体”→“其他窗体”→“分割窗体”，创建窗体并进入窗体布局视图，如图 4.20 所示。

（2）单击“保存”按钮。

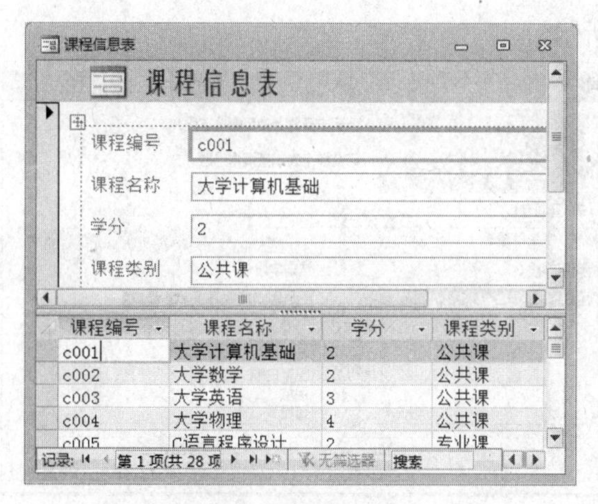

图 4.20　创建分割窗体

4.3　使用向导创建窗体

快速创建窗体虽然简单直接，但窗体形式和外观简陋，且只能是一个表或查询。本节介绍利用窗体向导创建基于单数源和多数据源的窗体，还可以定义数据排序和汇总。

4.3.1　创建单数据源窗体

数据源可以是表或者查询，单数据源窗体就是以一个表或者一个查询作为窗体的数据源。相对于快速生成窗体，向导将会提供更多选择，从而有更好的灵活性。

【例 4.5】　使用窗体向导，创建一个窗体，显示“学生信息表”的数据。操作步骤如下。

（1）打开“创建”选项卡，单击“窗体”→“窗体向导”，打开“窗体向导”第一个对话框，设置数据源和需要显示的字段。

（2）首先在“表/查询”组合框选择要使用的数据源是“图书信息表”，然后在“可用字段”列表框选择要显示的字段添加到“选定字段”列表框。在“可用字段”列表框中选择需要的字段，单击>按钮，将所选字段一个一个地移动到“选定字段”列表框；单击>>按钮可以将“可用字段”列表框中所有字段都移动到“选定字段”列表框中。如果“选定字段”列表框中有不需要的字段，将其选中，单击<按钮移回“可用字段”列表框；单击<<按钮则将“选定字段”全部移回“可用字段”列表框。本例添加数据源的所有字段，如图 4.21 所示。

（3）单击“下一步”按钮，打开“窗体向导”第二个对话框，设置窗体布局，其中“纵栏表”代表单项目窗体，“表格”代表多个项目窗体，“数据表”代表数据表窗体，“两端对齐”是一种格式化的单项目窗体。本例中选择“两端对齐”，如图 4.22 所示。

（4）单击“下一步”按钮，打开“窗体向导”第三个对话框，命名窗体以及设定窗体打开方式。在“请为窗体指定标题”框中输入“学生信息浏览”；完成窗体后，如果要进入窗体视图查看或者编辑数据，选中“打开窗体查看或输入信息”单选按钮；如果要进入设计视图调整窗体，选中“修改窗体设计”单选按钮。本例选择“打开窗体查看或输入信息”

单选按钮，如图 4.23 所示。

图 4.21　窗体向导对话框 1

图 4.22　窗体向导对话框 2

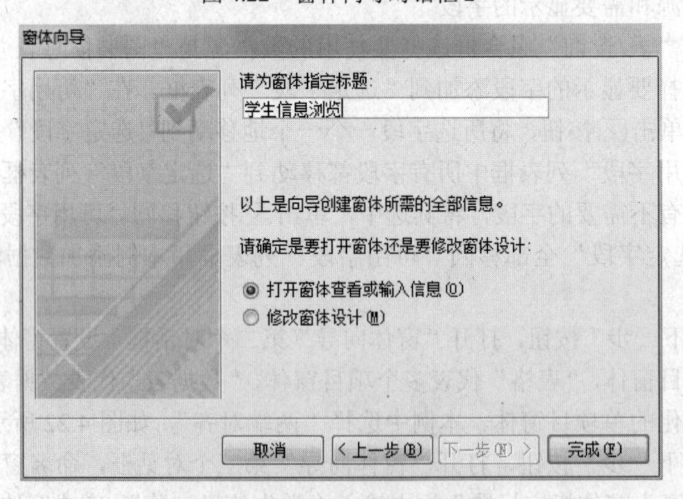

图 4.23　窗体向导对话框 3

（5）单击“完成”按钮，创建如图 4.24 所示的窗体。

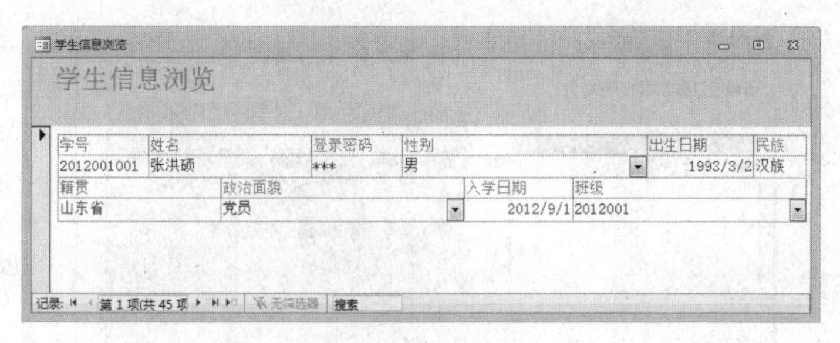

图 4.24　学生信息浏览

4.3.2　创建多数据源窗体

使用窗体向导可以创建来自多个数据源的窗体，在数据的表现形式上包括主/子窗体和链接窗体。在创建窗体之前，要确定数据源之间已经建立“一对多”的关系。

【例 4.6】　创建学生选课浏览主/子窗体，查看学生信息同时浏览相关的选课信息。

（1）打开“创建”选项卡，单击“窗体”选项组的“窗体向导”，打开“窗体向导”第 1 个对话框。第一步设置主窗体的数据源，在“表/查询”组合框选择“学生信息表”，添加“学号”、“姓名”、“性别”、“政治面貌”、“籍贯”和“民族”到“选定字段”；第二步设置子窗体的数据源，在“表/查询”组合框选择“学生选课表”，并添加该表除了“学号”外的所有字段，如图 4.25 所示。

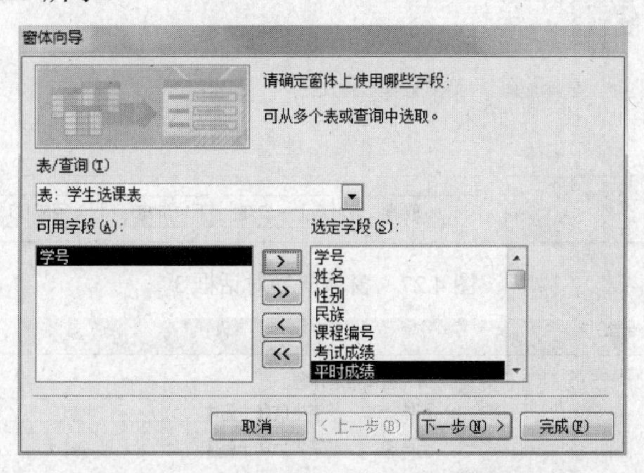

图 4.25　窗体向导对话框 1

（2）单击“下一步”按钮，打开“窗体向导”第 2 个对话框，设定数据的查看方式。“学生信息表”和“学生选课表”是一对多的关系，因此数据的查看方式设置为“通过学生信息表”。多数据源窗体有两种形式：“带有子窗体的窗体”，创建子窗体，并嵌入到主窗体中，和主窗体一起显示；“链接窗体”，在该窗体中创建一个按钮，单击打开相应的窗体。本例选择“带有子窗体的窗体”，如图 4.26 所示。

（3）单击“下一步”按钮，打开“窗体向导”第 3 个对话框，设置子窗体的布局方式。本例采用“数据表”，如图 4.27 所示。

（4）单击“下一步”按钮，打开“窗体向导”最后一个对话框，设定主窗体和子窗体的标题和完成后窗体的打开方式，如图 4.28 所示。

窗体向导

请确定查看数据的方式:

通过 学生信息表
通过 学生选课表

学号，姓名，性别，民族，籍贯，政治面貌

课程编号，考试成绩，平时成绩

带有子窗体的窗体(S)　链接窗体(L)

取消　<上一步(B)　下一步(N)>　完成(F)

图 4.26　窗体向导对话框 2

窗体向导

请确定子窗体使用的布局:

表格(T)
数据表(D)

取消　<上一步(B)　下一步(N)>　完成(F)

图 4.27　窗体向导对话框 3

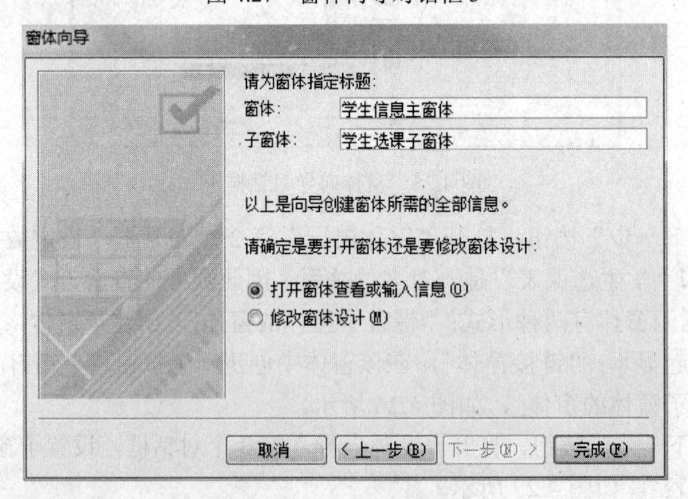

图 4.28　窗体向导对话框 4

（5）单击“完成”按钮，查看窗体，如图 4.29 所示。

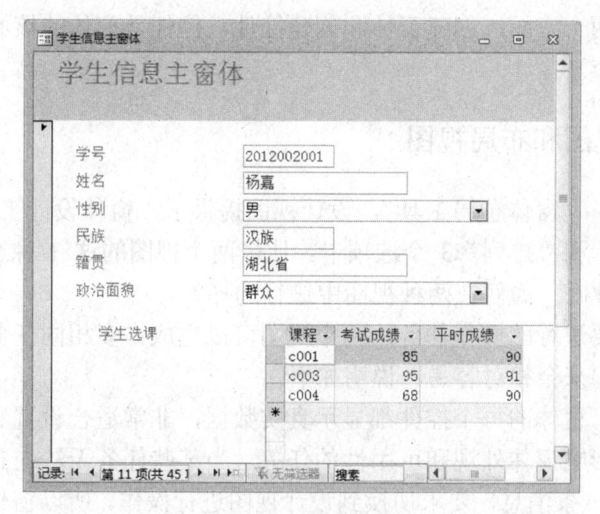

图 4.29　主子窗体

如果在向导第 2 个对话框中选择“链接窗体”，则所建窗体中显示学生信息，并出现命令按钮，单击该按钮，显示相应选课信息，如图 4.30 所示。

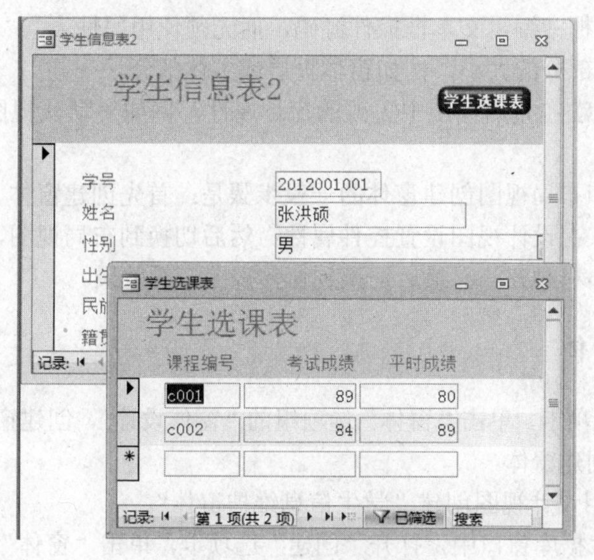

图 4.30　链接窗体效果

4.4　使用设计视图与布局视图创建窗体

快速创建窗体和使用向导创建窗体，虽然简单容易，但是所建窗体形式不够美观，功能不够明确，是一种半成品，还无法交付使用。设计视图和布局视图使用灵活，窗体及其所包含的每一个控件都可以自己创建和修饰，使之符合要求；也可以修改“快速创建窗体”和“窗体向导”创建的有瑕疵窗体，“精雕细琢”使之完善，因此设计视图和布局视图是功能最强的窗体创建方法，是窗体设计的核心。

数据库应用系统中的窗体由窗体自身和所包含的控件组成，在设计视图和布局视图中创建窗体可以分为两个方面：创建窗体和创建控件，控件是窗体的核心，因此创建控件是窗体创建的主要内容。

4.4.1 设计视图和布局视图

布局视图提供了“窗体布局工具”，设计视图提供了“窗体设计工具”，两种工具都包括“设计”、“格式”和“排列”3 个选项卡。比较两个视图的这 3 种选项卡，内容大同小异，那么在创建窗体时，如何在两种视图中进行选择？

这主要取决于要进行的操作任务，两个视图可以完成许多相同任务，但某些任务在其中一种视图中执行起来会相对容易，说明如下：

在布局视图中，窗体的每个控件都显示真实数据，非常适合设置和调整控件的大小，或者执行其他许多影响窗体外观和可用性的任务。当某些任务无法在布局视图中执行时，Access 系统会显示一条消息，要求切换到设计视图进行操作。所以窗体的外观设计多选择布局视图。设计视图无法显示基础数据，但提供了详细的窗体结构，可以查看窗体的页眉、主体和页脚等每个组成部分，所以执行相关操作要选择设计视图，例如：

- 向窗体中添加较多种类的控件，如标签、图像、直线和矩形。
- 直接在文本框中编辑文本框控件源码，而无须使用属性表。
- 调整窗体各部分的大小，例如窗体页眉或主体部分。
- 更改某些无法在布局视图中更改的窗体属性，例如“默认视图”或“允许窗体视图”。

使用设计视图和布局视图创建窗体的一般步骤是：首先创建窗体，在设计视图设置窗体属性；添加控件，在设计视图设置控件属性；然后切换到布局视图，进行窗体布局，调整控件的位置、大小和对齐等；最后切换到窗体视图查看效果。

4.4.2 创建窗体

打开“创建”选项卡，单击“窗体”选项组的“窗体设计”，创建窗体并进入设计视图，以此为基础，逐步创建窗体。

【例 4.7】 使用设计视图创建“学生信息维护窗体”。

操作步骤：在数据库窗口中，打开“创建”选项卡，单击“窗体”→“窗体设计”，创建窗体，进入设计视图，默认只显示主体节，可根据需要添加其他节，方法是在窗体空白位置单击鼠标右键，打开快捷菜单，选择“页面页眉/页脚”或“窗体页眉/页脚”进行添加。

4.4.3 调整窗体属性

属性决定窗体的功能特性、结构和外观，使用“属性表”窗格可以设置窗体属性。设置属性遵循“先选择，后设置”的原则，首先选择要设置的窗体，然后选择快捷菜单的“属性”命令或“工具”→“属性表”，打开窗体“属性表”窗格，如图 4.31 所示，属性表窗格由 5 项组成。

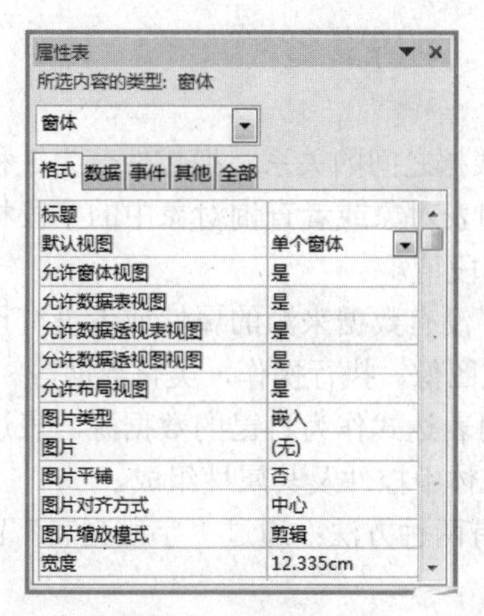

图 4.31　窗体属性表

- 格式：和窗体外观相关的元素。
- 数据：设置窗体的数据来源，以及数据的操作规则。
- 事件：用来设置窗体的触发事件。
- 其他：不属于其他 3 项的内容。
- 全部：前面 4 项属性的集合。

下面分别介绍窗体的常用属性。

（1）标题：设置窗体标题栏中显示的文字。

（2）默认视图：设置窗体的显示形式，有“单个窗体”、“连续窗体”、“数据表”、“数据透视表”、“数据透视图”和“分割窗体”6 个选项。

（3）滚动条：设置窗体是否具有滚动条，有“两者均无”、“只水平”、“只垂直”和“两者都有”四个属性值。

（4）记录选择器、导航按钮、分割线和自动居中：分别设置是否显示记录选择器，是否显示导航按钮，是否显示分割线，是否显示在桌面的中间。

（5）记录源：设置窗体的数据来源，也就是绑定的数据表或查询。

（6）允许编辑、允许添加、允许删除和允许筛选：设置窗体是否允许修改、添加、删除和筛选。

（7）数据输入：设置为“是”，则打开窗体可以输入新记录；设置为“否”，则不允许添加数据。

如果要设置窗体的某个“节”的属性，首先选择该“节”，然后选择快捷菜单的“属性”命令或“工具”→“属性表”，打开属性窗格设置。如果“属性表”窗格已经打开，则直接选择对象，属性表窗格就会相应切换。

4.4.4　添加控件

窗体由窗体本身和各种控件构成，窗体像一个容器，可以容纳各种类型的控件，控件构成了窗体的内容，用来显示、修改、增加和删除数据。

1. 控件类型

根据控件和应用系统的数据之间的关系，把控件分为 3 种类型，说明如下。

- 绑定型控件：控件和表对象或者查询对象中的字段相结合，可以直接显示、输入或更新数据库中的字段值。
- 未绑定型控件：控件没有数据来源的属性或者没有设置数据来源，主要用于显示信息、线条、矩形或图像，执行操作，美化界面等。
- 计算控件：控件使用表达式作为自己的数据源。表达式由运算符、常数、函数、数据库中的字段、窗体中控件及其属性组成。

在设计视图中创建控件有两种方法：通过“字段列表”窗格或“控件”选项组创建，下面进行介绍。

2. 字段列表

使用“字段列表”窗格可以快速添加控件。选择“设计”选项卡，单击“添加现有字段”，打开“字段列表”窗格，双击某个字段或者将某个字段从列表拖动到窗体，系统会自动创建显示该字段的控件，并且将此控件绑定到该字段，同时还创建一个起辅助作用的标签控件。“字段列表”窗格的内容和窗体记录源属性密切相关，说明如下。

（1）选择“仅显示当前记录源中的字段”。

- 如果窗体记录源属性为空，则提示“没有可添加到该视图中的字段”，可以“显示所有表”。
- 如果窗体记录源属性不为空，显示“可用于此视图的字段”，即数据源的字段，可以直接使用。

（2）选择“显示所有表”。

- 如果窗体记录源属性为空，“字段列表”窗格仅有“其他表中的可用字段”，显示数据库所有的表对象。若拖动某表某个字段到窗体，则 Access 会自动填充窗体的记录源属性为相应 SQL 语句，同时“字段列表”窗格内容发生改变，显示“可用于此视图的字段”、“相关表中的可用字段”（如果存在）和“其他表中的可用字段”（如果存在）。
- 如果窗体记录源属性是表，“字段列表”窗格显示“可用于此视图的字段”、“相关表中的可用字段”（如果存在）和“其他表中的可用字段”（如果存在）。“可用于此视图的字段”显示数据源的字段，可以直接拖动到窗体；“相关表中的可用字段”显示和数据源表直接相关联的表，如果拖动其字段到窗体，会修改窗体的数据源为 SQL 语句；“其他表中的可用字段”显示无直接关联的表，拖动其某个字段到窗体，会出现“指定关系”对话框，要求设置两个表之间的关系。
- 如果窗体的数据源为查询，“字段列表”窗格显示“可用于此视图的字段”、“相关表中的可用字段”（如果存在）和“其他表中的可用字段”（如果存在）。“可用于此视图的字段”显示查询所基于的表对象；“相关表中的可用字段”显示直接相关联的表，“其他表中的可用字段”显示无直接关联的表。

对于“字段列表”窗格上“可用于此视图的字段”，可以使用【Shift】键配合鼠标选中连续的字段，也可以使用【Ctrl】键配合鼠标选中不连续的字段。

如果希望将 Access 自动创建的控件更改为其他类型，右键单击该控件，在快捷菜单中选择“更改为”，选择合适的控件；若所有选项都以灰度显示，则说明没有其他类型的控件适合该字段。

【例 4.8】 打开例 4.7 中创建的“人员信息维护窗体”，选择“设计”选项卡，单击“添加现有字段”，打开“字段列表”窗格，如图 4.32 所示。选择人员信息表的字段拖动到窗体，创建控件如图 4.33 所示。

图 4.32 字段列表

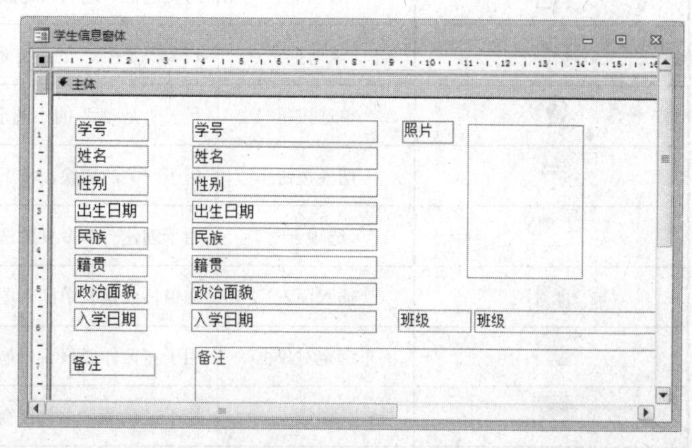

图 4.33 添加字段

3.“控件”选项组

使用“字段列表”创建各种控件，方便快捷，但是只能创建绑定型控件及相应标签，因此不够灵活。“设计”选项卡的“控件”选项组包含了 Access 系统提供的所有控件，如图 4.34 所示，通过创建这些控件，可以使窗体的内容丰富形式多样。“控件”选项组内容介绍如表 4.1 所示。

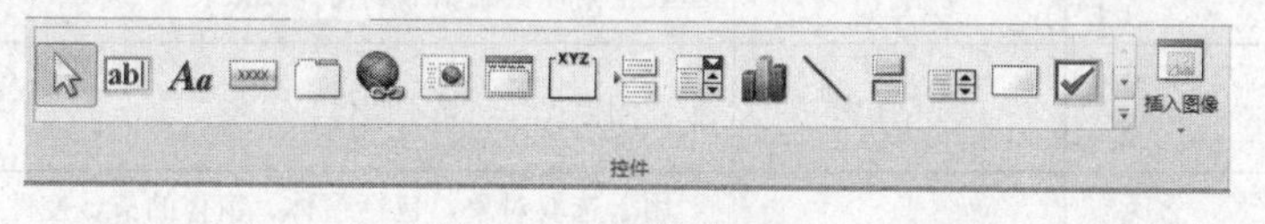

图 4.34 控件选项组

表 4.1 常用控件

控件图标	名称	功能描述
ab|	文本框	可以显示、输入或者编辑数据库中的数据，显示运算的结果，接受用户的输入
Aa	标签	用于显示说明性文字，例如窗体的标题或数据的指示
xxxx	按钮	用于执行各种操作，通过事件触发执行
	组合框	该控件组合了列表框和文本框的特性，既可以选择列表项，又可以输入文字
	列表框	以列表的形式显示数据，可供选择
	子窗体/子报表	显示来自多个数据源的数据

续表

控件图标	名称	功能描述
	直线	可以创建直线，用来隔离对象
	矩形	绘制矩形，组织相关数据，美化界面
	绑定对象框	用于在窗体或报表中显示数据库中的 OLE 对象
	选项组	与复选框、选项按钮或切换按钮搭配，可以显示一组可选的值
	复选框	代表“是/否”的小方框，选中代表“是”，未选中代表“否”
	单选按钮	代表“是/否”的小圆形，选中代表“是”，未选中代表“否”
	切换按钮	用于开关的切换，按下代表“是”，弹起代表“否”
	选项卡	用于创建一个多页的选项卡窗体，可以在选项卡上添加其他控件
	插入图表	在窗体或报表中插入图表对象
	未绑定对象框	用于在窗体或报表中显示非绑定的 OLE 对象
	图像	用于显示图片，美化窗体
	插入分页符	用于创建多页窗体
	插入超链接	插入超链接
	Web 浏览器控件	创建浏览器用于显示网页
	导航控件	用于创建导航栏
	附件	将表中附件数据添加到窗体或报表
插入图像	插入图像	创建图像控件，显示图像
	选择	用于选取对象，包括窗体、窗体的节、控件。单击按钮可以取消对控件的选择，并开始选取新的控件
使用控件向导(W)	使用控件向导	用于打开或关闭控件向导，利用向导的方式，方便控件创建
ActiveX 控件(O)	ActiveX 控件	使用 ActiveX 控件
设置为控件默认值(C)	设置为默认值	把当前控件的属性设置为该类控件的默认选项

4．页眉/页脚选项组

“设计”选项卡的“页眉/页脚”选项组提供了“徽标”、“标题”和“日期和时间”功能，如图 4.35 所示，可以直接在窗体页眉创建相应控件。

徽标：创建图像控件来显示图片，作为窗体的 Logo。

标题：创建标签控件，输入内容用作窗体的标题信息。

日期和时间：创建文本框控件，显示日期和时间。

徽标
标题
日期和时间
页眉/页脚

图 4.35 “页眉/页脚”选项组

5．控件画法

单击“控件”选项组的控件图标可以选中该控件；单击“选择”按钮取消当前的选择，或者再次单击该控件图标；单击其他控件图标，则取消当前控件而选中其他控件。在空白窗体的设计视图中，以“按钮”控件为例，介绍控件的画法，即控件添加到窗体的方法。

① 单击“控件”选项组的按钮控件图标，该图标加重显示；移动光标到窗体，光标变为“+”和控件图形的组合形状。

② 移动“+”号到窗体适当位置（“+”的中心就是控件左上角的位置），按下鼠标左键，不要松开，向右下方拖动出一个矩形，到合适的大小，松开鼠标，就画出了一个按钮控件，如图 4.36 所示。如果要连续画同种控件可以双击“控件”选项组的控件图标。

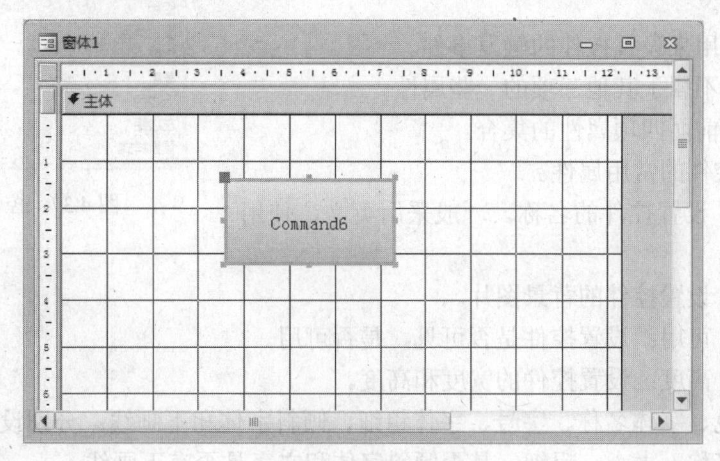

图 4.36　控件的画法

6．操作控件

（1）选择控件。

控件被选中后，周围将出现边框和 8 个小矩形（控点）。对于窗体中的单个控件，单击可以选中该控件；如果选择多个控件，可以选中第一个，然后按住【Shift】键单击其他对象；或者用鼠标在空白位置单击拖动，矩形区域内的控件将被选中；如果选择全部控件，可以使用快捷键【Ctrl+A】。单击其他控件或者空白位置可以取消当前选择。

（2）移动控件。

选中要移动位置的单个或多个控件，然后移动鼠标，当光标变成四个方向的箭头时，表示可以移动控件，如果光标位于某控件的左上角矩形上，表示只能移动鼠标所在的控件；否则移动所有选中控件。

（3）删除控件。

选中单个或多个控件，使用快捷菜单中的“删除”命令，或者按【Delete】键，可以删除所选控件。

（4）复制和剪切控件。

选中单个或多个控件，使用快捷菜单中的“复制”或“剪切”命令，然后“粘贴”，可以对控件进行复制或移动。

4.4.5 调整控件属性

每个控件都有自己的属性，属性决定控件的功能、结构和外观，使用“属性表”窗格可以设置控件的属性。和设置窗体设置相似，首先在窗体的设计视图中选择要设置的控件，然后单击“属性”或“工具”选项组中的“属性表”，打开“属性表”窗格，如图 4.37 所示，属性表窗口由 5 项组成：

- 格式：主要设置控件的外观。
- 数据：设置一个控件的数据来源，以及数据的操作规则。
- 事件：用来设置控件的触发事件。
- 其他：不属于其他三项的一些属性。
- 全部：前面四项属性的集合。

图 4.37　控件属性表

下面介绍控件的常用属性。

（1）名称：设置控件的名称。一般采用英文，使用有意义的缩写。

（2）图片：设置控件的背景图片。

（3）可见、可用：设置控件是否可见，是否可用。

（4）宽度、高度：设置控件的宽度和高度。

（5）前景色、字体名称、字号、字体粗细、倾斜字体和下画线：分别设置控件中的字体颜色、字体名称、大小、粗细、是否倾斜字体和文字是否有下画线。

（6）键按下：当控件获得焦点时，按下任何键触发事件。

（7）键释放：当控件获得焦点时，松开按下的任何键触发事件。

（8）单击：通过鼠标在控件上单击触发事件。

（9）双击：通过鼠标在控件上双击触发事件。

（10）鼠标按下：当鼠标在控件上时，按下左键触发事件。

（11）鼠标释放：当鼠标在控件上时，松开按下的鼠标键触发事件。

4.4.6 常用控件介绍

前面以按钮控件为例介绍了控件的基本操作和属性设置，不同类型的控件有不同的特点和功能，所以在选择控件时要考虑数据类型和执行操作，下面通过一个实例介绍常用控件。

【例 4.9】　使用“控件”选项组，在窗体设计视图创建“人员基本信息维护”窗体。

1. 标签

标签用于在窗体、报表中显示说明性文本，如标题或标示。窗体的标题用来明确窗体用途，下面使用标签控件创建窗体的标题。操作步骤如下。

（1）创建空白窗体，进入设计视图。打开“设计”选项卡，单击“工具”选项组的“属性表”，设置窗体的“记录源”属性为“学生信息表”。

（2）打开“设计”选项卡，单击“控件”选项组的“标签”，在窗体的主体节创建标签控件，输入文字“学生基本信息维护”。

（3）打开标签的“属性表”窗格，调整标题显示，如图 4.38 所示。

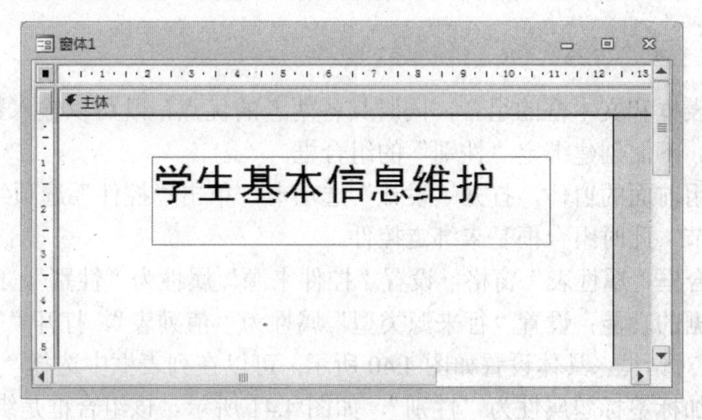

图 4.38　标签控件

标签可以独立使用，也可以附加到其他控件，起标示作用，例如添加某些控件时，Access 会自动为控件创建附加标签，选择该控件，附加标签左上角会出现矩形标识。单击独立标签控件的“错误检查”按钮，选择“将标签与控件关联”，或者剪切独立标签控件，然后选择控件，执行“粘贴”，可以将标签附加到该控件。

2. 文本框

文本框用来输入、显示和编辑数据，文本框可以绑定数据，也可以不绑定。下面创建绑定“人员编号”的文本框。

（1）继续使用前面窗体，打开“设计”选项卡，单击“控件”选项组的“文本框”，添加到窗体主体节。此时文本框没有和数据库中的数据发生关联，因此是未绑定控件。

（2）打开文本框“属性表”窗格，设置“控件来源”属性为“学号”，并修改附加标签标题属性为“学号”，如图 4.39 所示。该文本框和数据库中的字段相关联，因此是绑定型控件。

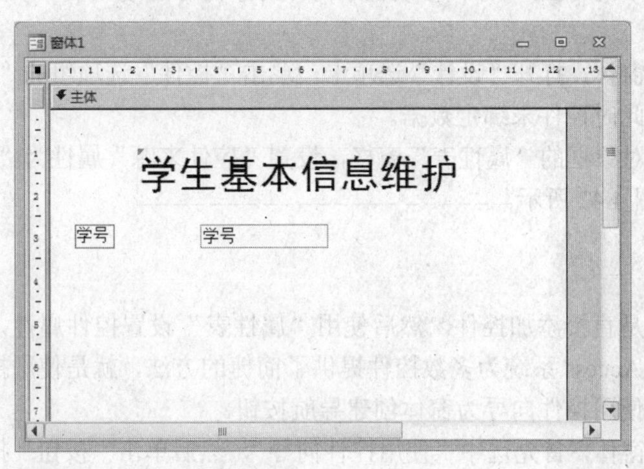

图 4.39　文本框

继续创建其他文本框控。需要补充的是，用来绑定“密码”的文本框，还应该设置“属性表”窗格的“输入掩码”属性为“密码”，这样文字在窗体视图中显示为“*”，符合密码使用规则。

3．组合框

组合框是列表框和文本框的组合，同时具备两者的优点，既可以输入数据，又可以从下拉列表中选择。下面创建绑定“性别”的组合框。

（1）继续使用前面的窗体，打开“设计”选项卡，单击“控件”选项组的“组合框”，添加到窗体主体节。此时组合框是未绑定控件。

（2）打开组合框“属性表”窗格，设置“控件来源”属性为“性别”，此时组合框只具备显示数据库数据的功能；设置“行来源类型”属性为“值列表”，打开“行来源”属性的“编辑列表项目”对话框，具体设置如图 4.40 所示，可以在列表框中选择“男”或者“女”。

（3）修改附加标签标题属性为“性别”，如图 4.41 所示。该组合框是绑定型控件。

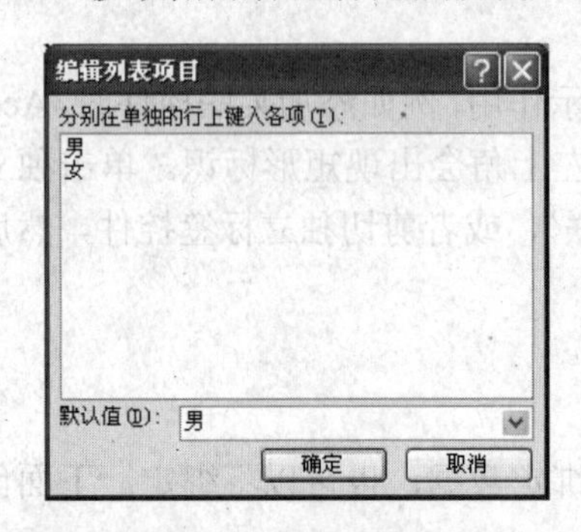

图 4.40　编辑列表项目

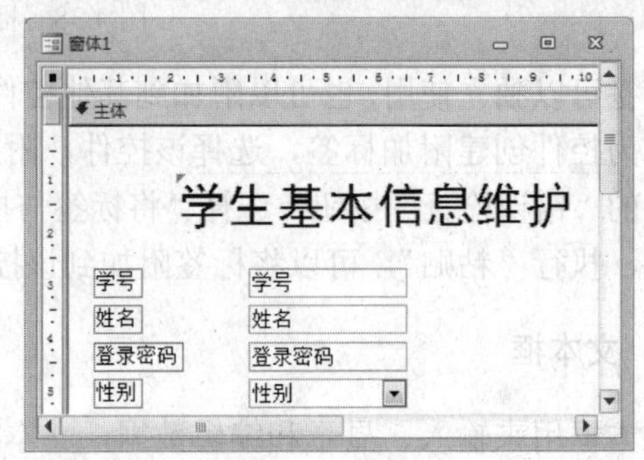

图 4.41　组合框

4．绑定对象框

“控件”选项组有两个对象框：一个是未绑定对象框，用于在窗体或报表中显示未绑定 OLE 对象，如 Excel 电子表格，当移动记录时，该对象内容不变；另一个是绑定对象框，用于显示存储在表中的 OLE 对象，移动记录时，对象内容随之改变。下面使用绑定对象框显示“照片”内容。

（1）继续编辑窗体，打开“设计”选项卡，单击“控件”选项组的“绑定对象框”，添加到窗体主体节。此时控件未绑定数据。

（2）打开绑定对象框的“属性表”窗格，设置“控件来源”属性为“照片”，附加标签显示“照片”，如图 4.42 所示。

5．命令按钮

前面介绍的都是直接添加控件，然后使用“属性表”设置控件属性，控件属性非常多且设置复杂，因此 Access 系统为多数控件提供了简捷的方法，就是使用控件向导设置常用属性和操作。下面使用控件向导为窗体创建导航按钮。

（1）继续编辑窗体，首先选中“使用控件向导”，然后单击“按钮”控件添加到主体节底部，打开“命令按钮向导”第一个对话框，设置按下按钮时执行的操作。本例选择“记录导航”的“转至第一项记录”，如图 4.43 所示。

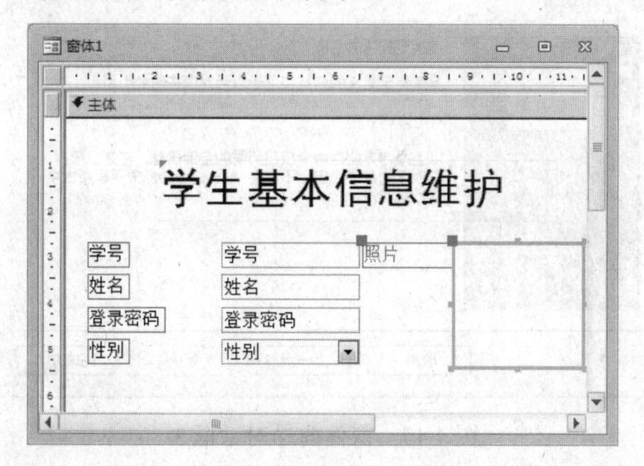

图 4.42　绑定对象框

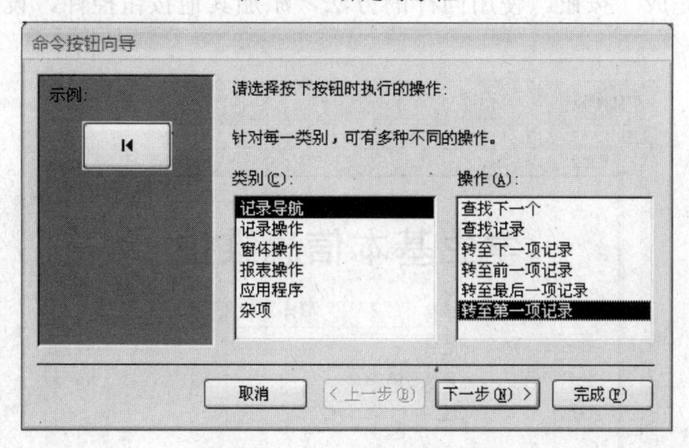

图 4.43　按钮向导对话框 1

（2）单击“下一步”按钮，设置按钮显示方式，图片或者文本。本例使用“文本”，内容为“第一项记录”，如图 4.44 所示。

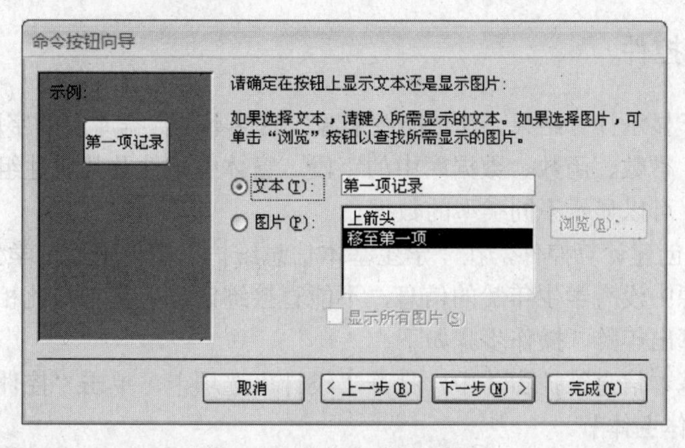

图 4.44　按钮向导对话框 2

（3）单击“下一步”按钮，设置命令按钮的名称为“cmd_first”，如图 4.45 所示。

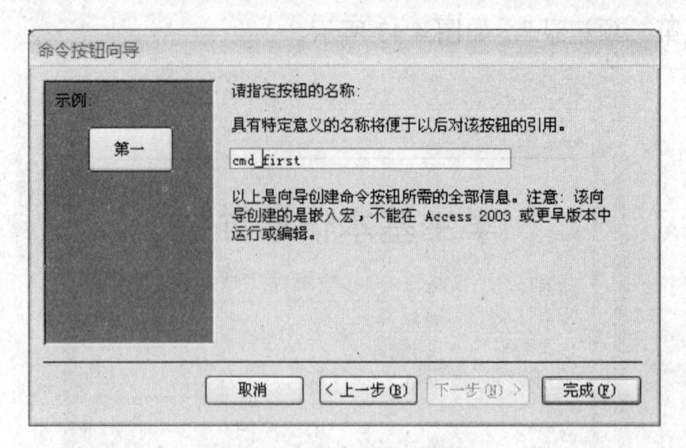

图 4.45　窗体向导对话框 3

（4）单击“完成”按钮。使用同样的方法，添加其他按钮控件，设置适当操作，如图 4.46 所示。

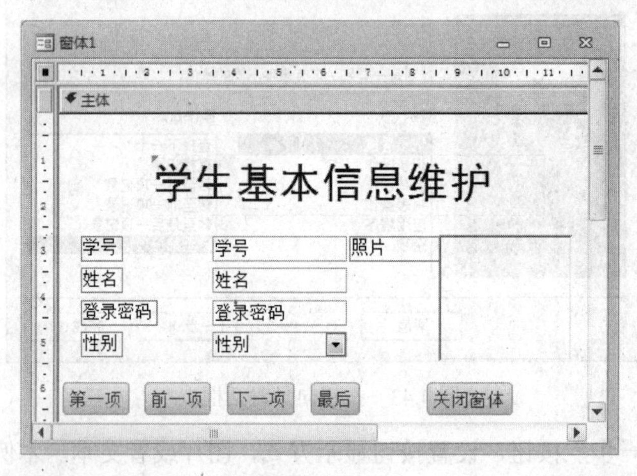

图 4.46　按钮

4.4.7　计算控件

计算控件用于显示计算结果，其“控件来源”属性不是数据库中的字段，而是表达式。表达式由运算符、常数、函数、数据库中的字段、窗体中控件及其属性组成。文本框是最常用的计算控件，可以显示不同类型的数据。

【例 4.10】　创建计算控件，在“学生基本信息维护”窗体中显示学生的年龄。

窗体的数据源中没有学生年龄的信息，不能直接绑定，但是有与此相关的出生日期，通过运算可以计算出年龄，操作步骤如下：

（1）在学生基本信息维护窗体中，打开“设计”选项卡，单击“控件”选项组的“文本框”，添加到窗体主体节。

（2）打开文本框“属性表”窗格，设置“控件来源”属性为“=Year(Date())-Year([出生日期])”；附加标签显示“年龄”，如图 4.47 所示。切换到窗体视图，查看计算所得年龄。

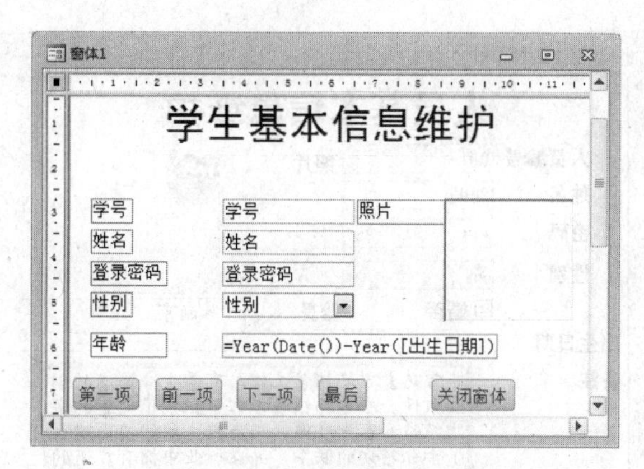

图 4.47　计算控件

4.4.8　窗体布局

继续添加控件，完成人员基本信息维护窗体，保存后切换到窗体视图，如图 4.48 所示。

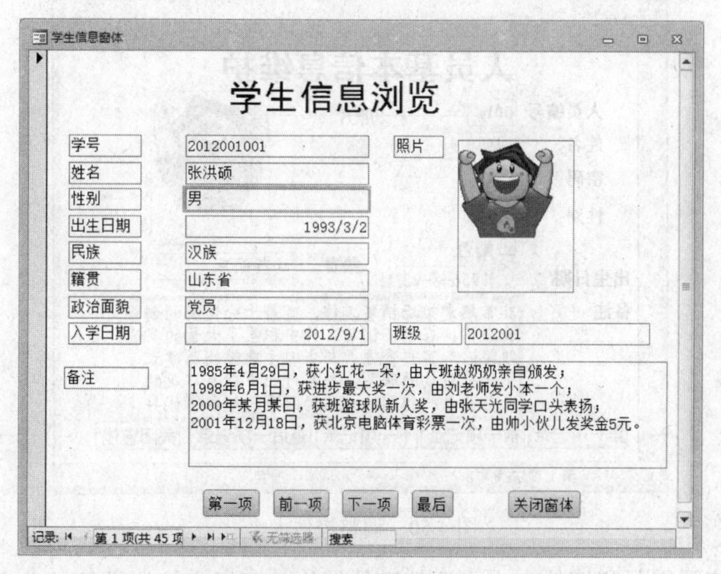

图 4.48　人员基本信息维护窗体

在布局视图中，窗体的每个控件都显示真实数据，非常适合设置和调整控件的大小，或者执行其他许多影响窗体视觉外观和可用性的任务。因此在设计视图中完成窗体框架后，可以切换到布局视图，继续调整和修饰窗体。

【例 4.11】　调整人员基本信息维护窗体。

（1）调整控件内容，使数据显示更清晰。使用“布局”选项卡的“字体”选项组或者使用控件的“属性表”。绑定控件及其附加控件一般采用不同的字体，以达到便于区分的效果，如图 4.49 所示。

（2）根据实际数据调整控件大小，如图 4.50 所示。“备注”控件内容较多，可以设置“滚动条”属性为垂直；编辑“照片”控件，使图片大小合适。

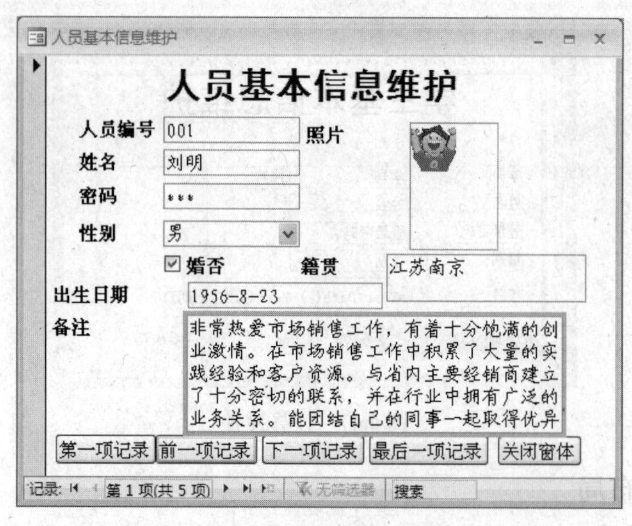

图 4.49　调整控件内容

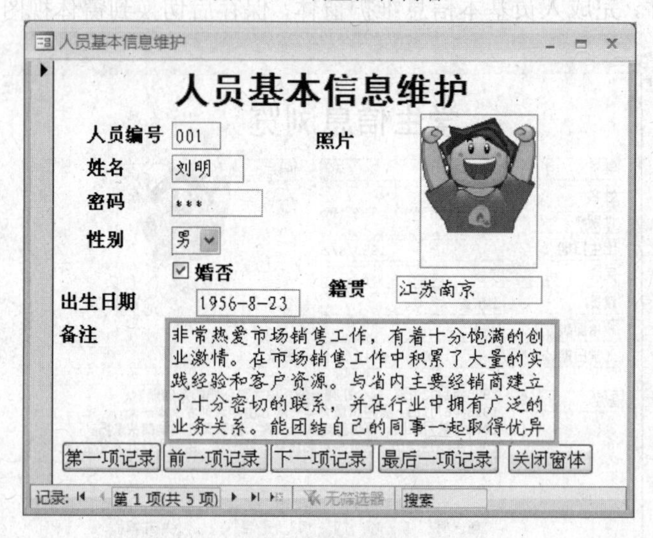

图 4.50　调整控件大小

（3）根据实际需要和控件大小，调整窗体结构。可以直接拖动控件改变窗体结构；也可以选择“排列”选项卡的“控件布局”选项组，系统提供了“表格”和“堆积”两种结构。

（4）控件对齐。使用“排列”选项卡的“控件对齐方式”选项组调整控件的对齐方式。使用“靠左”使所有选中控件向位置最左的控件左对齐，“靠右”、“靠上”、“靠下”功能类似。

（5）调整窗体属性。已经添加了导航按钮，所以设置“导航按钮”为否；单项目窗体只显示一条记录，所以设置“记录选择器”属性为否，切换到窗体视图，如图 4.51 所示。

4.4.9　使用主题

在布局视图中调整窗体，是精工细作，所需工作量较大，如果想简化过程，可以使用系统提供的“主题”，快速修饰窗体。

方法：选择“设计”选项卡的“主题”选项组，如图 4.52 所示。可以直接从“主题”中选择合适的方式，即可直接修饰窗体。

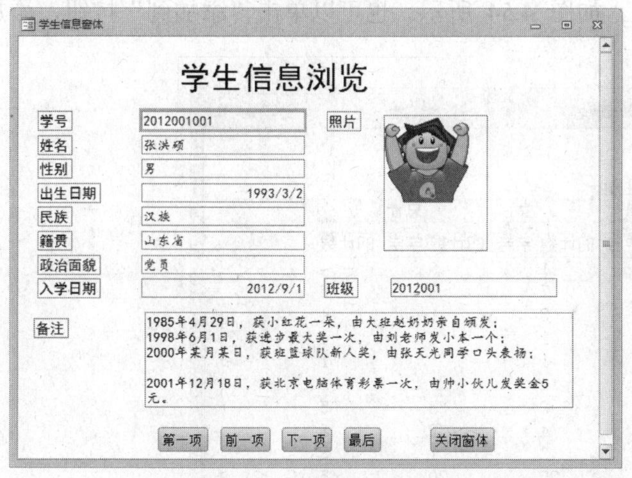

图 4.51　调整窗体属性

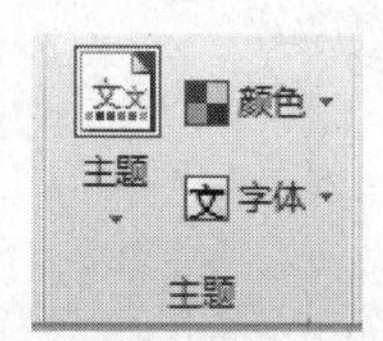

图 4.52　主题

4.5　创建特定类型窗体

4.5.1　创建数据透视表窗体

创建数据透视表窗体的方法为首先选择数据源，然后进入数据透视表视图进行版面布置。

【例 4.12】　在“教学管理系统”数据库中，创建以“学生信息表”为数据源的数据透视表。创建步骤如下：

(1) 在“教学管理系统”数据库中，选择“学生信息表”，打开“创建”选项卡，单击“窗体”选项组的“其他窗体”选项中的“数据表透视表”，进入窗体的数据透视表视图，如图 4.53 所示。

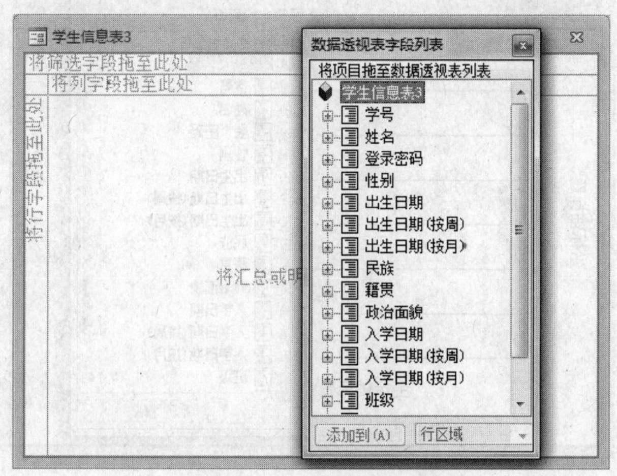

图 4.53　数据透视表视图

（2）“数据透视表字段列表”窗口提供了数据源的字段，根据窗口区域提示，将所需字段分别拖放到相应位置。本例“籍贯”作为列字段，“性别”作为行字段，“学号”作为汇总字段，“民族”作为筛选字段，如图 4.54 所示。也可以单击“添加到”按钮，添加到相应区域。

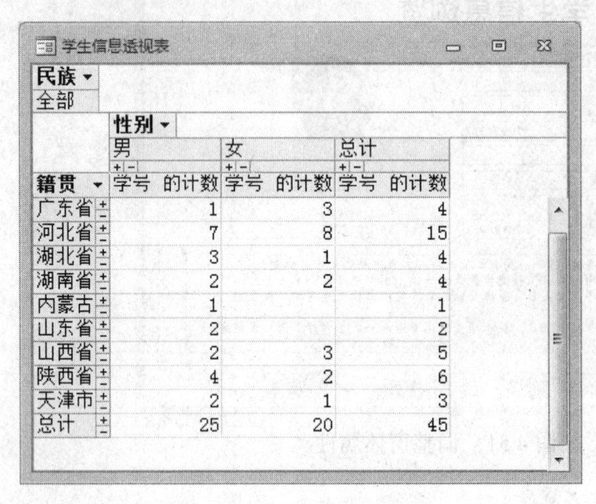
学生信息透视表

民族 ▾
全部

籍贯	性别：男 学号 的计数	女 学号 的计数	总计 学号 的计数
广东省	1	3	4
河北省	7	8	15
湖北省	3	1	4
湖南省	2	2	4
内蒙古	1		1
山东省	2		2
山西省	2	3	5
陕西省	4	2	6
天津市	2	1	3
总计	25	20	45

图 4.54　学生信息透视表

（3）单击“保存”按钮，窗体命名为“学生信息透视表”。

如果需要按照其他方式分析数据，可以重新进行版面布置，每一次改变，数据透视表都会立即重新计算数据。

4.5.2　创建数据透视图窗体

数据透视图窗体和数据透视表窗体的创建方法类似。

【例 4.13】　创建“学生信息表”的数据透视图。

（1）在“教学管理系统”数据库中，选择“学生信息表”，打开“创建”选项卡，单击“窗体”选项组的“数据透视图”选项，进入窗体的数据透视表视图，如图 4.55 所示。

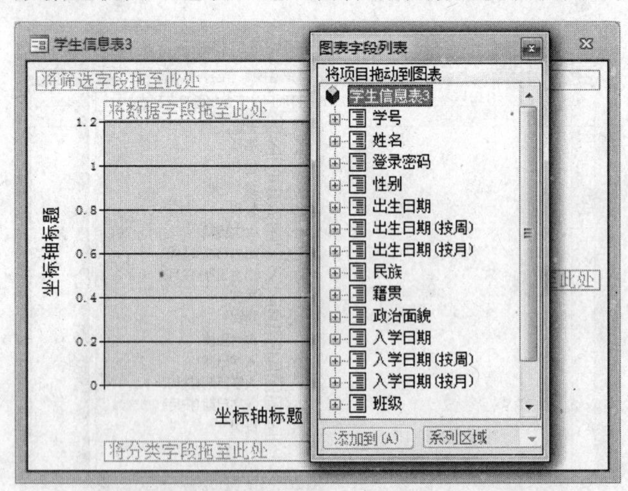

图 4.55　数据透视图

（2）“图表字段列表”窗口提供了数据源的字段，用于创建数据透视图窗体。根据窗口区域的提示，将所需字段分别拖放或添加到相应位置。本例“籍贯”作为分类字段，“学号”作为数据字段，“性别”作为筛选字段，如图 4.56 所示。

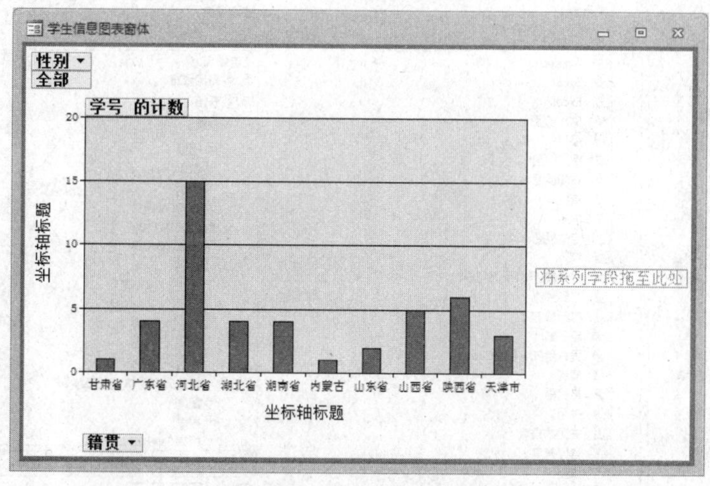

图 4.56　学生信息透视图

（3）单击“保存”按钮，窗体命名为“学生信息透视图”。

4.5.3　切换面板窗体

切换面板窗体用于集成已经建立的数据库对象，形成一个系统功能的操作控制界面。切换面板窗体包含一组切换面板页，每个切换面板页包含一些切换项，可以启动其他的切换面板页或者已经建立的数据库对象。通过设置默认切换面板页和设置切换项，可以把系统功能组织起来。

1．添加切换面板管理器

在默认情况下，“切换面板窗体”没有添加到功能区，使用前需要先添加。操作步骤如下：

（1）打开“文件”菜单，选择“选项”命令，打开“Access 选项”对话框。

（2）选择“自定义功能区”，单击右侧的“主选项卡”→“创建”→“新建组”，并重命名为“切换面板窗体”，如图 4.57 所示。

（3）在对话框的左侧，选择“不在功能区中的命令”→“切换面板管理器”→“添加”，如图 4.58 所示。

（4）单击“确定”按钮后，重新启动数据库，打开“创建”选项卡，可以看到切换面板窗体选项组，单击“切换面板管理器”，如图 4.59 所示。切换面板管理器默认有一个切换面板页“主切换面板（默认）”。

2．创建切换面板页

（1）单击“新建”按钮，打开“新建”对话框，输入切换面板页名称“某高校教学管理系统”，然后单击“确定”按钮。

图 4.57　新建组

图 4.58　添加命令

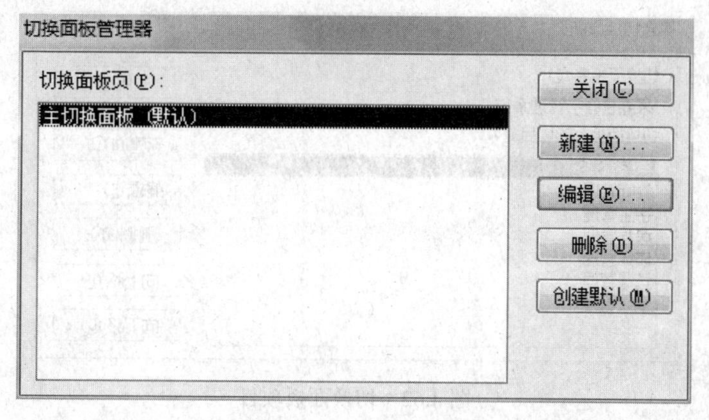

图 4.59　切换面板管理器

（2）使用同样方法，创建“学院管理”、“教师管理”、“学生管理”……切换面板页。

（3）选择“某高校教学管理系统（默认）”，然后单击“创建默认”按钮，设置默认切换面板页，然后选择“主切换面板”选项，单击“删除”按钮，则切换面板页如图 4.60 所示。

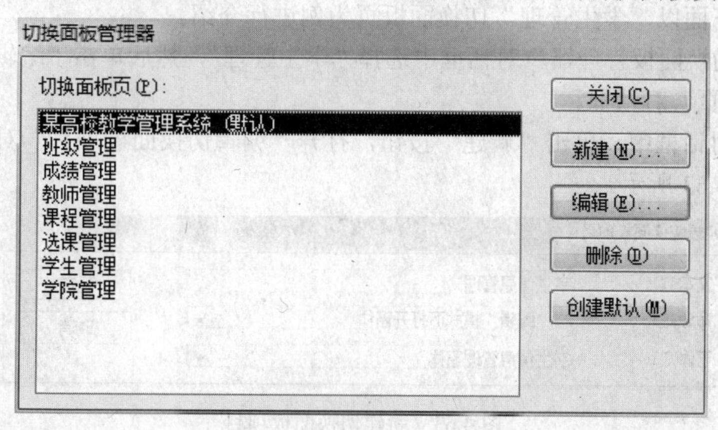

图 4.60　创建主切换面板

3. 创建切换面板项目

（1）在“切换面板管理器”对话框中，选择“某高校教学管理系统（默认）”，单击“编辑”按钮，打开“编辑切换面板”对话框。

（2）单击“新建”按钮，打开“编辑切换面板项目”对话框，设置相关选项，如图 4.61 所示。

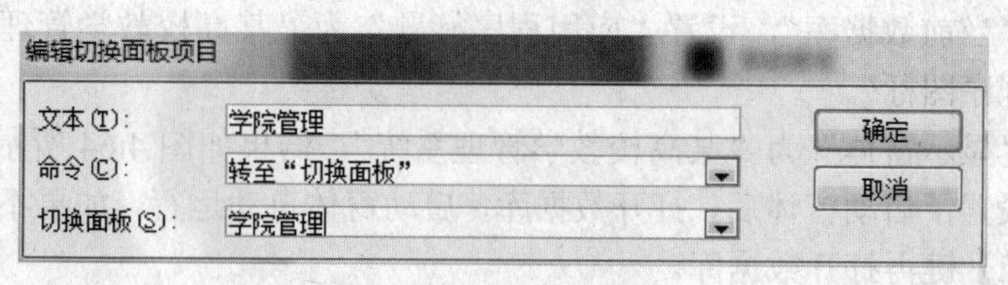

图 4.61　新建切换面板项目

（3）使用同样的方法，设置其他项目，结果如图 4.62 所示。

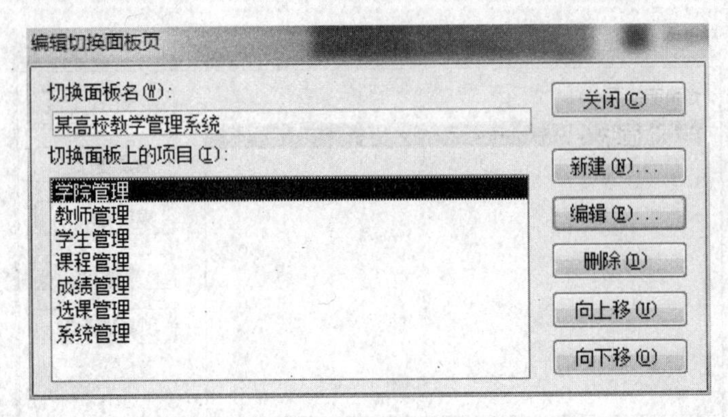

图 4.62　切换面板项目

4. 设置切换项目对应内容

默认的切换面板“某高校教学管理系统”的项目已经设置了对应内容，可以启动其余切换面板页，但其余面板页的项目还未设置对应内容，这些项目主要用于启动相关功能的数据库对象。下面以“学生管理”切换面板页为例进行介绍。

（1）在“切换面板管理器”对话框中选择“学生管理”，然后单击“编辑”按钮，打开“编辑切换面板页”对话框。

（2）在该对话框中，单击“新建”按钮，打开“编辑切换面板项目”对话框，输入相关内容，如图 4.63 所示。

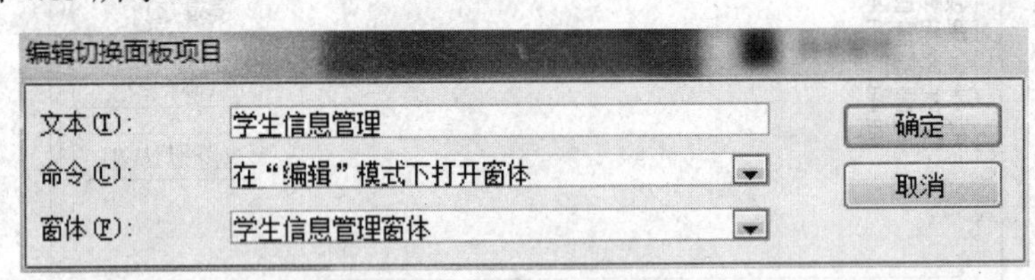

图 4.63　新建切换面板项目

（3）使用同样方法，创建其他项目。

5. 设置启动窗体

完成切换面板窗体创建后，可以设置启动窗体，每次打开数据库，自动启动该窗体，作为系统功能的控制面板。操作步骤如下：

（1）打开“文件”菜单，选择“选项”命令，打开“Access 选项”对话框。

（2）选择“当前数据库”，设置“应用程序标题”为“某高校教学管理数据库系统”，并设置“应用程序图标”。

（3）设置“显示窗体”为“某高校教学管理系统”，结果如图 4.64 所示。

当数据库设置了启动窗体后，打开数据库，启动窗体自动运行，如果不想启动该窗体，可以按住【Shift】键再打开数据库。

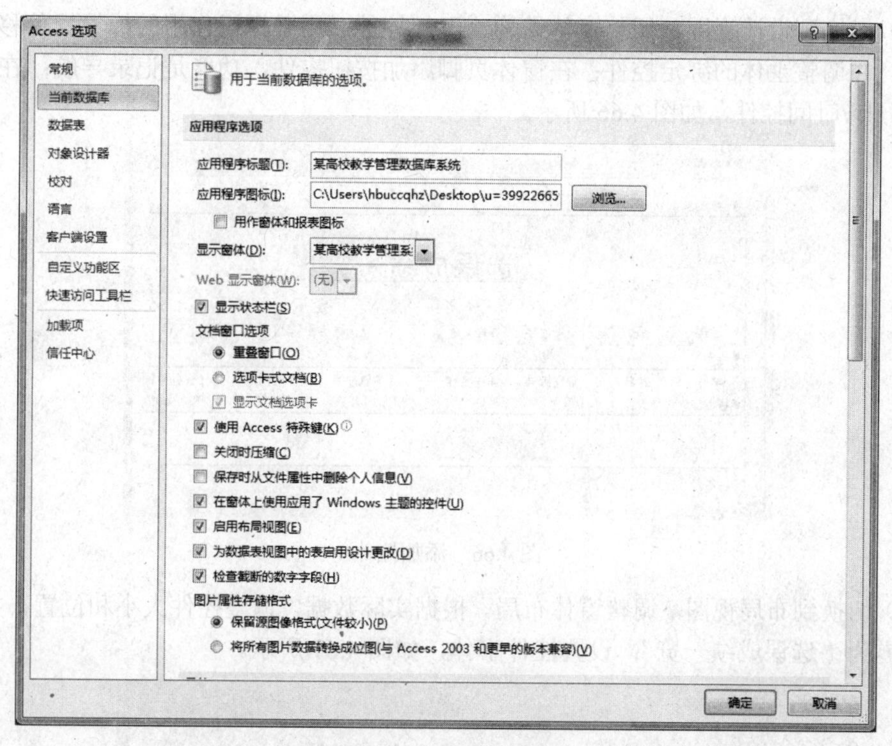

图 4.64　设置启动窗体

4.6　应用系统案例的窗体设计

实际应用中，创建窗体常用的方法是使用“快速创建窗体”和“窗体向导”先完成窗体大体框架，然后利用设计视图和布局视图进行修改完善。

【例 4.14】　创建“选课成绩查询”为数据源的窗体。

(1) 在数据库窗口中，选择“选课成绩查询”，打开“创建”选项卡，单击“窗体”选项组“窗体”选项，创建窗体并进入布局视图，如图 4.65 所示。

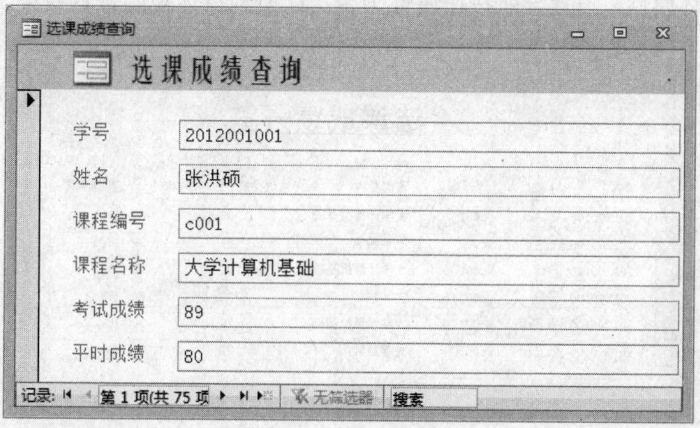

选课成绩查询

学号 2012001001
姓名 张洪硕
课程编号 c001
课程名称 大学计算机基础
考试成绩 89
平时成绩 80

记录: 第 1 项(共 75 项 无筛选器 搜索

图 4.65　创建窗体

（2）切换到设计视图，调整窗体结构，添加控件。用于标识作用的标签控件移动到窗体页眉，并调整主体的绑定控件；在窗体页脚添加按钮控件，功能是记录导航；在窗体页眉添加日期/时间控件，如图 4.66 所示。

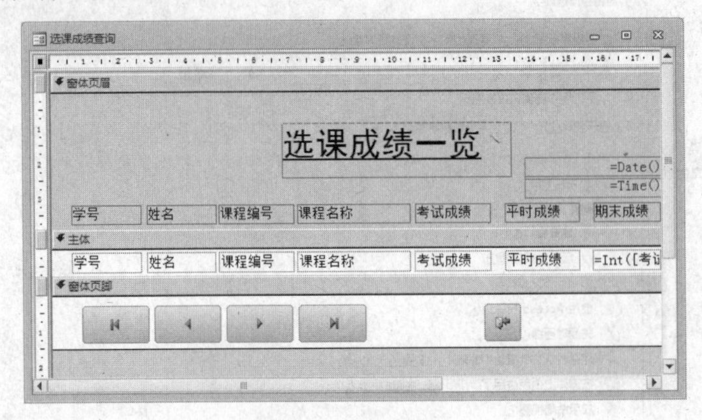

图 4.66　添加控件

（3）切换到布局视图，调整窗体布局。根据实际数据，调整控件大小和位置，并对齐；修改标题为“选课成绩一览”；设置控件字体，如图 4.67 所示。

选课成绩一览

选课成绩一览

2014年5月23日
17:40:50

学号	姓名	课程编号	课程名称	考试成绩	平时成绩	期末成绩
201200100	张洪硕	c001	大学计算机基础	89	80	84
201200100	张洪硕	c002	大学数学	84	89	87
201200100	马辉	c001	大学计算机基础	90	95	93
201200100	马辉	c002	大学数学	87.5	90	89
201200100	张亚丽	c001	大学计算机基础	74	90	84
201200100	张亚丽	c002	大学数学	93	95	94
201200100	任一鸣	c002	大学数学	78.5	88	84

记录: 第 1 项(共 75 项　无筛选器　搜索

图 4.67　调整控件属性

（4）调整窗体属性。设置导航按钮属性为否。切换到窗体视图查看效果，如图 4.68 所示。

图 4.68　设置窗体属性

（5）保存，窗体命名为“选课成绩一览”。

本章小结

窗体是用户操作数据库的主要界面，创建功能完善使用方便的窗体是数据库系统设计的重要目标。Access 数据库管理系统提供了丰富的窗体形式和灵活多样的创建方法，实际开发中可以灵活运用。

习题

一、选择题

1．以下哪个不是窗体的组成部分（　　）。

A．主体　　B．窗体页眉　　C．窗体页脚　　D．窗体设计器

2．当窗体中的内容太多无法放在一页中全部显示时，可以用（　　）控件来分页。

A．选项卡　　B．按钮　　C．组合框　　D．选项组

3．计算控件的控件来源属性是以（　　）开头的表达式。

A．字母　　B．等号　　C．括号　　D．字段名

4．窗口事件是指操作窗口时所引发的事件，下列不属于窗口事件的是（　　）。

A．打开　　B．关闭　　C．加载　　D．取消

5．窗体中可以包含一列或者几列数据，用户只能从列表中选择值，而不能输入新值的控件是（　　）。

A．列表框　　B．组合框　　C．文本框　　D．复选框

6．确定一个控件在窗体中的位置的属性是（　　）。

A．width 和 height　　B．width 或 height

C．top 和 left　　D．top 或 left

7．可以作为窗体的数据源的是（　　）。

A．表　　B．查询　　C．SQL 语句　　D．以上都是

8．窗体中用来输入和编辑数据的交互控件是（　　）。

A．列表框　　B．组合框　　C．文本框　　D．复选框

9．显示数据源中的字段的控件类型是（　　）。

A．绑定型　　B．未绑定型　　C．计算型　　D．相关型

二、思考题

1．为什么要设计窗体来使用表，而不能允许操作者直接使用数据表？

2. 窗体由哪几部分组成？页面页眉和页面页脚的作用是什么？

3. 相对于快速创建窗体，窗体向导有什么优点？

4. 窗体有几种视图？各有什么特点？

5. 窗体有哪几种类型？

第 5 章　开发用户报表

许多应用系统要求具有打印输出功能，报表是 Access 提供的专门用来统计汇总并且打印输出数据的对象。表、查询和窗体等对象可以直接打印，如果版面格式要求比较高，则应该使用报表。本章介绍报表的类型，创建报表的各种方法，以及如何修改完善报表。

5.1　报表概述

5.1.1　报表的作用

报表能够按照所需的方式显示和查看信息，并且能够对数据进行排序、分组和统计汇总，最后打印输出，因此报表是数据库应用系统输出数据的一种理想方式。

5.1.2　报表的类型

Access 提供了多种样式的报表，按照报表的用途和数据的形式分为以下几种。

- 纵栏表式报表：每次显示一条记录的信息，数据字段的标题信息与字段记录数据一起被安排在每页的主体节区内显示，如图 5.1 所示。
- 表格式报表：以行和列组成的表格形式显示数据，类似于多个项目窗体，如图 5.2 所示。
- 标签报表：特殊类型的报表，主要应用于对物品进行标示，如图 5.3 所示。
- 主/子报表：在报表中嵌入其他报表，从而实现可以查看相关联的多个数据源的数据，如图 5.4 所示。

图 5.1　纵栏表式报表

学生选课成绩查询

学生选课成绩查询　　2014年5月25日 15:32:37

学号	姓名	课程编号	课程名称	考试成绩	平时成绩	期末成绩
2012002001	杨嘉	c001	大学计算机基础	85	90	87
2012002001	杨嘉	c003	大学英语	95	91	93.4
2012002001	杨嘉	c004	大学物理	68	90	76.8
2012002002	张娜娜	c001	大学计算机基础	86	85	85.6
2012002002	张娜娜	c003	大学英语	87	80	84.2
2012002002	张娜娜	c004	大学物理	89	82	86.2
2012002003	梁星	c001	大学计算机基础	78	92	83.6

图 5.2　表格式报表

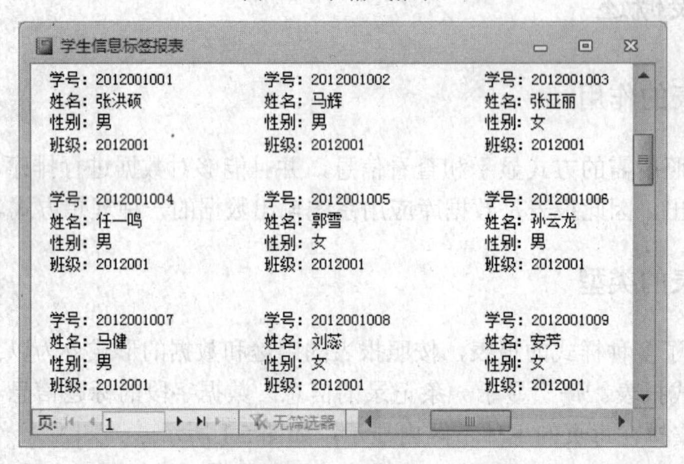

图 5.3　标签报表

图 5.4　主/子报表

5.1.3　报表的视图

报表提供了四种视图：报表视图、打印预览、布局视图和设计视图。

- 报表视图：用于查看报表的实际效果。
- 打印预览：用于查看报表打印输出的效果。

- 布局视图和设计视图：用于设计和编辑报表。

相对于窗体，报表增加了专用于预览打印输出效果的“打印预览”视图，其余视图则类似窗体的相应视图。使用“视图”选项组中的相应命令，可以在四个视图之间切换。

5.1.4 报表的组成

报表和窗体一样，也是由 5 个部分组成的，每一部分称为“节”，具体说明如下。

- 报表页眉：在报表开头，通常放置出现在封面的信息，如徽标、标题或日期等。如果在报表页眉使用包含聚合函数的计算控件，运算是针对整个报表的。
- 页面页眉：显示在每一页的顶部。例如使用页面页眉可以在每一页上重复显示字段标题。
- 主体：报表主要的显示区域，用来显示数据。
- 页面页脚：显示在每一页的结尾，用于设置页码或某些特定信息。
- 报表页脚：在报表结尾，显示针对整个报表的汇总信息。

如果需要对报表中的数据进行分组汇总，可以添加组页眉和组页脚，如图 5.5 所示。组页眉和组页脚在每个记录组的开头和结尾，一般用于显示组名称和汇总信息。

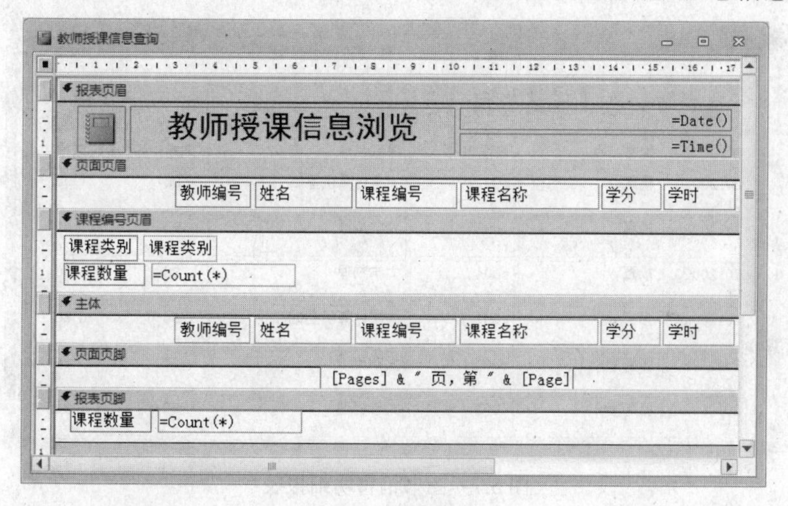

图 5.5 报表组成

5.2 创建报表

Access 2010 在“创建”选项卡的“报表”选项组中提供了多种创建报表的方法，如图 5.6 所示，可以分为 4 种类型：快速创建报表、标签报表、报表向导以及使用设计视图和布局视图。各种方法说明如下：

图 5.6 报表选项组

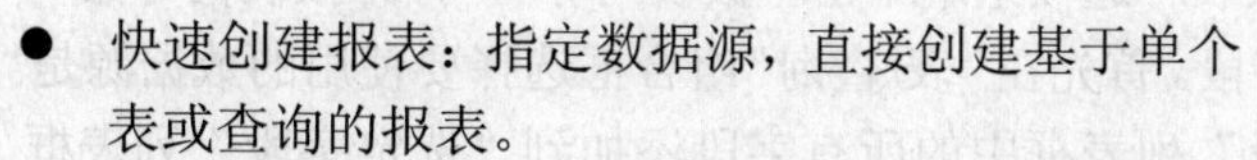

- 快速创建报表：指定数据源，直接创建基于单个表或查询的报表。
- 报表向导：按照向导的提示设置各种报表参数创建报表，数据源可以是一个或多

个表和查询。

- 标签报表：通过向导的形式，创建标签类型的报表。
- 使用设计视图和布局视图：在空白报表的基础上，灵活设计报表的每个元素，可以创建各种类型的报表，并进行报表的修饰和完善。

实际应用中，首先使用快速创建报表或者报表向导生成报表框架，然后使用设计视图和布局视图修饰完善报表。除了专用于标示物品的标签报表，其余各方法类似于窗体创建的相应方法。

5.2.1 快速创建报表

快速创建报表是一种通过指定数据源，由系统自动生成包含数据源所有字段的创建方法。它的优点是简单、直接，缺点是无法提供最终所需的完美报表，且仅能创建表格式报表。读者可对比快速创建窗体的方法。

【例 5.1】 根据“学生选课成绩查询”创建报表，操作步骤如下：

（1）在数据库窗口中，选择“学生选课成绩查询”，打开“创建”选项卡，单击“报表”选项组的“报表”，创建报表并进入报表的布局视图，如图 5.7 所示。

学生选课成绩查询

学生选课成绩查询 2014年5月25日 14:14:18

学号	姓名	课程编号	课程名称	考试成绩	平时成绩
2012002001	杨嘉	c001	大学计算机基础	85	90
2012002001	杨嘉	c003	大学英语	95	91
2012002001	杨嘉	c004	大学物理	68	90
2012002002	张娜娜	c001	大学计算机基础	86	85
2012002002	张娜娜	c003	大学英语	87	80
2012002002	张娜娜	c004	大学物理	89	82

图 5.7 图书销售明细报表

（2）单击“保存”按钮，将报表命名为“学生选课成绩查询”。

5.2.2 使用报表向导

快速创建报表要求数据源是一个表或者查询，并显示数据源所有字段；使用“报表向导”可以选择多个表或查询作为数据源，并且可以根据需要显示字段和报表的外观格式，同时报表中的数据还可以进行排序和分组汇总。

【例 5.2】 使用报表向导创建课程信息报表，操作步骤如下：

（1）在“创建”选项卡的“报表”选项组中单击“报表向导”，打开报表向导第一个对话框，确定数据源和需要显示的字段。首先在“表/查询”组合框选择要使用的数据源是“表：课程信息表”，然后将“可用字段”列表框中的所有字段添加到“选定字段”列表框。如图 5.8 所示。

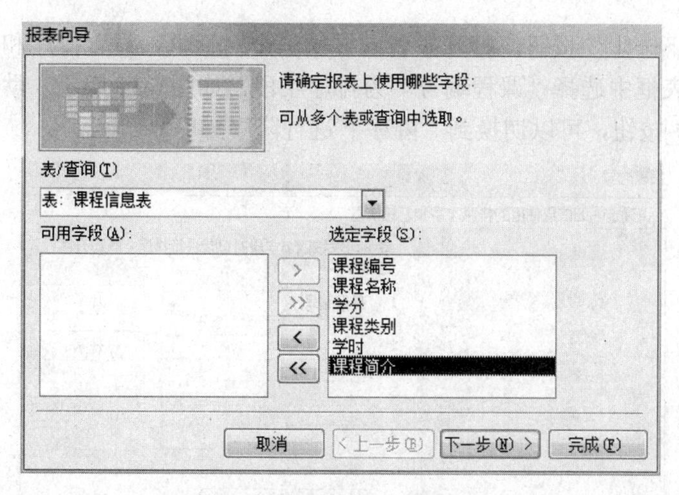

图 5.8　报表向导对话框 1

（2）单击“下一步”按钮，打开报表向导第二个对话框，设置是否添加分组级别和采用哪个字段分组分级。本例选择“课程类别”作为分组分级字段，如图 5.9 所示。如果有多个字段可以继续添加，并使用▲和▼按钮来调整字段的分组优先级。

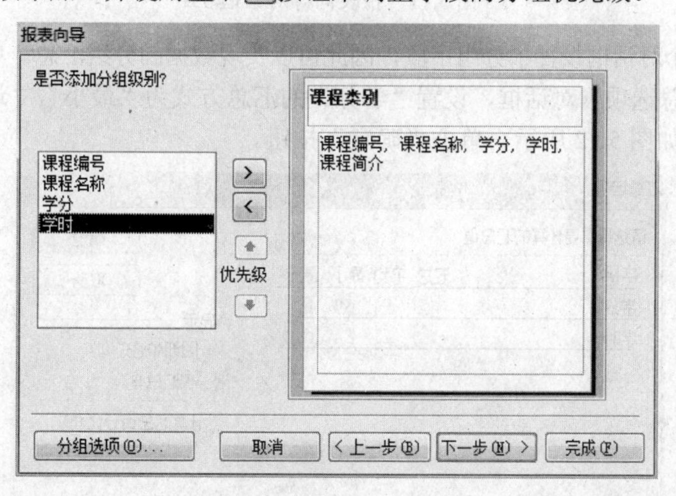

图 5.9　报表向导对话框 2

（3）单击分组选项(O)...按钮，打开“分组间隔”对话框，设定组级字段的分组间隔，本例采用“课程类别”字段“普通”间隔，如图 5.10 所示，单击“确定”按钮。

分组间隔
请为组级字段选定分组间隔:
组级字段:　课程类别
分组间隔:　普通
确定
取消

图 5.10　分组间隔

（4）单击“下一步”按钮，打开报表向导第三个对话框，设置排序和汇总。首先设置排序字段，从列表框中选择“课程编号”为排序字段，如图 5.11 所示。默认的排序方式是“升序”，单击[升序]按钮，可以切换到“降序”进行降序排序。

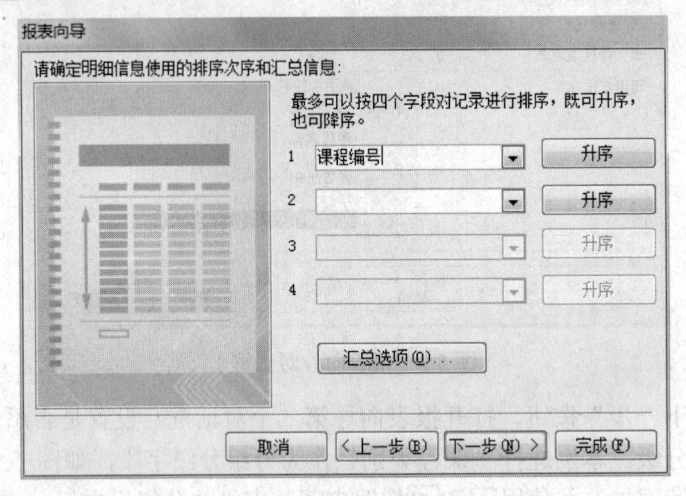

图 5.11 报表向导对话框 3

（5）在第二个对话框设置了分组字段，因此可以实现数据的分组汇总。单击[汇总选项(O)...]按钮，打开“汇总选项”对话框，设置“学分”的汇总方式为“最小”、“最大”，同时显示“明细和汇总”，如图 5.12 所示，单击“确定”按钮。

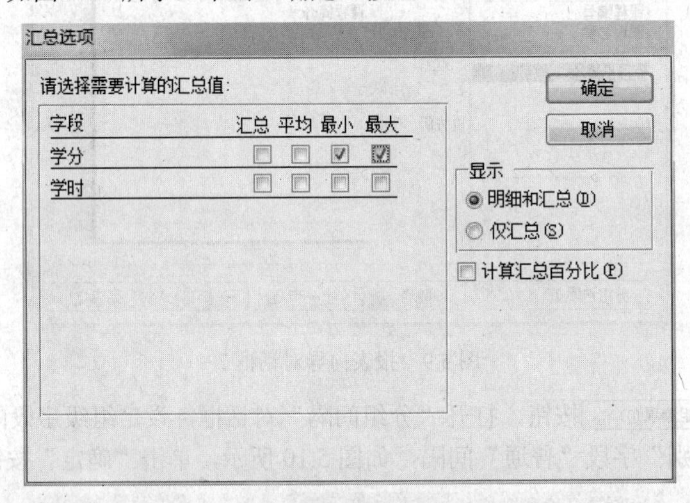

图 5.12 汇总选项

（6）单击“下一步”按钮，打开报表向导第四个对话框，设置报表的布局方式。通过“布局”设置布局方式，通过“方向”设置报表是横向还是纵向。本例采用“递阶”布局，方向为“纵向”，并且选中“调整字段宽度使所有字段都能显示在一页中”，如图 5.13 所示。

（7）单击“下一步”按钮，打开报表向导最后一个对话框，输入报表的标题为“课程信息报表”，并选择“预览报表”单选按钮，如图 5.14 所示。

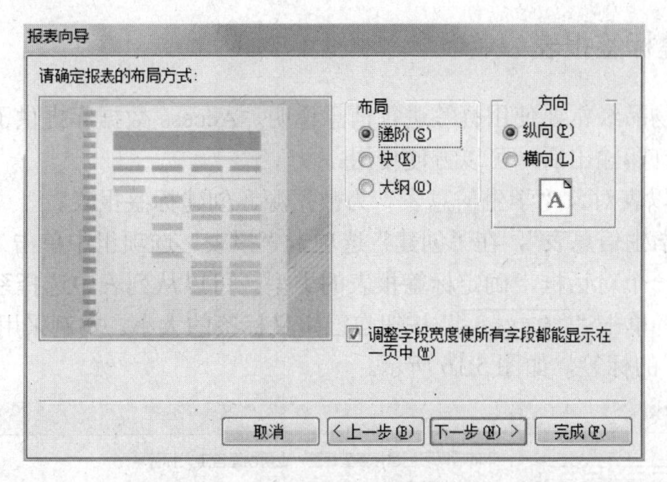

图 5.13　报表向导对话框 4

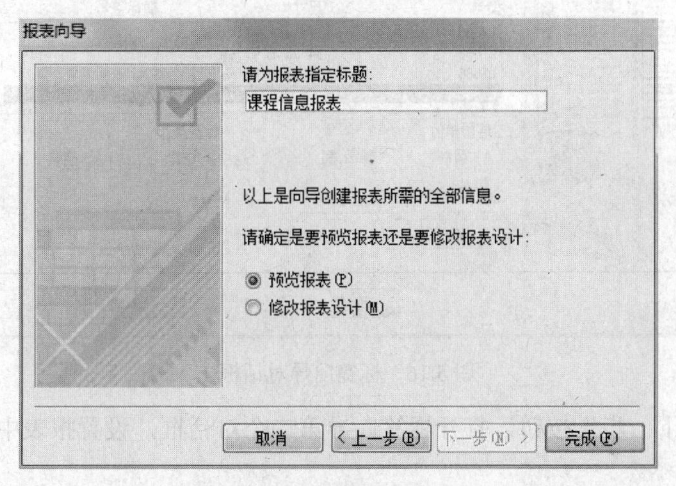

图 5.14　报表向导对话框 5

（8）单击“完成”按钮，创建的报表如图 5.15 所示。

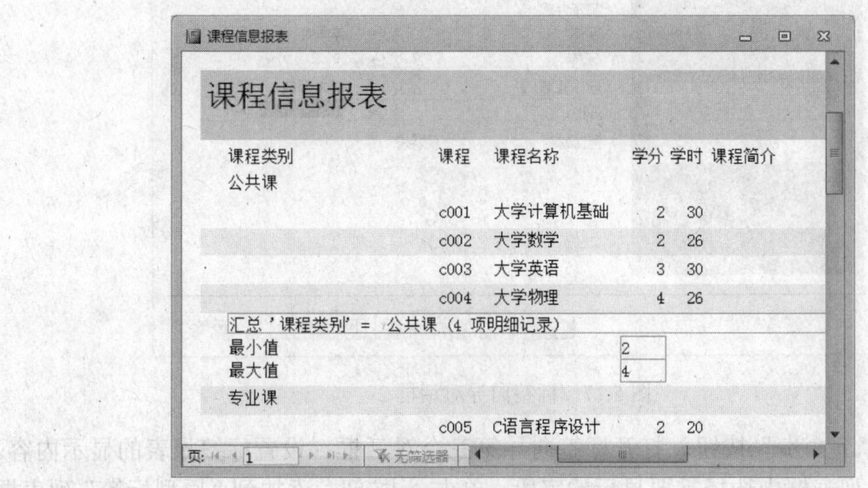

图 5.15　课程信息报表

5.2.3 创建标签报表

生活中很多物品经常要使用标签进行信息说明，Access 数据库提供了“标签向导”来制作标签报表，打印输出后，可以方便使用。

【例 5.3】 以表对象“学生信息表”为数据源，创建标签报表。

（1）选择“学生信息表”，在“创建”选项卡“报表”选项组中单击“标签”选项，打开标签向导的第一个对话框，确定标签报表的类型。可以从列表中选择系统提供的厂商及其标签型号，或者单击“自定义...”按钮自己定义标签的大小。本例采用“Avery”厂商的型号为“L7668”的标签，如图 5.16 所示。

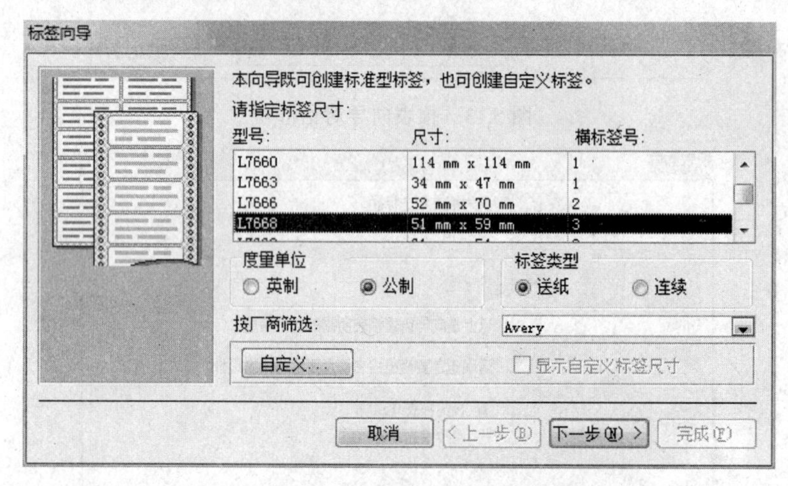

图 5.16 标签向导对话框 1

（2）单击“下一步”按钮，打开标签向导第二个对话框，设置报表中文本的字体和颜色，如图 5.17 所示。

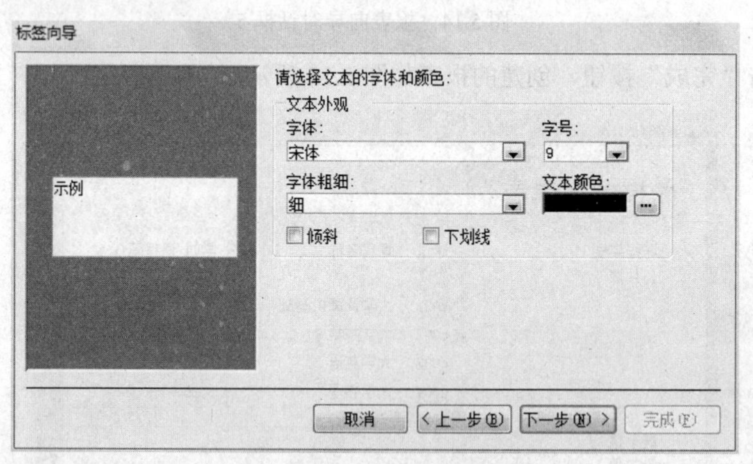

图 5.17 标签向导对话框 2

（3）单击“下一步”按钮，打开标签向导第三个对话框，设置标签报表的显示内容。从“可用字段”列表框中选择需要显示的字段，单击 > 按钮，添加到“原型标签”列表框；对于普通的文本可以直接输入，如果需要换行，使用回车键，如图 5.18 所示。

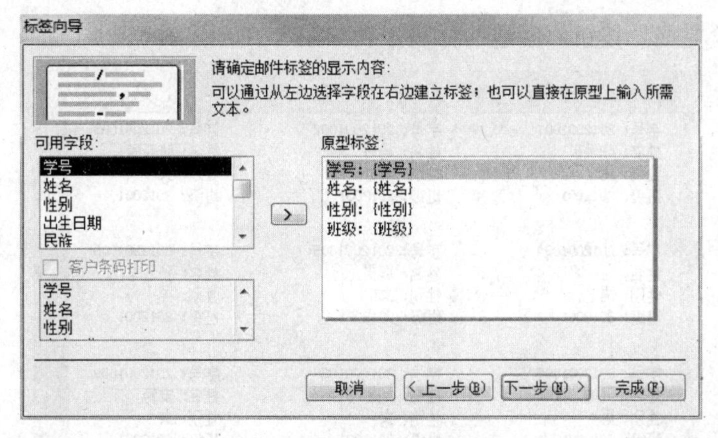

图 5.18　标签向导对话框 3

（4）单击“下一步”按钮，打开标签向导的第四个对话框，设置报表的排序字段。从“可用字段”列表框中选择“学号”为排序字段，添加到“排序依据”列表框中，如图 5.19 所示。

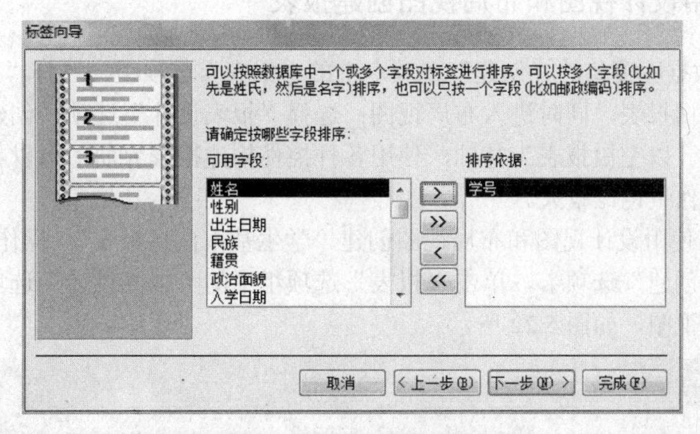

图 5.19　标签向导对话框 4

（5）单击“下一步”按钮，打开标签向导最后一个对话框，报表命名为“学生信息标签报表”，并选择“查看标签的打印预览”单选按钮，如图 5.20 所示。

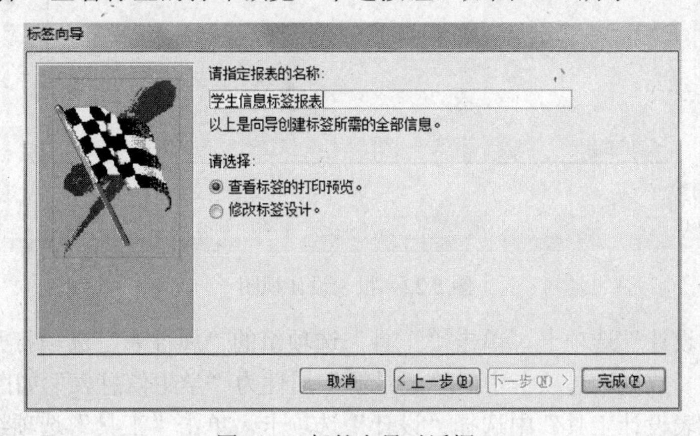

图 5.20　标签向导对话框 5

（6）单击“完成”按钮，创建的标签报表如图 5.21 所示。

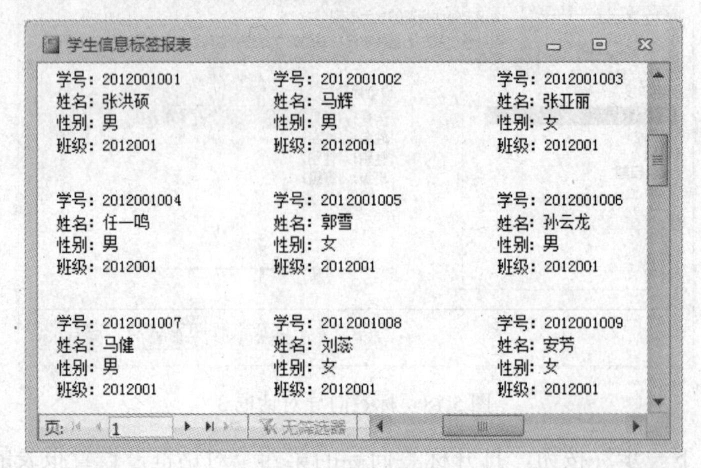

图 5.21　学生信息标签

5.2.4　使用设计视图和布局视图创建报表

在 Access 数据库窗口的“创建”选项卡中的“报表”选项组，选择“空报表”选项，可以创建一个空白报表，同时进入布局视图；选择“报表设计”选项，创建空白报表，同时进入设计视图。以空白报表为基础，使用各种控件构建报表界面，可以灵活创建多种样式的报表，但工作量也比较大。

【例 5.4】　使用设计视图和布局视图创建“学生基本信息报表”。操作步骤如下：

（1）打开“创建”选项卡，单击“报表”选项组中的“报表设计”选项，创建空白报表，并进入设计视图，如图 5.22 所示。

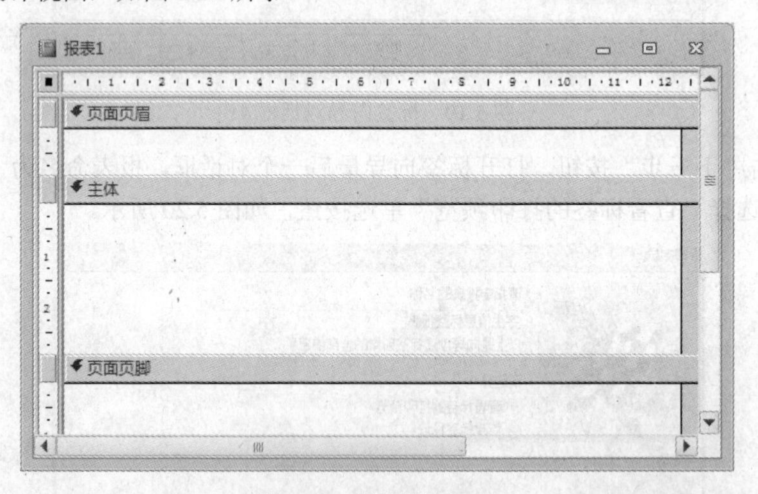

图 5.22　报表设计视图

（2）选择“设计”选项卡，单击“工具”选项组的“属性表”选项打开报表的“属性表”窗口，设置“数据”选项卡中的“记录源”属性为“学生信息表”如图 5.23 所示。

（3）在“报表设计工具”中选择“设计”选项卡，单击“工具”选项组的“添加现有字段”选项打开报表的“字段列表”窗口，如图 5.24 所示，在“可用于此视图的字段”中选择所有字段，添加到报表的主体节。可以使用【Shift】键配合鼠标选择连续字段，使用【Ctrl】键配合鼠标选择不连续字段。

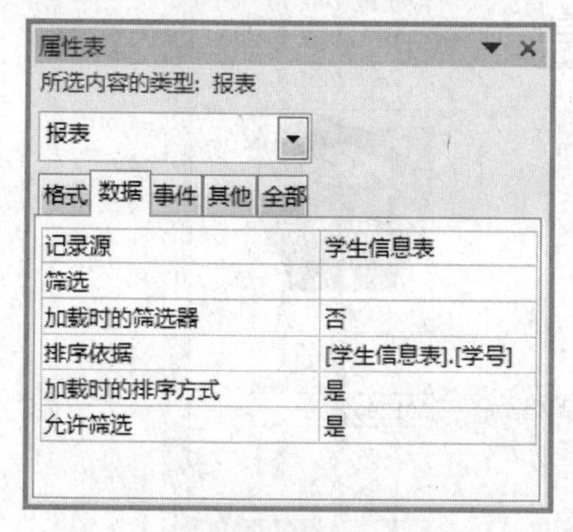

图 5.23　报表属性表

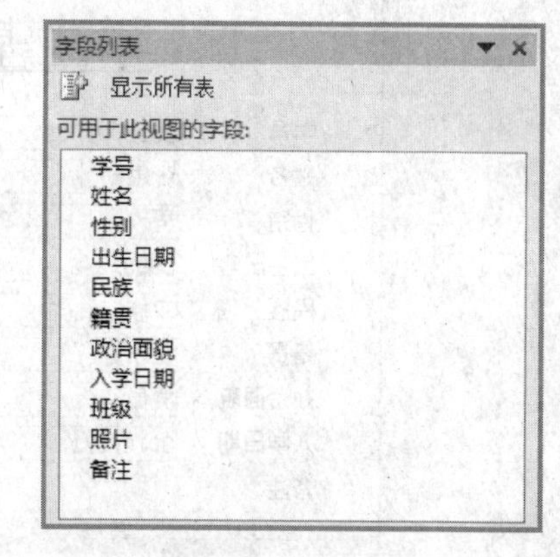

图 5.24　字段列表

（4）为报表添加标签控件，输入标题；切换到布局视图，选择“格式”选项卡“字体”选项组，调整控件中数据的文字格式；根据数据的实际显示效果，调整控件的大小，最后调整控件位置并对齐，如图 5.25 所示。

图 5.25　报表设计与布局

（5）单击“保存”按钮，报表命名为“学生基本信息报表”，切换到“报表视图”查看效果，如图 5.26 所示。

在实际应用过程中，尤其是调整控件的外观时，经常需要切换设计视图和布局视图，发挥两个视图的优势；同时还需要反复切换报表视图，查看实际的报表效果。

5.2.5　设计主/子报表

利用主/子报表可以同时查看相关联的多个数据源的数据，方便、快捷。创建主/子报表有两种方法：报表向导和“子窗体/子报表”控件，其中报表向导类似于窗体向导的使用，详细过程读者可以查看窗体中的相应部分。本节介绍使用“子窗体/子报表”控件创建主/子报表。

图 5.26　学生基本信息报表

【例 5.5】 分别以“课程信息表”和“学生选课表”为数据源，创建主/子报表，查看课程基本信息同时了解学生选课成绩情况。

（1）打开“创建”选项卡，单击“报表”选项组“报表设计”，创建空白报表，同时进入设计视图。设置报表数据源为“课程信息表”，选择添加字段，适当调整控件的位置，为子报表留出空间，如图 5.27 所示。

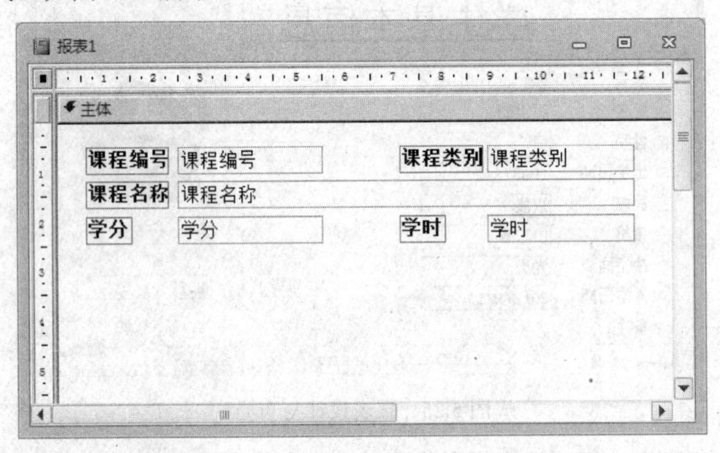

图 5.27　主报表设计

（2）首先选择“使用控件向导”，然后单击“控件”选项组“子窗体/子报表”控件，在报表中画出适当大小的矩形，松开鼠标，打开子报表向导的第一个对话框，确定子报表的数据来源，有两种类型：现有的表和查询、现有的报表和窗体。本例中使用“现有的表或者查询”，如图 5.28 所示。如果已经创建了以“学生选课表”为数据源的子报表，可以选择现有的报表和窗体，子报表将会直接添加到主报表。

（3）单击“下一步”按钮，打开子报表向导第二个对话框，选择学生选课表，添加该表所有字段到“选定字段”，如图 5.29 所示。

（4）单击“下一步”按钮，打开子报表向导第三个对话框，确定主/子报表的链接字段。可以从列表中选择已经存在的链接，也可以自行定义链接字段，但一定要确保主/子报表之间存在正确的关联。本例使用已经存在的基于“课程编号”的链接，如图 5.30 所示。

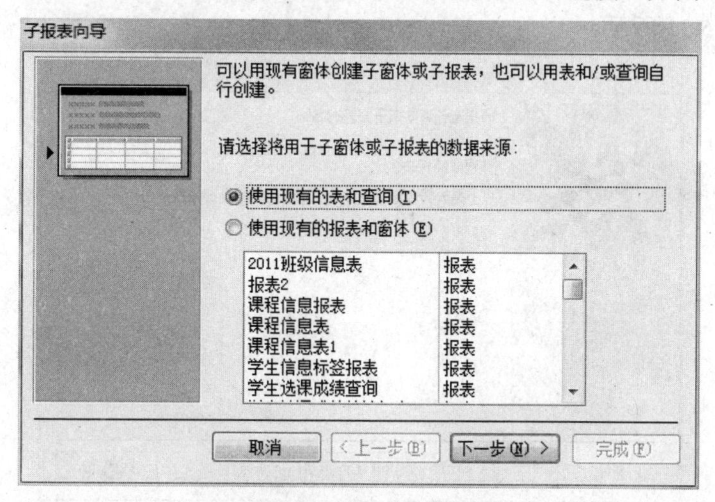

图 5.28 子报表向导对话框 1

子报表向导
请确定在子窗体或子报表中包含哪些字段：
可以从一或多个表和/或查询中选择字段。
表/查询(T)
表：学生选课表
可用字段：
选定字段：
学号
课程编号
考试成绩
平时成绩
取消
＜上一步(B)
下一步(N)＞
完成(F)

图 5.29 子报表向导对话框 2

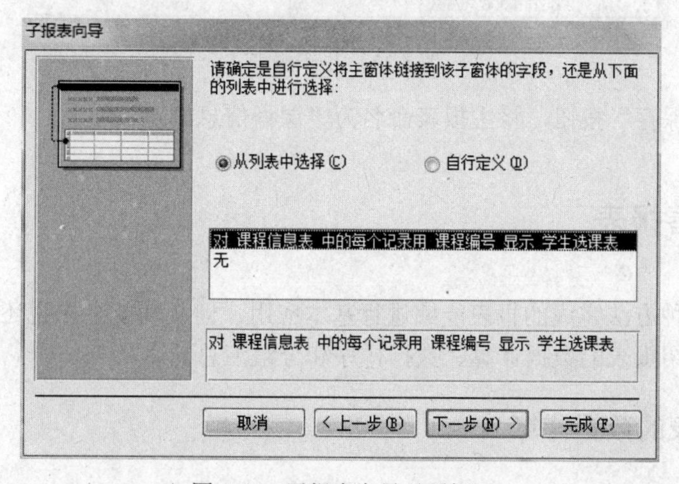

图 5.30 子报表向导对话框 3

（5）单击“下一步”按钮，打开子报表向导第四个对话框，将子报表命名为“课程成绩报表”，如图 5.31 所示。

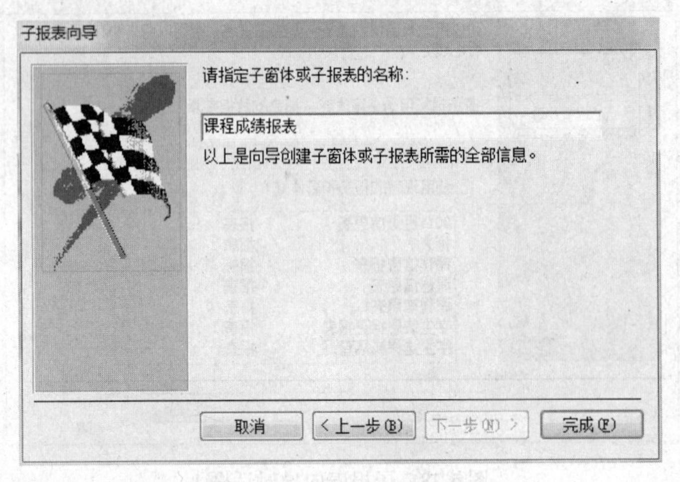

图 5.31　子报表向导对话框 4

（6）单击“完成”按钮，进入设计视图，可以切换到报表视图，查看报表实际效果，如图 5.32 所示。

课程信息浏览

课程编号 c001　课程类别 公共课

课程名称 大学计算机基础

学分 2　学时 30

课程成绩报表

学号	课程编号	考试成绩	平时成绩
2012001001	c001	89	80
2012001002	c001	90	95
2012001003	c001	74	90
2012001004	c001	67	80
2012001005	c001	95	100
2012001006	c001	52	65

图 5.32　主/子报表

（7）单击“保存”按钮，将主报表命名为“课程信息浏览”。

5.3　完善报表

前面应用各种方法完成的报表能够进行基本应用，但从功能上来说还不完善，需要继续调整。本节介绍报表的数据计算、数据排序和分组汇总。

5.3.1　报表的数据计算

报表不仅能够输出数据源的数据，而且可以输出计算后的数据。报表中数据的计算包括行方向的和列方向的。列方向的计算即数据汇总，包括汇总和分组汇总。

计算是通过计算控件实现的，计算控件的数据源是表达式，表达式可以引用数据库表或者查询中的字段，也可以引用报表或窗体中控件的值，常用的计算控件是文本框。

【例 5.6】 在 5.2.1 节介绍了使用快速创建报表建立“学生选课成绩查询”报表，现在要求报表能够显示期末成绩和考试成绩的平均分。

（1）打开学生选课成绩查询报表，进入设计视图，在主体节添加文本框控件，设置“控件来源”属性为“=[平时成绩]*0.4+[考试成绩]*0.6”，并合理调整控件格式。

（2）在报表页脚节添加文本框控件，设置“控件来源”属性为“=Avg([考试成绩])”，并调整控件格式，如图 5.33 所示。

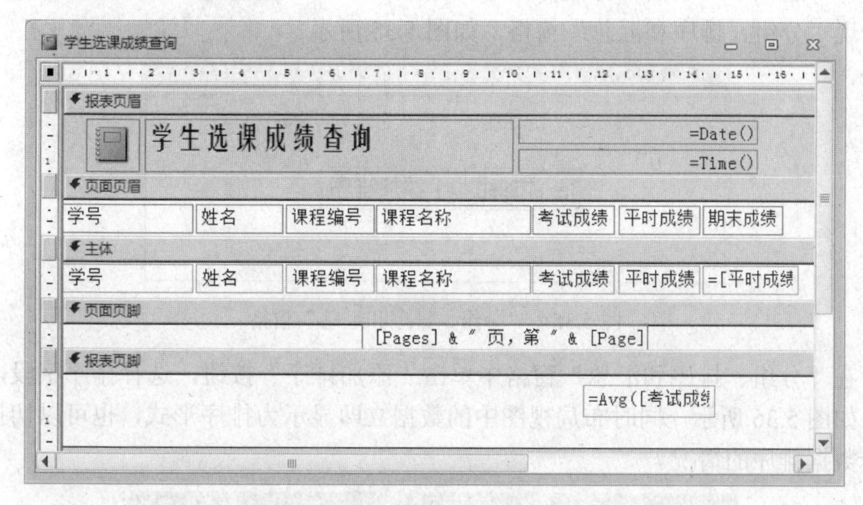

图 5.33 添加计算控件

（3）单击“视图”选项卡的“视图”选项组中的“报表视图”选项，查看报表的实际效果，如图 5.34 所示。主体节的计算控件实现了行方向数据的计算；报表页脚的计算控件实现了列方向数据的计算，即数据汇总。

学生选课成绩查询

学生选课成绩查询　　2014年5月25日　15:32:37

学号	姓名	课程编号	课程名称	考试成绩	平时成绩	期末成绩
2012002001	杨嘉	c001	大学计算机基础	85	90	87
2012002001	杨嘉	c003	大学英语	95	91	93.4
2012002001	杨嘉	c004	大学物理	68	90	76.8
2012002002	张娜娜	c001	大学计算机基础	86	85	85.6
2012002002	张娜娜	c003	大学英语	87	80	84.2
2012002002	张娜娜	c004	大学物理	89	82	86.2
2012002003	梁星	c001	大学计算机基础	78	92	83.6

图 5.34 报表计算

5.3.2 报表的数据排序、分组和汇总

对报表中的数据排序、分组和汇总，利于查看和分析数据。

【例 5.7】 在 5.2.1 节创建了报表“学生选课成绩查询”报表，现在要求对报表的数据进行排序、分组和汇总。

1．报表的数据排序

（1）布局视图易于查看数据的实际效果，因此在布局视图中打开“学生选课成绩查询”，选择“设计”选项卡，单击“分组和汇总”选项组中的“分组和排序”选项，在数据库窗口下部出现“分组、排序和汇总”窗格，如图 5.35 所示。

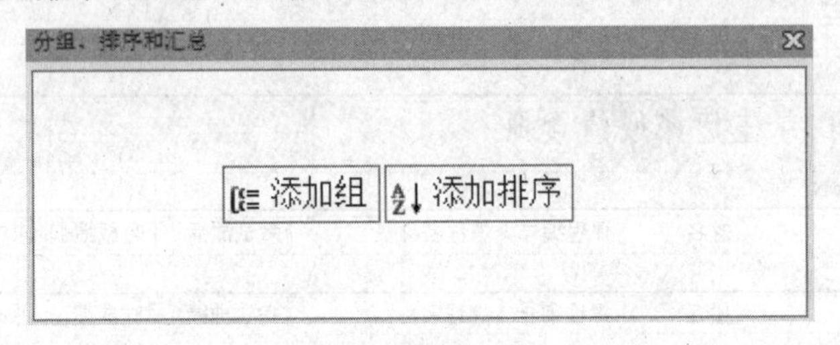

图 5.35 “分组、排序和汇总”窗格

（2）在“分组、排序和汇总”窗格中单击“添加排序”按钮，选择排序字段，设置排序选项，如图 5.36 所示。同时布局视图中的数据立即显示为排序形式，也可以切换到报表视图查看数据排序的情况。

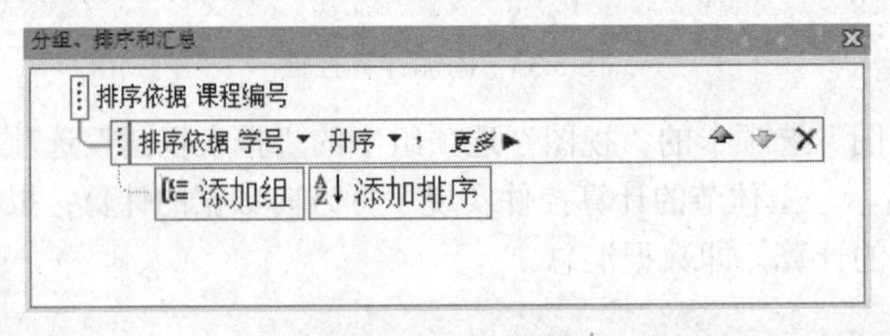

图 5.36 设置排序

如果是按照多字段排序，可以继续单击“添加排序”，设置排序方式。

2．报表中数据分组

（1）打开“学生选课成绩查询”报表，进入布局视图，在“分组、排序和汇总”窗格中单击“添加分组”按钮，选择“课程编号”为分组字段，显示组页眉，如图 5.37 所示。

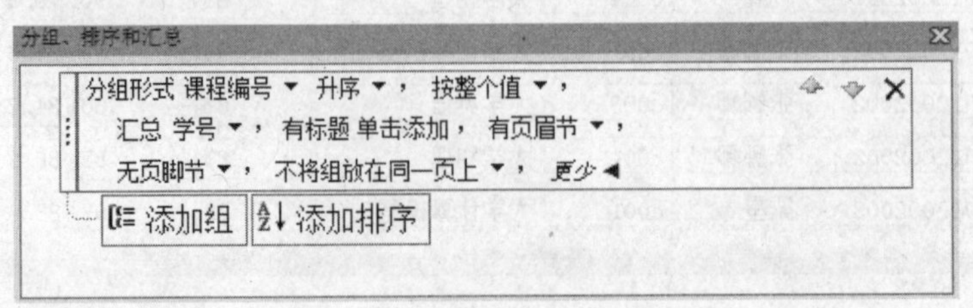

图 5.37 分组

（2）将主体节中的“课程编号”文本框通过剪切、粘贴的方法移至“课程编号页眉”节。切换到报表视图查看分组效果，如图 5.38 所示。

学生选课成绩查询

学生选课成绩查询　　2014年5月25日 15:48:24

课程名称	学号	姓名	考试成绩	平时成绩
课程编号　c001				
大学计算机基础	2012005002	赵雅	72	65
大学计算机基础	2012005005	杨静	92	90
大学计算机基础	2012002004	张彦涛	72.5	65
大学计算机基础	2012002002	张娜娜	86	85
大学计算机基础	2012003005	张晨	75	78
大学计算机基础	2012002005	李涵	84	86
大学计算机基础	2012003001	苗倩倩	89	90
大学计算机基础	2012002003	梁星	78	92

图 5.38　分组结果

3．数据分组后的汇总

前面对数据按照“课程编号”字段分组，这里对每个课程的考试成绩和平时成绩进行汇总求平均分。

（1）打开学生选课成绩查询报表，进入设计视图，在“课程编号页眉”节添加两个文本框控件，设置附带标签控件分别为“平时成绩平均分”和“考试成绩平均分”，设置文本框的属性“控件来源”分别为“=Avg([平时成绩])”和“=Avg([考试成绩]”，如图 5.39 所示。

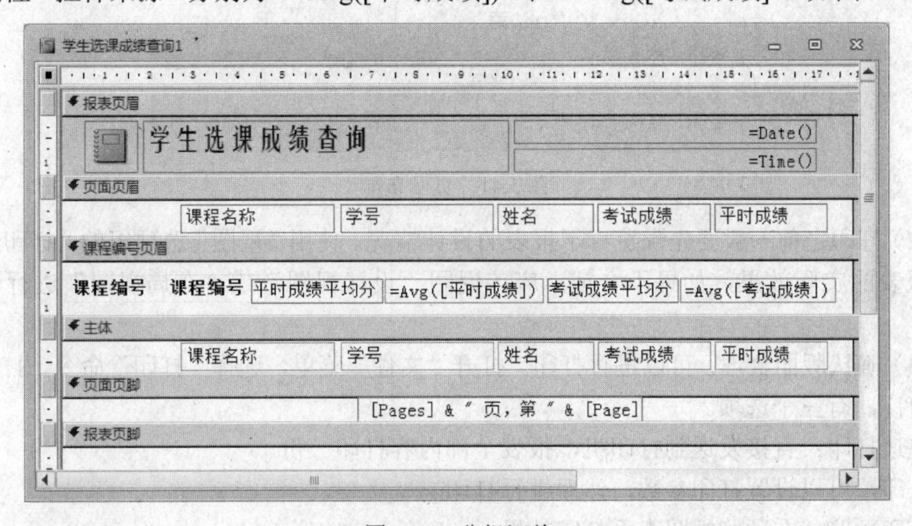

图 5.39　分组汇总

（2）切换到报表视图查看实际效果，如图 5.40 所示。从报表可以看到，按照“课程编号”分组汇总了平时成绩和考试成绩的平均分。

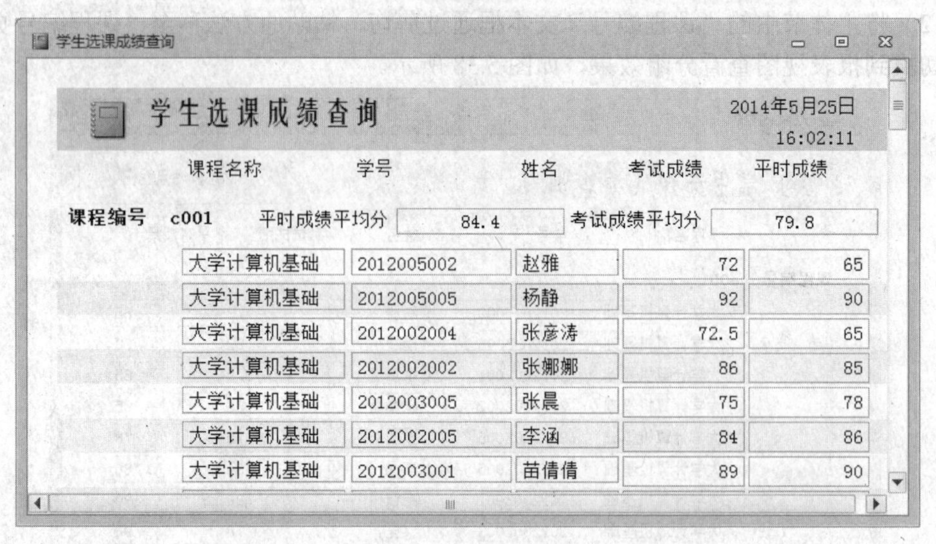

图 5.40　分组汇总结果

5.4　打印报表

完成了报表的设计和修改，就可以打印输出了，操作步骤如下：

（1）打开报表的“设计视图”或者“布局视图”，选择“页面设置”选项卡，如图 5.41 所示，进行页面设置。

图 5.41　页面布局

（2）打印之前一般要先预览一下报表的设计情况。使用“视图”选项组的“打印预览”，检查报表的实际效果，如果不合理，应该返回“设计视图”或“布局视图”进行修改和完善。

（3）确认版面合理，可以进行打印。打开“文件”菜单，选择“打印”命令，打开“打印”窗口，有三个选项。

快速打印：直接发送到打印机，报表全部内容打印一份。

打印：可以设置打印参数，然后进行打印。

打印预览：在预览视图查看打印效果。

一般选择“打印”，打开对话框，如图 5.42 所示，设置打印参数，然后单击“确定”按钮进行打印。

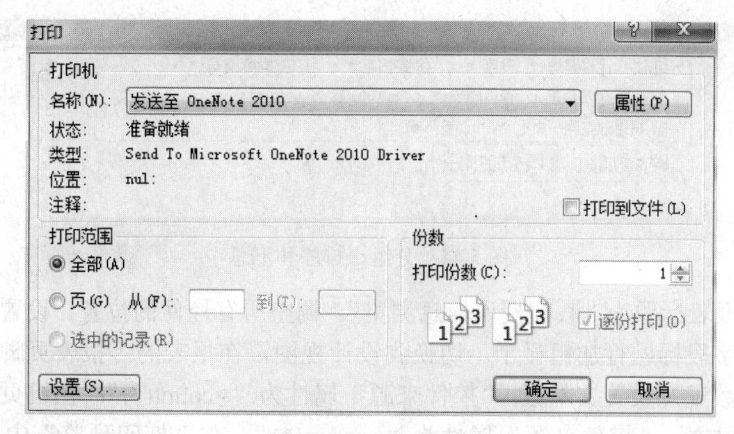

图 5.42 打印窗口

5.5 应用系统案例的报表设计

在实际应用中，如果仅仅为了查看数据，对报表的样式和外观要求不高，可以用“快速创建报表”或者“报表向导”生成，如果想要制作整洁、美观和形式符合要求的报表，则要继续在设计视图和布局视图中修改完善，补充必要的元素。

【例 5.8】 使用“教师授课信息查询”作为数据源，创建一个“教师授课信息浏览”的报表。

（1）在 Access 数据库窗口中，选择“教师授课信息查询”，打开“创建”选项卡，单击“报表”选项组中的“报表”，创建报表并进入报表的布局视图，如图 5.43 所示。

教师授课信息查询

教师授课信息查询 2014年5月25日 16:13:12

教师编号	姓名	课程编号	课程名称	学分	课程类别	学时
1001	刘和	c002	大学数学	2	公共课	26
1002	张力	c007	操作系统	4	专业课	20
1003	杨明	c008	数值分析	4	专业课	20
1005	王少坤	c001	大学计算机基础	2	公共课	30
1005	王少坤	c001	大学计算机基础	2	公共课	30
1005	王少坤	c001	大学计算机基础	2	公共课	30
1007	王潇	c001	大学计算机基础	2	公共课	30
1007	王潇	c001	大学计算机基础	2	公共课	30
1004	张晓雅	c003	大学英语	3	公共课	30
1004	张晓雅	c004	大学物理	4	公共课	26

图 5.43 布局视图

（2）选择“分组和汇总”选项卡，单击“分组和排序”，打开“分组、排序和汇总”窗格。设置“课程类别”为分组字段，“教师编号”为汇总字段，如图 5.44 所示。

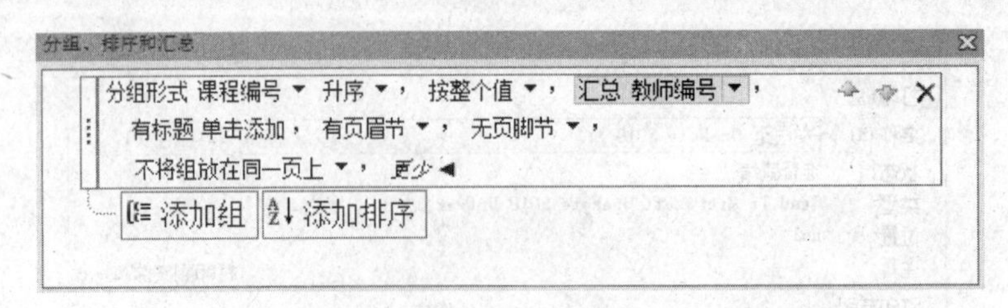

图 5.44　分组、排序和汇总

（3）修改报表标题为“教师授课信息浏览”。调整所有控件的位置，设置主体节数据控件居中对齐，字段标题行加粗显示。切换到设计视图，在报表的“报表页脚”添加文本框控件计算课程数量，设置文本框 “控件来源”属性为“=count(*)”；在组页眉节添加计算控件，设置文本框 “控件来源”属性为“=count(*)”。在“打印预览”中查看的效果如图 5.45 所示。

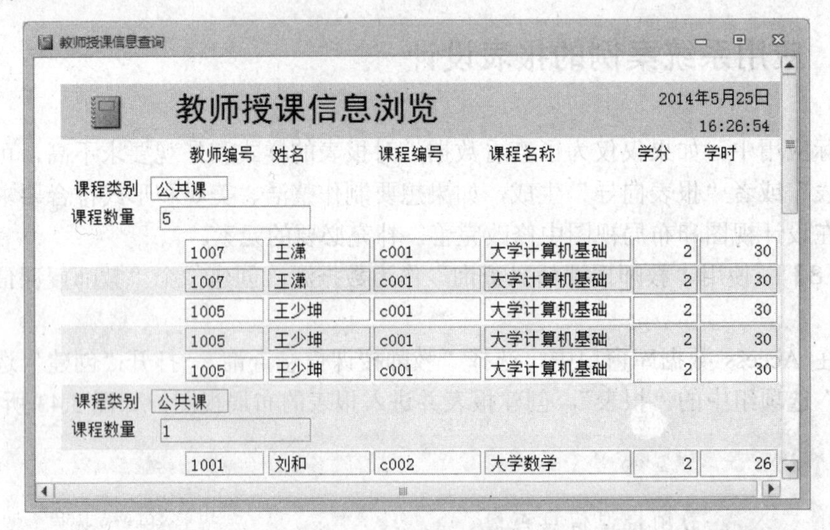

图 5.45　汇总数据

（4）保存报表为“教师授课信息浏览”。在报表的“报表视图”中查看报表的布局，如果不合理，继续调整，直到符合要求。

（5）如果需要打印，打开“文件”菜单，选择“打印”，设置打印参数，然后打印输出。

本章小结

报表是系统打印输出的主要形式，Access 数据库的报表形式灵活，制作方法多样。在实际应用过程中，首先考虑使用哪种形式的报表，然后确定报表的制作方法；创建报表可以先用向导，然后使用设计视图和布局视图进行完善；最后打印输出。通过本章的学习，读者可创建精美的报表。

习题

一、选择题

1. 下列关于报表的叙述中正确的是（　　）。

A. 报表只能输入数据　　B. 报表只能输出数据

C. 报表可以输入/输出数据　　D. 报表不能输入和输出数据

2. 要设置在报表的每一页的上部都输出的信息，需要设置（　　）。

A. 报表页眉　　B. 页面页眉　　C. 页面页脚　　D. 报表页脚

3. 要实现报表按某字段分组统计输出，需要设置的是（　　）。

A. 报表页脚　　B. 该字段组页脚　　C. 主体　　D. 页面页脚

4. 报表的数据源不能是（　　）。

A. 任意数据库对象　　B. 来自多表的查询　　C. 来自单表的查询　　D. 表

5. 只能在报表的开始处显示的是（　　）。

A. 页面页眉　　B. 页面页脚　　C. 组页眉　　D. 报表页眉

6. 纵栏式报表的字段标题放置在下面哪一个节（　　）。

A. 页面页眉　　B. 页面页脚　　C. 主体节　　D. 报表页眉

7. 用来查看报表页面数据输出形态的视图是（　　）。

A. 设计视图　　B. 打印预览　　C. 报表视图　　D. 布局视图

8. 如果要使报表的标题显示在每一页，需要设置（　　）。

A. 页面页眉　　B. 组页眉　　C. 组页脚　　D. 报表页眉

9. 用于对分组后的数据进行汇总的计算控件应放置在（　　）。

A. 页面页眉　　B. 页面页脚　　C. 组页眉　　D. 报表页眉

10. 若要在报表的每一页的底部显示信息，应该设置（　　）。

A. 组页脚　　B. 页面页脚　　C. 组页眉　　D. 报表页脚

二、思考题

1. 为什么不能用窗体对象完全取代报表对象？
2. 报表是由哪些部分组成的？各部分的作用是什么？
3. 在 Access 系统中报表有几种类型？
4. 如何在报表对象中添加计算控件？
5. 报表对象的主要作用是什么？

第6章　宏

在 Microsoft Access 中，除了表、查询、窗体和报表对象之外，还有两个比较重要的对象——宏和模块。表、查询、窗体和报表对象这四种对象功能很强大，但是它们不能互相驱动，如果要把这些对象有机地组合起来，成为一个完整、完善的系统，只有通过宏和模块这两种对象来实现。在 Microsoft Access 中，可以通过 Visual Basic 语言编程来完成相应的操作，但对于用户来说，使用宏则更为方便。使用宏时，用户不需要记住各种语法，也不需要编程，只需利用几个简单宏操作就可以将已经创建的各种数据库对象联系在一起，实现特定的功能。

本章主要介绍宏的概念和使用方法，主要包括：宏的概念、用途、创建、编辑和调试、运行等问题。

6.1　宏的概述

宏是一种工具，允许用户自动执行任务，以及向窗体、报表和控件中添加功能。例如，如果向窗体中添加了一个命令按钮，然后将该按钮的 OnClick 事件属性与一个宏相关联，则每次单击该按钮时就执行关联宏中相应的命令。

宏是一个或多个操作的集合，其中每个操作实现特定的功能。为了实现某个特定的任务，可以使用宏操作创建一个有序的操作序列，这种操作序列就是宏。执行宏时，Access 自动执行宏中的每一条宏操作，以完成特定任务。Access 包括六十余种宏操作，按照功能分为八大类，每一类中又包括多个不同作用的操作命令，如打开窗体 Openform、关掉窗口 CloseWindow 等。

Access 2010 中宏的概念包括独立宏、嵌入宏、数据宏和子宏。

1. 独立宏

独立宏是独立的对象，与窗体、报表等对象无附属关系，独立宏在导航窗格中可见。

2. 嵌入宏

嵌入宏与窗体、报表或控件有附属关系，作为嵌入对象的组成部分，嵌入宏嵌入在窗体、报表或控件对象的事件中，它在导航窗格中不可见。

3. 数据宏

每当在表中添加、更新或删除数据时，都会发生表事件，数据宏就在发生这些表事件时被触发。数据宏可以设计为检查表中输入的数据是否有效，也可以对表中数据进行更新等。

4．子宏

子宏是存储在宏名下的一组宏的集合，主要作用是方便宏的管理。

6.2　宏的设计

6.2.1　宏选项卡

单击“创建”选项卡“宏与代码”组中的“宏”按钮，打开“宏工具/设计”选项卡，如图 6.1 所示。该选项卡由“工具”、“折叠/展开”、“显示/隐藏”三个组构成。

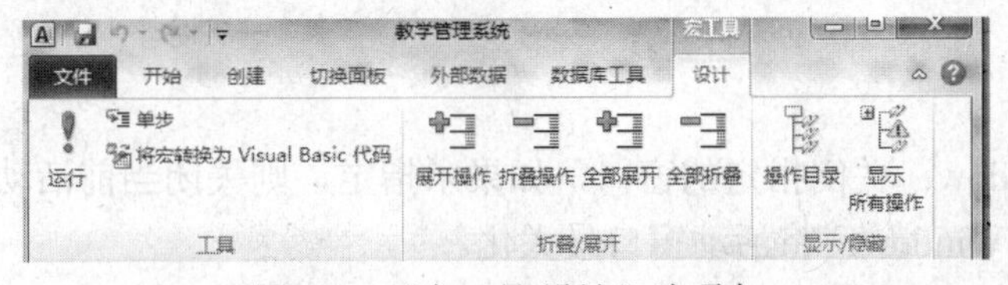

图 6.1　“宏工具/设计”选项卡

“工具”包括运行、单步、将宏转换为 Visual Basic 代码三个按钮。

“折叠/展开”组提供了浏览宏代码的几种方式。其中，“展开操作”可以详细地阅读每个操作的细节，包括每个参数的具体内容；“折叠操作”把宏操作的细节收缩起来，不显示操作的参数，只显示操作的名称。

“显示/隐藏”组主要对操作目录进行隐藏和显示。

6.2.2　宏设计器

如图 6.2 所示的左侧窗格是“教学管理系统”的“返回主界面宏”的设计，包含两个宏操作“OpenFrom”和“CloseWindow”以及相应的参数，实现了当用户调用此宏时，先打开“教学管理系统”窗体，再关闭“学生登录窗”窗体。

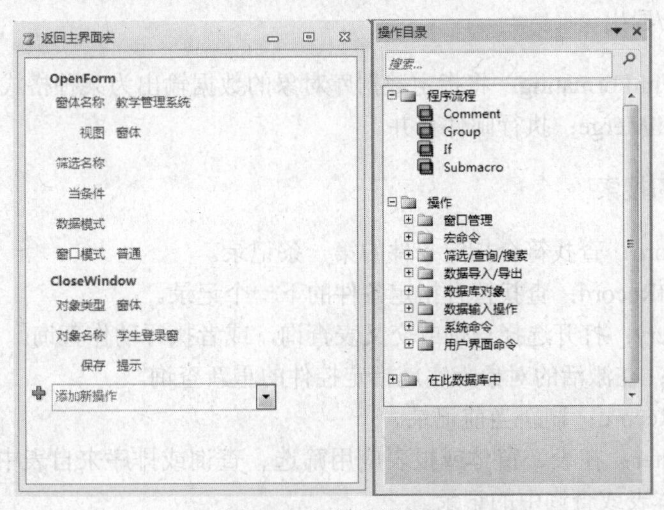

图 6.2　宏设计器窗口

如果需要在此宏中添加新的宏操作，可以把新操作添加在 添加新操作 组合框中。具体的添加方法如下：

- 直接在组合框中输入宏操作的名字。
- 单击组合框的下拉箭头，在打开的列表中选择宏操作。
- 从“操作目录”窗格中，把宏操作命令拖曳到组合框中或直接双击宏操作命令。

6.2.3 宏操作

Access 的宏操作总共有 70 多个，按功能可以分为不同的 8 种类别：窗口管理、宏命令、筛选/排序/搜索、数据导入/导出、数据库对象、数据输入操作、系统命令和用户界面命令。下面介绍主要的宏操作。

1. 窗口管理

（1）CloseWindow：关闭指定的窗口，如果未指定，则关闭当前活动窗口。

（2）MaximizeWindow：将活动窗口最大化。

（3）MinimizeWindow：将活动窗口最小化。

（4）MoveAndSizeWindow：移动活动窗口或调整其大小。

（5）RestoreWindow：将处于最大化或最小化的窗口恢复为原来的大小。

2. 数据库对象

（1）GoToControl：将焦点移到激活数据表或窗体上指定的字段或控件上。

（2）GotoPage：在活动窗体中将焦点移到某一特定页的第一个控件上。

（3）GoToRerord：使指定的记录成为打开的表、窗体或查询结果集中的当前记录。

（4）OpenForm：打开指定窗体。

（5）OpenReport：打开指定报表。

（6）OpenTable：打开指定数据表。

3. 数据导入/导出

（1）ExportWithFormating：将指定数据库对象的数据输出为某种格式。

（2）WordMailMerge：执行邮件合并。

4. 筛选/排序/搜索

（1）FindRecord：查找符合指定条件的第一条记录。

（2）FindNextRecord：查找符合指定条件的下一个记录。

（3）OpenQuery：打开选择查询或交叉表查询，或者执行动作查询。

（4）Requery：在激活的对象上实施指定控件的重新查询。

（5）RefreshRecord：刷新当前记录。

（6）ApplyFilter：在表、窗体或报表应用筛选、查询或排序来自表中的记录，或来自窗体、报表的基本表或查询中的记录。

5．宏命令

（1）RunMacro：运行选定的宏。
（2）RunCode：调用 VBA 函数过程。
（3）StopMacro：停止当前正在运行的宏。
（4）StopAllMacros：停止当前运行的所有宏。
（5）CancelEvent：取消导致该宏运行的 Access 事件。
（6）OnError：定义错误处理行为。

6．系统命令

（1）Beep：使计算机发出“嘟嘟”的响声向用户报警，表明错误或重要的可视性变化。
（2）Closedatabase：关闭当前数据库。
（3）QuitAccess：退出 Access。

7．用户界面命令

（1）MessageBox：显示包含警告信息或其他信息的消息框。
（2）AddMenu：为窗体或报表将菜单添加到自定义菜单栏。

8．数据输入操作

（1）DeleteRecord：删除当前记录。
（2）EditListItems：编辑查阅列表中的项。
（3）SaveRecord：保存当前记录。

大部分宏操作在使用时都需要设置操作参数，用来说明如何执行该操作。操作参数有些是必须设置的，有些是可选设的。

6.2.4 在宏中使用条件

在某些时候，对于宏中的操作需要根据情况来执行，不同的情况则执行不同的宏操作。例如，在学生登录窗体上，如果输入的密码正确，则打开“导航窗体”并关闭当前窗体“学生登录窗”，如果输入的密码错误，则弹出信息提示框进行警告，如果没输入密码则提示用户输入密码。这个应用包含了三种情况即密码正确、密码错误、密码为空，每种情况分别执行不同的操作，所以，就要引入条件表达式进行条件判断，通常用“程序流程”的 If 语句来实现不同情况的判断。在使用条件表达式时，经常会引用窗体或报表上的控件值，引用格式如下：

```
Forms！[窗体名]！[控件名]  或
Reports！[报表名]！[控件名]
```

图 6.3 中就是实现密码验证的条件执行过程，其中“[txtPws]=[密码]”就是条件表达式，用来判断用户输入的密码是否和正确的密码一致，其返回的结果是逻辑值“True”或“False”，如果返回值为“True”，则执行 Then 后面的语句；如果返回值为“False”，则执行 Else 后面的语句。而此例中在 Else 子句中又嵌套了一个“If…Then…Else…EndIf”，用来进一步判

断密码是错误还是空。

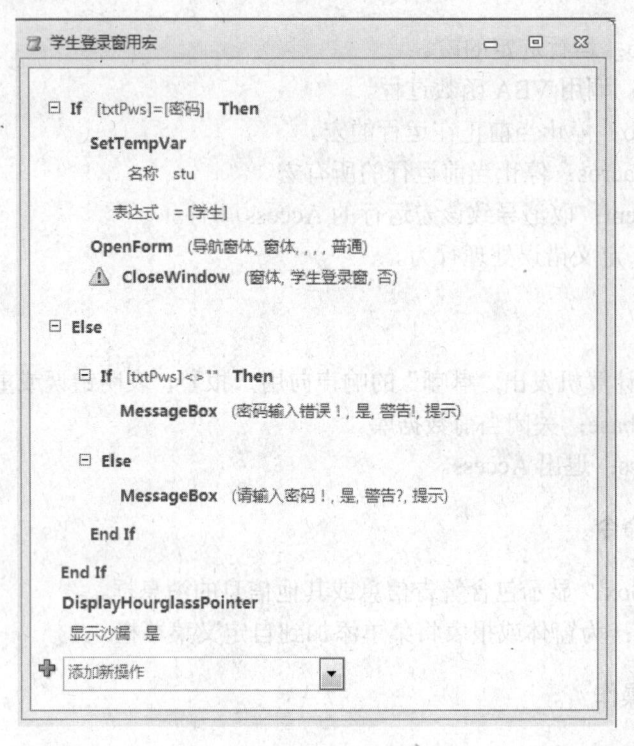

图 6.3 宏中条件的使用

6.3 宏的应用

在使用宏之前，要首先创建宏。创建宏对象不需要用户掌握太多的语法，用户需要做的就是在宏的设计器中做出正确的设置。创建宏的过程主要有指定宏名、添加操作、设置操作参数以及提供注释等。本节介绍独立宏、子宏、嵌入宏和数据宏的创建与应用。

6.3.1 独立宏

“教学管理系统”中的“返回主界面宏”就是一个独立宏，显示在“导航窗格”下。其作用是打开“教学管理系统”，并关闭“学生登录窗”。此宏的创建过程如下。

（1）单击“创建”选项卡的“宏与代码”组的“宏”按钮，打开宏设计器窗口。

（2）在宏设计器窗口的组合框中选择宏操作“OpenForm”。

（3）设置宏操作参数，在“窗体名称”组合框中选择“教学管理系统”，其他参数使用默认设置。

（4）再在宏设计器窗格的组合框中添加第二个宏操作“CloseWindow”，并设置宏操作参数，“对象类型”选择窗体，“对象名称”中选择“学生登录窗”，其他参数使用默认设置。

（5）单击“保存”按钮，将此独立宏命名为“返回主界面宏”。

运行此宏就可以实现打开“教学管理系统”，关闭“学生登录窗”。

名字为 Autoexec 的自动运行宏就是典型的独立宏，Autoexec 宏在数据库应用系统打开时会自动运行。

6.3.2　子宏

宏是操作的集合，子宏则是宏的集合，即同一个宏窗口中包含的多个宏的集合。在数据库中，有时用到的宏比较多，将相关的宏分组到不同的宏组中以方便管理。宏组中的每个宏是单独运行的，相互没有关联。下面举例说明子宏的创建。

【例 6.1】　创建一个带有子宏的宏，命名为“子宏的例子”，此宏中包含两个子宏“打开学生个人信息窗”和“打开学生成绩统计报表”，作用是分别打开窗体并提示和打开报表并提示。

（1）打开“创建”选项卡的“宏与代码”组，单击“宏”按钮，打开宏设计器窗口。

（2）打开“操作目录”窗口，双击“程序流程”下的“Submacro”（子宏），此时宏设计器中出现子宏的设计。

（3）将子宏的默认名称“Sub1”改为“打开学生个人信息窗”，添加新操作，选择“OpenForm”，设置窗体名称为“学生个人信息窗”；添加第二个操作 MessageBox，提示“窗体已打开！”。

（4）添加子宏“Sub2”。

（5）将子宏的默认名称“Sub2”改为“打开学生成绩统计报表”，添加新操作，选择“OpenReport”，设置报表名称为“学生成绩统计报表”；添加第二个操作 MessageBox，提示“报表已打开！”。

（6）单击“保存”按钮保存宏，将宏命名为“子宏的例子”，如图 6.4 所示。

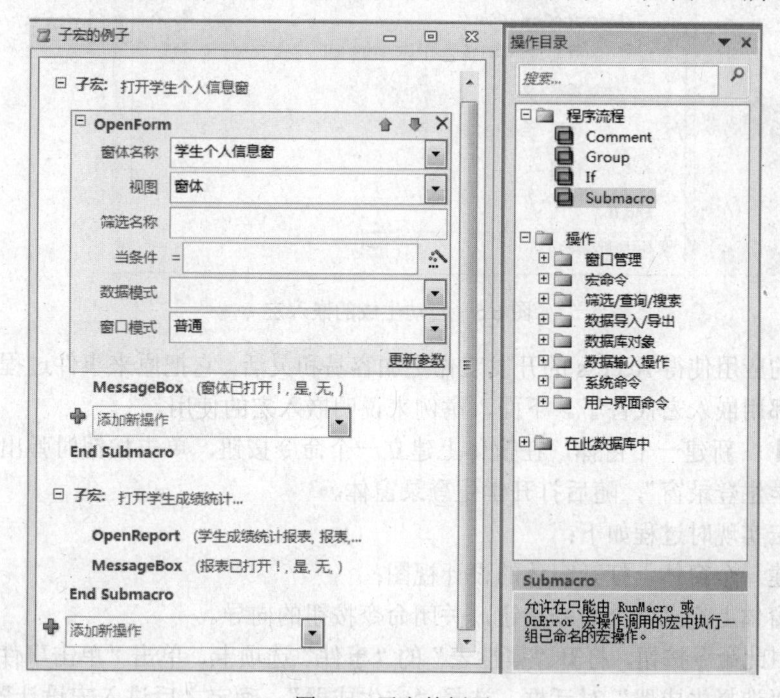

图 6.4　子宏的例子

由上面的例子可知，创建子宏的方法与创建宏的方法相似，区别是创建子宏时需要对子宏命名。宏中的每个子宏都必须定义自己的宏名，用来调用宏，调用的格式为“宏名.子宏名”，如调用“打开学生成绩统计报表”时的格式为“子宏的例子.打开学生成绩统计报表”。建立的子宏会出现在“宏”的导航窗格中。

6.3.3 嵌入宏

用户在窗体上使用向导添加控件时就可能创建了嵌入宏，例如，用户在窗体上使用向导添加了一个命令按钮控件，控件的操作选择了“记录导航”里的“转至下一项记录”，完成后，不仅创建了此命令按钮的单击事件，而且在该事件中创建了一个“嵌入的宏”，嵌入宏中就是单击此按钮时的操作，此嵌入宏的设计如图 6.5 所示，其中的代码都是 Access 自动生成的。

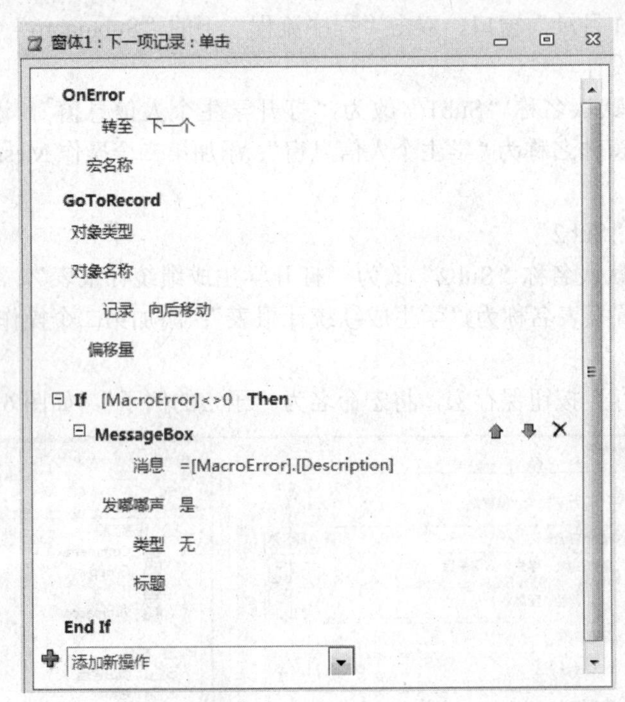

图 6.5 自动生成的嵌入宏

嵌入宏的应用使得 Access 的开发工作更加容易和灵活，它把原来事件过程中需要编写代码的工作都用嵌入宏代替了。下面，举例来说明嵌入宏的使用。

【例 6.2】 新建一个窗体，在窗体上建立一个命令按钮，单击按钮时弹出信息框提示将要打开“学生登录窗”，随后打开学生登录窗体。

用嵌入宏实现时过程如下：

（1）新建一个窗体，打开窗体的设计视图；

（2）在窗体上建立一个命令按钮，关闭命令按钮的向导。

（3）选中此命令按钮，打开“属性表”的“事件”选项卡，单击“单击事件”右侧的 按钮，打开“选择生成器”对话框，选择“宏生成器”，确定之后进入宏设计器。

（4）在宏设计器中添加宏操作 MessageBox 和 OpenForm，具体设计如图 6.6 所示。

（5）保存之后，就在命令按钮的单击事件中建立了一个“嵌入的宏”，显示为 单击 [嵌入的宏]。

（6）单击此按钮时，就实现了信息提示和打开学生登录窗的操作。

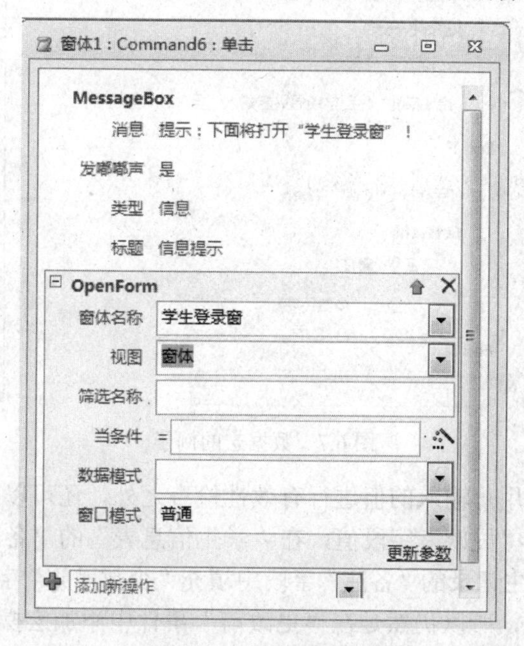

图 6.6 嵌入宏的例子

嵌入宏是嵌入在控件的事件中，由事件触发，所以在“宏”导航窗格中看不到嵌入宏。

6.3.4 数据宏

表的数据宏可以完成一些需要代码来完成的工作。数据宏包括插入后、更新后、删除后、删除前和更改前 5 个事件，用户只需要在相应的事件中进行宏设计，将来事件被触发时，数据宏就会被自动调用执行。

现在，用户要求对“学生信息表”中的性别字段做出输入限制，限制只能输入“男”或“女”。我们都知道，这样的限制可以用表属性的“有效性规则”来实现，其实，通过表的数据宏也能够达到目的。下面，我们介绍如何利用数据宏限制性别的输入。

【例 6.3】 创建数据宏对“学生信息表”中的“性别”字段做出输入限制，限制只能输入“男”或“女”，输入其他的值则进行错误提示。

（1）打开“学生信息表”的设计视图，单击“表格工具/设计”→“字段、记录和表格事件”→“创建数据宏”→“更改前”，进入到宏设计器窗口。

（2）在“添加新操作”中选择“If”，输入条件表达式：[性别]<>"男" And [性别]<>"女"，并添加新操作“RaiseError”，输入错误号“10002”，以及错误描述，如图 6.7 所示。

（3）单击“宏工具/设计”选项卡的“关闭”组的“保存”按钮，再关闭宏的设计，返回表的设计视图。

（4）保存表后，切换到“学生成绩表”的数据表视图，修改某个记录的“性别”值为非“男”或“女”，就会看到错误提示框！

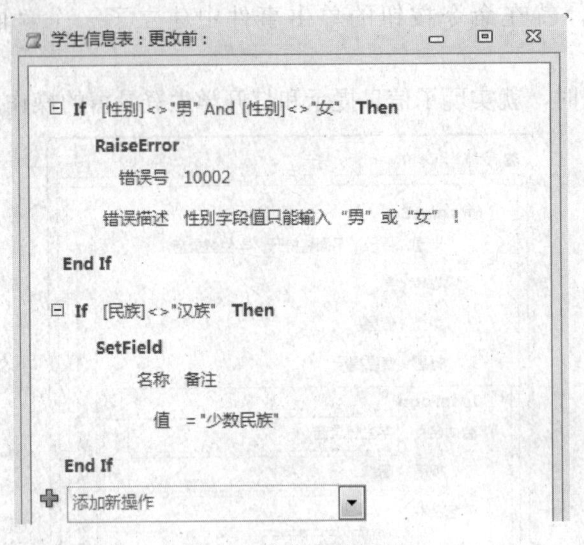

图 6.7　数据宏的例子

数据宏除了可以对用户输入的值进行有效性检查之外，还可以实现字段的自动赋值等功能。例如，用户根据“民族”字段值，在“学生信息表”的“备注”字段自动填充相应的值，即不是汉族的学生记录的“备注”字段中填充“少数民族”字样。此操作需要在“民族”字段值更改前触发，所以仍然是在“更改前”事件中添加宏操作，具体设计如图 6.7 所示。数据宏是由表的事件触发的，所以在“宏”导航窗格中看不到数据宏。

由此可见，数据宏就是一种触发器，可以检查数据表中的数据是否合理有效，也可以实现插入记录、修改记录和删除记录等操作，比建立查询更新还便捷。对于无法通过查询实现数据更新的 Web 数据库，数据宏尤其有用。

6.4　宏的运行与调试

当创建了一个宏后，需要对宏进行运行与调试，以便查看创建的宏是否含有错误，是否能完成预期任务。

6.4.1　宏的运行

1. 直接运行

如果要直接运行宏，可以进行下列操作之一。

- 如果要从“宏”设计窗口中运行宏，则在打开此宏的设计器后，单击“宏工具/设计”选项卡下“工具”组中的“运行”按钮。
- 如果要从“导航”窗格中运行宏，则选中待运行的宏，然后双击该宏；或右键单击该宏，在弹出的菜单中选择“运行”。
- 如果要在 Microsoft Access 的其他地方运行宏，则在“数据库工具”选项卡下的“宏”

组中单击“运行宏”，然后在“执行宏”对话框中选择相应的宏，如图 6.8 所示；如果要直接运行宏中的某个子宏，则在“执行宏”对话框中选择相应的宏.子宏。

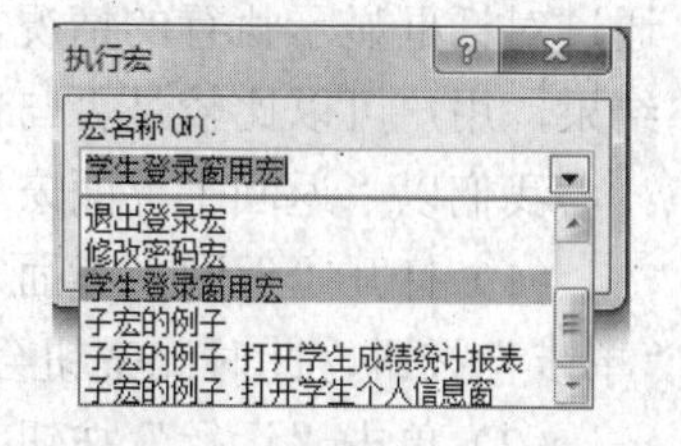

图 6.8　“执行宏”对话框

2. 在窗体、报表或控件的事件中运行宏

通常情况下直接运行宏是在对宏进行设计完成后检查、验证一下宏的执行效果，将来使用宏时则是把宏附加到窗体、报表或控件的事件中，如某个命令按钮的单击事件，当事件被触发时（如单击此按钮），附加的宏就会自动运行。

在介绍“在宏中使用条件时”曾用到了一个宏“学生登录窗用宏”，作用主要是进行密码验证，当单击“学生登录窗”的“确定”按钮时，调用此宏进行密码的验证。此宏的调用就是放到了名字为“cmdLogin”的“确定”按钮的单击事件中，如图 6.9 所示。

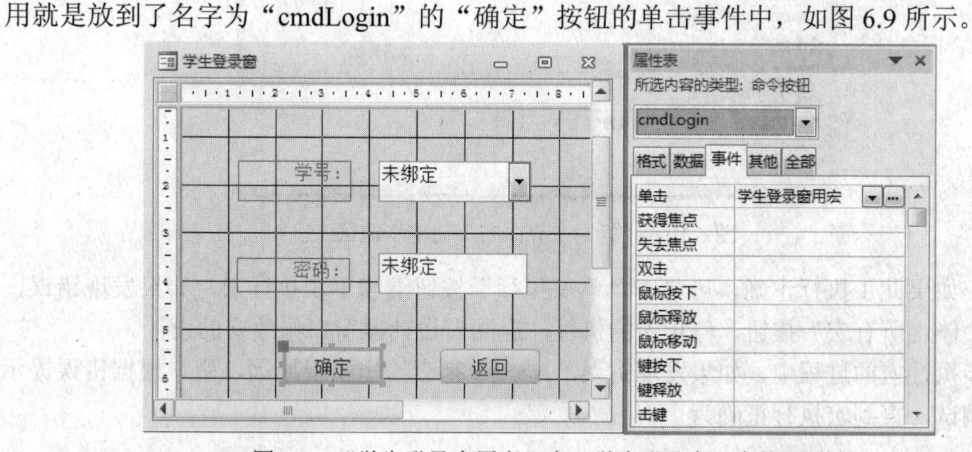

图 6.9　“学生登录窗用宏”在“学生登录窗”中的调用

3. 运行嵌入宏和数据宏

嵌入宏可以在设计时直接运行，以便验证效果。而实际使用时，嵌入宏存储在窗体、报表或控件的某一“事件”属性中，每次触发该事件时，嵌入宏会自动运行。那么，数据宏的运行呢，同学们可以思考一下或动手试一下。

4. 自动运行宏

在打开 Access 数据库时，系统将查找一个名为 Autoexec 的宏，如果找到了，就自动运行它，这个名字为 Autoexec 的宏就是自动运行宏。所以，用户可以把打开数据库时需要触发的操作放到 Autoexec 中，这些操作就自动执行了。如果打开数据库时不想运行 Autoexec 宏，按住【Shift】键即可。

6.4.2　宏的调试

宏在创建好之后，先运行调试正确后，再拿去使用。包含多个操作，多个条件分支的复杂宏，需要通过调试观察宏的每一步操作结果，了解宏的流程，防止产生非预期的后果。

在 Access 中，调试宏时主要利用“单步”跟踪的方法，每次执行宏中的一个操作，并通过对话框显示执行的情况，包括操作名称、参数、条件等，执行后显示这个操作的操作结果，用户可以比较是否与预期结果一致。

我们以“返回主界面宏”为例来介绍宏的单步执行过程：

（1）打开“返回主界面宏”的设计器，单击“宏工具/设计”选项卡的“工具”组中的“单步”按钮，此时此案钮会显示为选中状态，表示可以开始单步跟踪调试了；

（2）单击“运行”按钮，则打开“单步执行宏”对话框，如图 6.10 所示，对话框中显示操作名称、参数、所在宏以及有无执行条件等；

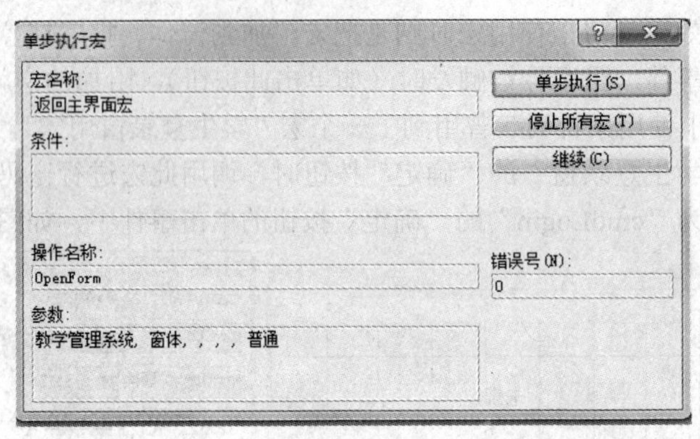

图 6.10 “返回主界面宏”的单步调试

（3）如果此步执行正确，可单击“单步执行”按钮继续单步执行宏，如果发现错误，则单击“停止所有宏”按钮，停止宏的执行，返回宏设计器窗口修改宏的设计。

单步执行宏的过程中，如果发现错误，Access 都会给出错误原因，用户根据错误提示修改再调试，直到宏执行正确为止。

本章小结

宏是一个或多个操作的集合，其中每个操作实现特定的功能，数据库系统通过调用或运行宏来完成 Access 中复杂的工作。宏包括独立宏、子宏、嵌入宏和数据宏，它们有不同的创建方法和调用方法，适合各种不同的需要。

宏中的操作有 8 个类别，六十多种宏操作，具体调用某个操作时还需要正确地设置操作参数。有些时候，在宏中需要使用条件，并根据条件结果的真或假来控制宏的流程。

当创建了一个宏后，需要对宏进行运行与调试，以便查看创建的宏是否含有错误，是否能完成预期任务。使用单步执行宏，可以观察宏的流程和每一个操作的结果，便于发现错误。

习题

一、选择题

1. 某窗体中有一命令按钮，单击此命令按钮打开另一窗体，需要执行的宏操作为（　　）。

A．OpenQuery　　B．OpenTable　　C．OpenWindow　　D．OpenForm

2. MsgBox 宏操作可以（　　）。

A. 显示包含警告信息或其他信息的消息框

B. 打印数据库中的当前活动对象

C. 打开报表对象

D. 可以运行一个宏

3. 在宏的参数中要引用窗体 F1 上的 Text1 文本框控件的值，应该使用（　　）。

A. [Forms]![F1]![Text1]　　B. Text1

C. [F1].[Text1]　　D. [Forms]_[F1]_[Text1]

4. 如果不想在打开数据库时运行特殊宏，可以在打开数据库的同时按（　　）键。

A. Ctrl　　B. Alt　　C. Shift　　D. Tab

5. 宏是一个或多个（　　）的集合。

A. 命令　　B. 操作　　C. 对象　　D. 条件表达式

6. QuitAccess 宏操作的功能是（　　）。

A. 关闭表　　B. 退出宏　　C. 退出查询　　D. 退出 Microsoft Access

7. 打开数据库时自动执行的宏应该命名为（　　）。

A. AutoMacro　　B. Auto　　C. AutoExec　　D. Autodo

8. 在 Access 系统中提供了（　　）执行的调试工具。

A. 单步　　B. 同步　　C. 运行　　D. 继续

二、思考题

1. 什么是宏？宏包括哪些类型。
2. 什么是嵌入宏？嵌入宏如何创建。
3. 什么是数据宏？数据宏如何创建。
4. 什么是独立宏？独立宏如何创建。
5. 宏操作有哪几类？
6. 如何在宏中使用条件。
7. 如何将设计好的宏加载到窗体命令按钮的单击事件中。
8. 如何在宏中引用窗体或报表中控件的属性值。
9. 子宏是什么，怎样使用？
10. 怎样调试宏？

第 7 章　模块与 VBA 编程基础

前面章节介绍的内容主要是通过交互式操作实现简单的应用，例如打开某一窗体或报表、对数据表中的记录进行增改删操作等。相对于窗体和报表中的对象事件而言，宏的应用要多一些，而且可以连续执行多项指令，但是宏也有一定的局限性，它一般只能执行一些简单的操作，对于较为复杂的应用则无能为力。

模块是将 VBA 声明和过程作为一个对象进行操作的集合体。通过模块的组织和 VBA 代码设计，可以大大提高 Access 数据库应用的处理能力，从而解决复杂的问题。另外，窗体和报表中的各个对象也可以通过 VBA 编程，自定义事件过程完成较为复杂的应用。

本章主要介绍 Access 数据库模块的创建和 VBA 程序设计基础及其应用。

7.1　模块

7.1.1　模块的基本概念

模块是 Access 中重要的数据库对象，它是将 VBA 声明和过程作为一个对象进行操作的集合。模块中可以包含多个过程（Sub 过程和 Function 过程），这些过程是由一系列 VBA 代码组成的，用于实现某种特定的操作或计算。

一般来说，用户在开发较为复杂的应用程序时经常会使用模块，以使数据库系统功能更加完善。使用模块可以建立用户自己的函数，完成复杂的计算、执行宏所不能完成的任务。

在 Access 中有两种模块：类模块和标准模块。

1．类模块

类模块中主要有窗体模块和报表模块，它们各自与某一窗体或报表相关联。窗体模块和报表模块通常都含有某些事件过程，这些事件过程用于响应窗体或报表对应的事件。可以使用事件过程来控制窗体或报表的行为以及它们对用户操作的响应，如单击某个命令按钮时要做什么。

有两种方式可以进入类模块的代码设计区域：一是用鼠标单击“数据库工具”中的“Visual Basic”按钮进入；二是为窗体或报表以及其包含的控件对象创建事件过程时，系统会打开“选择生成器”对话框，在其中选择“代码生成器”即可进入。

注意：窗体模块和报表模块具有局部特性，其作用域局限在所属窗体或报表内部，生命周期则是伴随着窗体的打开而开始、关闭而结束。

2．标准模块

标准模块一般用于存放供其他 Access 数据库对象使用的公共过程和声明。在 Access

中双击现有模块或新建模块都可以自动进入其代码设计环境。

标准模块通常定义一些公共变量（常量）或过程，它们将用于数据库其他模块的调用；也可以定义私有变量或过程仅供本模块内部使用。在过程的设计中，默认情况下是 Public，如果需要也可以使用 Private 关键字来定义私有过程供本模块内部使用。

标准模块中的公共变量和公共过程具有全局特性，其作用范围在整个数据库中，生命周期是伴随着数据库的打开而开始、关闭而结束。

3. 将宏转换为模块

在 Access 系统中，可以将设计好的宏对象转换为模块代码形式。其有三种情况：① 直接将宏进行转换；② 将窗体中的宏进行转换；③ 将报表中的宏进行转换。

其转换方法如下：

（1）选择将要进行转换的宏（或者是含有宏的窗体、报表），并打开其设计视图。

（2）在“设计”菜单中选择“将宏转换为 Visual Basic 代码”命令（或“将窗体\报表的宏转换为 Visual Basic 代码”）命令，将弹出“转换宏|窗体宏|报表宏”对话框，如图 7.1 和图 7.2 所示。

图 7.1　将宏转换为模块

图 7.2　将窗体宏转换为模块

（3）然后在此对话框中选择是否包含错误处理和注释，并单击“转换”按钮即可。

7.1.2 创建标准模块

注意：Access 中创建标准模块会显示为“模块”，不含标准两个字！窗体模块或报表模块会显示在 Microsoft Access 类对象层下。

1. VBA 编程环境（Visual Basic Editor）

使用“创建”→“模块”命令，即可打开 VBE 界面，如图 7.3 所示。

VBE 界面中的四个窗口分别对应“视图”菜单中的“工程资源管理器”、“属性窗口”、“代码窗口”和“立即窗口”菜单项。

- 工程资源管理器窗口：包含 VBA 代码部分的对象分层结构列表。
- 属性窗口：显示可编辑对象的各种属性。
- 代码窗口：用户程序编辑区域，主要用于添加声明和过程。
- 立即窗口：显示代码中调试语句的信息，或直接键入命令所生成的信息。

其他进入 VBA 编程界面的方式：

- 通过对象属性对话框中的事件标签来启动。如图 7.4 所示。
- 通过“数据库工具”中的“Visual Basic”命令或 Alt+F11 快捷键启动。

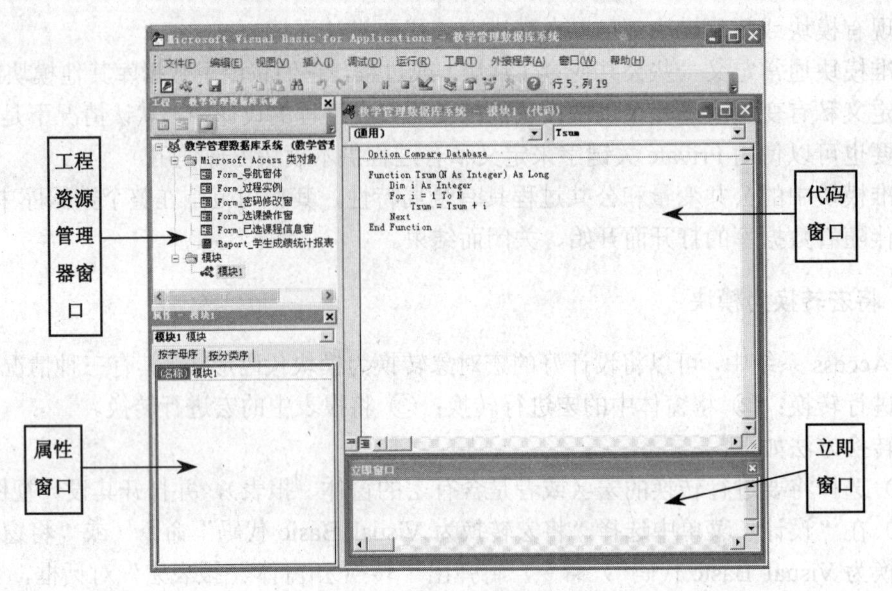

图 7.3　VBE 界面格式

2．模块的组成

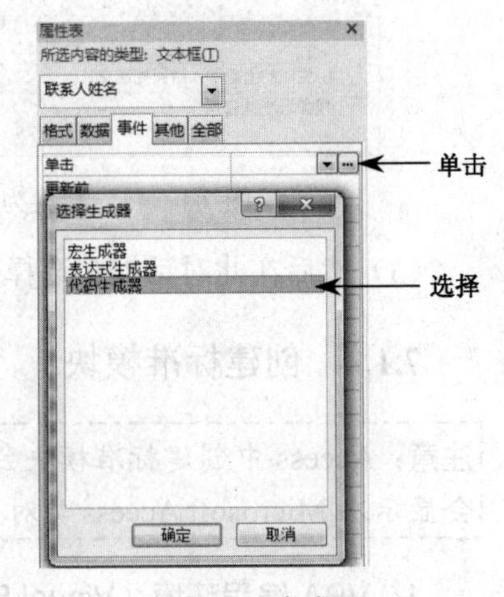

图 7.4　生成器

模块由“声明”和“过程”定义两部分组成。

（1）声明。

声明部分主要是常量的定义和变量的声明，以及 Option 语句。

常量和变量将在后面小节进行介绍。

Option 语句如下。

Option Base 语句：用来声明数组下标的默认下界。

格式：

Option Base 0|1，表示数组下标从 0 或 1 开始，默认是 0。

Option Compare 语句：用于声明文本比较时所用的比较方法。

格式：

Option Compare {Binary|Text|Database}，以二进制、文本或数据库方式比较

模块声明部分默认添加：Option Compare Database。

Option Explicit 语句：强制显式声明模块中的所有变量。

（2）过程。

过程是一个相对独立的个体，由 VBA 的若干语句构成。我们可以将多次使用的语句块以过程的形式出现，这样有利于简化程序的编辑，提高可读性。

窗体模块或报表模块中的过程主要是：事件过程（Sub 过程）。

注意：事件过程名有固定格式，往往由 Access 自动生成，其格式为：对象名_事件。

例如：Form_Load（对应窗体的载入事件）、Command1_Click（对应按钮 Command1

的单击事件）。

另外，窗体的事件过程名永远都是“Form_事件”，而控件对象的事件过程名则是“对象名_事件”。

例如：若窗体 Frm1 中有一个命令按钮 Cmd1，则窗体和命令按钮的 Click 事件过程名分别为：

```
Form_Click( )        Cmd1_Click( )
```

标准模块中的过程主要有：自定义的 Sub 过程和 Function 函数过程。

Sub 过程：用于执行一系列操作。

Function 函数过程：执行操作的同时还需要获得返回值。

> 注意：“是否有返回值？”是 Sub 过程和 Function 函数过程之间最大的区别；除此之外，两者的使用方式也不同！

窗体模块或报表模块中也可以添加自定义的 Sub 过程和 Function 函数过程，但尽量不要将其定义为 Public 级别。

7.1.3 在模块中添加过程

> 注意：本章中由方括号包围起来的内容是可选项，可以省略！例如：[参数表]。

1. Sub 过程

（1）Sub 过程的定义。

其定义格式为：

```
[ Public | Private ]  [ Static ]  Sub  过程名 ( [形参列表] )
     [过程体]
End Sub
```

说明：

- Public | Private：二选一，表明是否允许此模块外的对象调用该 Sub 过程。Public（公共）表示允许所有数据库中的对象使用；Private（私有）表示只允许在本模块中使用。

> 注意：在标准模块中，如果省略，则默认是 Public。另外尽量不要在类模块中将过程定义为 Public 级别，因为该过程如果被其他模块调用是很麻烦的，而且容易出错。

- Static：表示在此过程执行结束后，过程中声明的所有变量仍保留其值。
- 过程名：命名规则与对象的命名规则相同，也与后面介绍的变量的命名规则相同。
- 形参列表：需要在过程中进行处理的数据，一般以变量的方式传递。多个参数之间用逗号间隔。
- 可在过程中使用 Exit Sub 语句，用于强行退出过程。
- 过程的定义是独立的，不能嵌套定义过程，即过程定义中不能再定义其他的过程。

例如：

➢ 过程结束标志为 End Sub，与前面的 Sub 相对应。

另外，Sub 过程的建立，也可以使用对话框插入，其操作如下：

① 打开将要添加 Sub 过程的模块（类模块或标准模块）。

② 选择“插入”菜单中的“过程”菜单项，弹出“添加过程”对话框，如图 7.5 所示。

③ 在对话框中进行操作：

✧ 填写过程名；

✧ 选择类型（Sub 过程或 Function 函数过程）；

✧ 选择范围（Public 或 Private）；

✧ 是否将过程中动态变量转为静态变量；

✧ 最后单击“确定”按钮，则在当前模块中添加此过程。

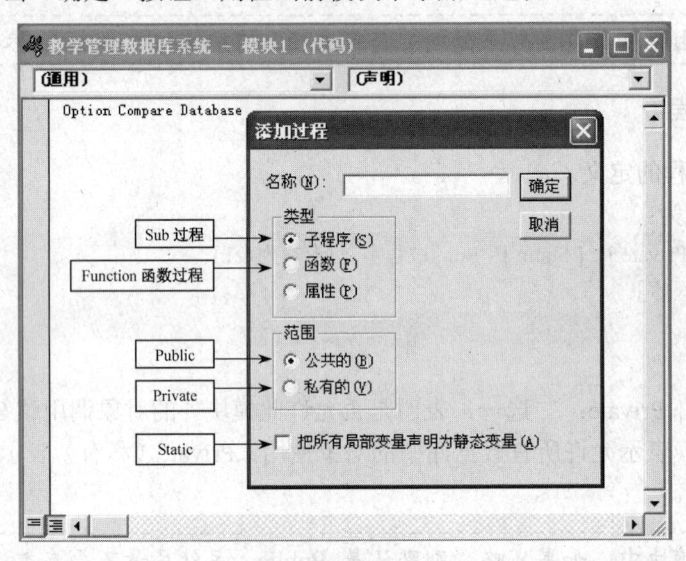

图 7.5 添加过程对话框

（2）Sub 过程调用。

格式 1：

```
Call  过程名 [ (实参表) ]
```

当过程没有参数时，省略实参表。否则应含有对应实参，参数间用逗号间隔。

注意：当含有参数时，过程后一定要带圆括号！

格式 2：

```
过程名  [实参表]
```

注意：当含有参数时，实参表外不能使用括号。

【例 7.1】 从键盘输入一个数，然后计算从 1 加到此数的结果。

第一步：在标准模块中添加 Sub 过程，用来求 1+2+3+…+*N* 的值。

新建一个标准模块，并在标准模块中添加 Tsum 过程：

```
Sub   Tsum (N As Integer)
      Dim  i  As  Integer,  x  As Long          '用 x 记载累加值
      For  i = 1  To  N
          x = x + i
      Next
      MsgBox  "从 1 加到"  &  N  &  "的值为："  &  x
End Sub
```

第二步：从键盘输入一个数，然后调用 Tsum 过程。

新建一个窗体：过程实例。然后在窗体中添加一个命令按钮 Command1（标题：计算）。单击按钮 Command1 时用输入对话框（InputBox）输入一个数，然后调用 Tsum 过程进行计算。

```
Private Sub Command1_Click()
      Dim  n  As  Integer
      n = Val(InputBox("请输入一个数："))
      Tsum  n                   '过程调用，也可用 Call Tsum(n)
End Sub
```

本例运行时，单击按钮后弹出输入对话框，在输入对话框中输入一个数，并单击“确定”按钮，Tsum 开始计算，计算结果以消息对话框的方式显示出来。如图 7.6 所示。

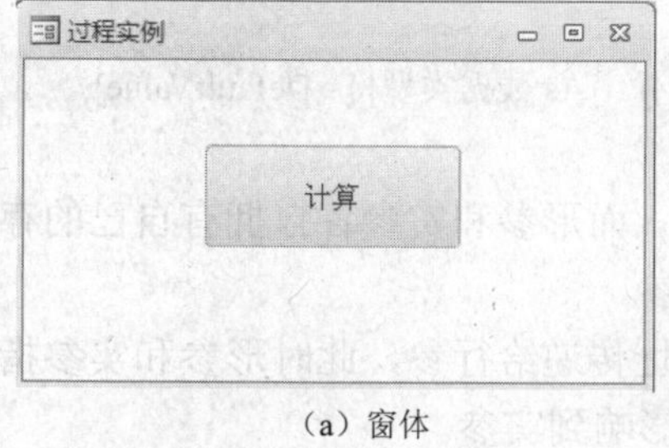

（a）窗体

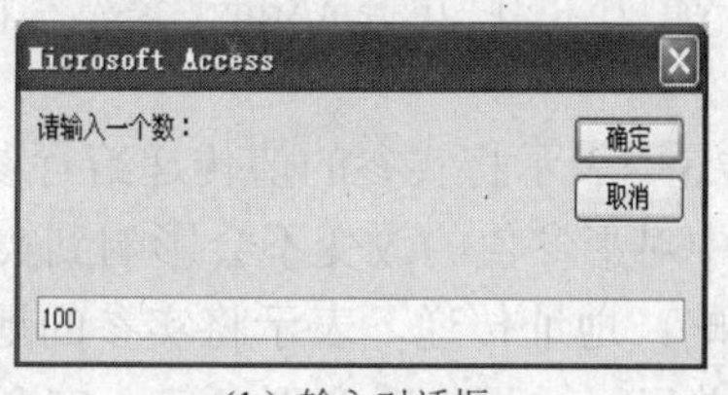

（b）输入对话框

（c）结果显示

图 7.6 【例 7.1】效果图

2．Function 函数过程

（1）Function 函数过程的定义。

其定义格式为：

```
[ Public | Private ]  [ Static ]  Function 函数名 ( [形参列表] )  [As 数据类型]
      [过程体]
      函数名 = 返回值  ◄——  注意：这个语句很重要！函数的返回值由函数名带回
End Function
```

说明：

➢ 以 Function 开头，并以 End Function 结束。

➢ 函数中可用 Exit　Function 语句强行退出过程。

➢ As 数据类型：表示函数返回值的数据类型，省略时为 Variant 类型。

（2）Function 函数过程调用。

与 Access 内部函数的使用相同，不能用 Call 调用。

【例 7.2】　将例 7.1 中的 Tsum 过程改为 Function 函数过程：

改变标准模块中的 Sub 过程：

```
Function    Tsum (N As Integer) As Long
    Dim   i   As   Integer
    For   i = 1   To   N
        Tsum = Tsum + i
    Next
End Function
```

改变命令按钮 Command1 的单击事件过程。

```
Private Sub Command1_Click( )
    Dim   n   As   Integer
    n = Val(InputBox("请输入一个数："))
    MsgBox "从 1 加到"   &   N   &   "的值为："   &   Tsum（n） ‘函数过程调用
End Sub
```

例 7.2 与例 7.1 的功能相同。

3．参数传递

在调用 Sub 过程和 Function 函数过程时，实参与行参之间要进行数据传递，其传递方式主要有两种：值传递和地址传递。这两种传递方式将在参数语法格式中进行区别。

参数的语法格式为：

```
[Optional]   [ByVal | ByRef]   [ParamArray] 参数名 [( )]   [As 数据类型] [= DefaultValue]
```

说明：

➢ ByVal：值传递。表示将实参的值传递给行参，而形参和实参各自拥有自己的存储单元，过程中对形参值的改变不会影响到实参。

➢ ByRef 或省略：地址传递。表示将实参的地址传递给行参，此时形参和实参指向同一个存储单元，过程中改变形参值一定会影响到实参。

➢ Optional：表明该参数为可选参数。注意：如果某一参数使用了 Optional，则此参数的后续参数必须都是 Optional 的。

➢ ParamArray：只用于参数列表的最后一个参数，指明最后这个参数是一个 Variant 类型的 Optional 数组。使用 ParamArray 关键字可以提供任意数目的参数，但 ParamArray 关键字不能与 ByVal、ByRef 或 Optional 一起使用。

例如：计算若干数值的和。

```
Function   MSum ( ParamArray A( ) )   As   Single
Dim S1   AS   Integer, S2   As   Integer
Dim   i   As   Integer
S1 = LBound(A)     ‘S1 为数组 A 的下标下界
S2 = UBound(A)     ‘S2 为数组 A 的下标上界
```

```
For  i= S1  To  S2      '用循环将数组 A 中所有数值累加，结果由函数名返回
        MSum = MSum + A(i)
Next
End Function
```

调用时可以求若干个数的和，例如：MSum（20，34）、MSum（10，20，30，40）等。

➢ DefaultValue：只对于 Optional 参数时是合法的。

【例 7.3】 在类模块中进行参数传递示例。

新建一个窗体：参数传递。在窗体中添加两个标签、四个文本框和两个命令按钮，如图 7.7 所示。

两个按钮的单击事件分别对应以下事件过程：

```
Private Sub Command1_Click()
    Dim  x  As  Integer, y  As  Integer
    x = Text1.Value
    y = Text2.Value
    chang1  x, y
    Text3.Value = x
    Text4.Value = y
End Sub
```

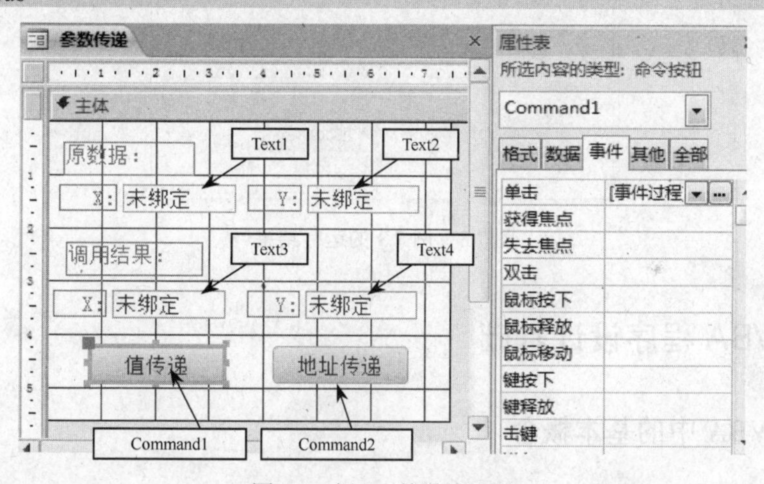

图 7.7　例 7.3 的设计视图

```
Private Sub Command2_Click()
    Dim x  As  Integer,  y  As  Integer
    x = Text1.Value
    y = Text2.Value
    chang2  x, y
    Text3.Value = x
    Text4.Value = y
End Sub
```

窗体的加载事件对应下面的事件过程：

```
Private Sub Form_Load()  '当窗体加载时，文本框 Text1 和 Text2 中分别显示 5 和 10
    Text1.Value = 5
```

```
        Text2.Value = 10
    End Sub
```

当使用值传递时，调用过程 chang1。

```
    Sub   chang1(ByVal   A   As Integer, ByVal   B   As Integer)   '值传递
        A = A + B
        B = A - B
    End Sub
```

当使用地址传递时，调用过程 chang2。

```
    Sub chang2(A   As Integer,   B   As Integer)   '地址传递
        A = A + B
        B = A - B
    End Sub
```

程序运行结果如图 7.8 所示。

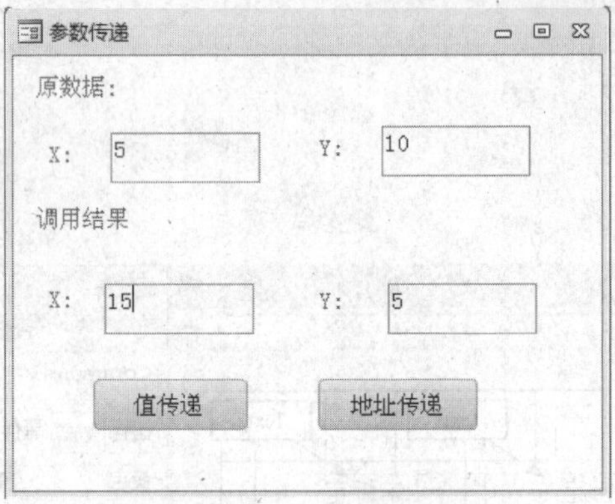

图 7.8　例 7.3 的运行结果

7.2　VBA 程序设计基础

7.2.1　VBA 中的基本概念

1. VBA

VBA 是 Visual Basic for Application 的缩写，具有与 Visual Basic 相同的语言功能。

VBA 是新一代标准宏语言。与传统的宏语言不同，传统的宏语言不具有高级语言的特征，没有面向对象的程序设计概念和方法。而 VBA 提供了面向对象的程序设计方法，提供了相当完整的程序设计语言。

Office 软件中的 Word、Excel、Access、PowerPoint 都可以利用 VBA 来提高这些软件的应用效率，例如：通过一段 VBA 代码，可以实现对象的切换；实现复杂逻辑的统计（比如从多个表中，自动生成按合同号来跟踪生产量、入库量、销售量、库存量的统计清单）等。

2. 面向对象程序设计的基本概念

（1）对象和类。

对象是面向对象方法中最基本的概念，可以用对象来表示客观世界中的任何实体，对象是对实体的抽象。在面向对象的程序设计方法中，对象是由数据及其相关操作组成的封装体，是系统中对客观事物的某一实体的描述，是构成系统的一个基本单位，由一组表示其静态特征的属性和可执行的一组操作组成。这些操作描述了对象执行的功能，是对象的动态属性，操作也称为方法或服务。

对象的基本特点：标识唯一性；分类性；多态性；封装性；模块独立性。

类是指具有共同属性、共同方法的对象的集合。类是关于对象性质的描述。类是对象的抽象，而对象是其对应类的一个实例。

（2）面向对象程序设计的主要特征。

封装性：封装是一种信息隐蔽技术，它体现于类的说明，是对象的重要特性。封装使数据和加工该数据的方法（函数）封装为一个整体，以实现独立性很强的模块，使得用户只能见到对象的外特性（对象能接受哪些消息，具有哪些处理能力），而对象的内特性（保存内部状态的私有数据和实现加工能力的算法等）对用户是隐蔽的。封装的目的在于把对象的设计者和使用者分开，使用者不必知晓行为实现的细节，只须用设计者提供的消息来访问该对象。

继承性：继承性是子类自动共享父类的数据和方法的机制。它由类的派生功能体现。一个类直接继承其他类的全部描述，同时可以修改和扩充。继承具有传递性。继承分为单继承（一个子类只有一父类）和多重继承（一个类有多个父类）两种。类的对象是各自封闭的，如果没继承性机制，则类对象中数据、方法就会出现大量重复。继承不仅支持系统的可重用性，而且还促进系统的可扩充性。

多态性：多态性是指同样的消息被不同的对象接受时可能导致完全不同行动的现象，这种现象称为多态性。利用多态性用户可以发送一个通用的信息，而将所有的实现细节都留给接受消息的对象自行决定，如是，同一消息即可调用不同的方法。

（3）对象的三要素。

一般从三个方面来描述对象：特征、行为和动作，在计算机中分别表示为：属性、方法和事件。

- 属性：指对象的特征，用数据来描述对象的外观、状态等信息。例如：标签的名称、标题等。

其格式为：

```
对象名.属性
```

例如：标签 Label1 的标题属性表示为：Label1.Caption。

- 方法：指对象的行为，用对象中的代码来实现。

其格式为：

```
对象名.方法
```

例如：命令按钮 Command1 的 SetFocus 方法：Command1.SetFocus

此条语句的含义是：让 Command1 获得焦点。

➢ 事件：指对象可以识别和响应预定义的动作。例如：命令按钮 Command1 的 Click 事件。每个对象的某一事件只能对应一个事件过程，例如，Command1 的 Click 事件对应的事件过程为 Command1_Click。可以在事件过程体内添加相应的语句，以使对象在事件发生时进行相应的操作。例如：下列语句实现单击 Command1 时弹出消息框，上面显示“我正在学习 Access 的 VBA！”。

```
Private Sub Command1_Click()
    MsgBox "我正在学习 Access 的 VBA！"
End Sub
```

3．VBA 程序的书写规则

（1）VBA 中的英文字母不区分大小写。

（2）多条语句可以写在同一行，但语句间用冒号（：）作间隔。

（3）可以将一条语句分成多行来写，但需要用续行符“_”。

（4）合理添加注释：用单引号“‘”或 Rem 语句作为注释内容的开始。用单引号时可以将注释放在行末，也可以作为一个单独的语句行；而 Rem 语句只能作为一个单独的语句行出现。注意：注释不会参与程序的执行。

7.2.2 数据类型

1．VBA 中常用基本数据类型

表 7.1 中列出了 VBA 中常用的数据类型及参数。

表 7.1 VBA 中常用数据类型及参数

数据类型	类型标志	VBA 类型	占字节数	取值范围
字节型		Byte	1	0～255
整型	%	Integer	2	-32768～32767
长整型	&	Long	4	-2147483648～2147483647
单精度浮点型	!	Single	4	负数：-3.402823E38～-1.401298E-45 正数：1.401298E-45～3.402823E38
双精度浮点型	#	Double	8	负数：-1.79769313486231E308～-4.94065645841247E-324 正数：4.94065645841247E-324～1.79769313486232E308
小数型		Decimal	12	小数点右边的数字个数为 0～28
货币型	@	Currency	8	-922,337,203,685,477.5808 ～ 922,337,203,685,477.5807
布尔型		Boolean	2	True 或 False
日期型		Date	8	100 年 1 月 1 日～9999 年 12 月 31 日
字符型	$	String	与文本长度有关	定长：1～65500 个　　变长：0～20 亿
对象型		Object	4	任何对象引用
变体型		Variant	数字：16 字符：22+文本长	0～20 亿

说明：

- 字符型：分定长串和变长串两种，将在变量内容部分进行介绍。
- 布尔型：取值为 True 或 False。当布尔型值转换为其他类型时，True 为-1，False 为 0；反之 0 为 False，一切非 0 值为 True。
- 日期型：其常量表示时以“#”号为定界符，如#2014-5-21#。
- 变体型：可以包含除定长字符串与用户自定义类型外的其他任意数据类型。

2. 用户自定义数据类型

用户可以根据需要自己定义一种数据类型。

其定义格式为：

```
[ Private | Public]  Type  自定义数据类型名
 数据元素名 1  As  <数据类型>
 数据元素名 2  As  <数据类型>
    …….
 数据元素名 n  As  <数据类型>
End Type
```

注意：声明自定义数据类型时，如果是放在类模块的声明部分，则必须限定为 Private。

例如：对学生的数据进行操作时，需用到其学号、姓名、性别和年龄等数据，此时可以定义一种新的数据类型，统一对这些数据进行操作：

```
Type  Student                    '定义 Student 自定义数据类型
      Num  as  String * 10       '包含的第一个元素 Num 为定长串，限定 10 个字符
      Name  as  String * 8
      Sex  as  String*1
      Age  as  Integer
End type
```

当 Student 数据类型定义后便可以通过变量来使用此数据类型。

例如：

```
Dim  stu  as  Student  '声明变量 stu 为 Student 类型。变量的含义在 7.2.3 节介绍
  '然后为变量 stu 的各个元素赋值
     Stu.Num="2014000111"
     stu.Name="张天天"
     stu.Sex="男"
     stu.Age=18
```

也可使用 With 语句：

```
With  Stu
.Num="2014000111"
.Name="张天天"
.Sex="男"
.Age=18
End With
```

7.2.3 常量与变量

1. 常量（或称常数）

常量是指在程序运行时，其值不能被改变的量。我们可以将一些经常使用的数据定义为常量，例如，可以用 pai 代表 3.1415926，这样在程序中用到 3.1415926 时就可以用 pai 代替，如半径为 2.5 的圆的面积为：pai*2.5^2。另外，如果以后要修改为 3.14，则只需改变常量 pai 的定义语句即可，而不用在程序中搜索 3.1415926 进行修改，这样可以大大提高程序的可维护性和可读性。

VBA 中一般有 4 种常量。

（1）直接常量。

直接常量是指直接给出的数据，可以是数值型、日期型、字符型等。

例如：20.5，“Wellcome”，#2014-3-23 14:20:40#等都是直接常量。

（2）符号常量。

符号常量是指由用户自己定义的符号来代替某个数据。如前面用 pai 代表 3.1415926，pai 是用户自己定义的，它就是符号常量。

注意：符号常量需要先定义，然后才能使用！

符号常量的定义格式为：

```
[ Private | Public] Const 符号常量名 [As 数据类型 | 类型标志符] = 表达式
```

例如：

```
Private Const pai=3.1415926              '声明私有常量 pai，代表 3.1415926
Public Const Num As Long =1000000        '声明公共长整型常量 Num，代表 1000000
Const mDate=#2014-6-1#,XH As String ="H2014435001"
'声明日期型常量 mDate，代表 2014-6-1；字符型常量 XH，代表 H2014435001
```

注意：在模块的声明部分定义符号常量时，省略 Private 或 Public 时默认为 Private；而在过程中定义符号常量时既不能用 Private 也不能用 Public！

（3）固有常量。

固有常量是指 Access 或引用库中预先定义好的常量，可以直接使用。例如：acNormal；acLeftButton 等。

所有的固有常量都包含在类型库中，并显示在“对象浏览器”下。Microsoft Access 包含 Microsoft Access、ActiveX 数据对象（ADO）、数据访问对象（DAO）和 Visual Basic 的类型库。

这些固有常量不再一一列举，以后将在数据库应用过程中不断接触到。

（4）系统常量。

主要有：True、False、Yes、No、On、Off、Null 等。

2. 变量

变量是程序运行期间其值可以不断发生变化的量。实际上变量引用了计算机中某一内存地址，该地址空间中可以存储 VBA 运行时可更改的某类数据。例如，可以创建一个名为 cCount 的变量来存储循环的执行次数。

使用变量并不需要了解内存地址，只需通过变量名引用变量就可以查看或更改变量的值。

（1）变量的命名规则。

变量的命名必须遵循以下规则：

➢ 必须以字母或汉字开头，由字母、汉字、数字或下画线组成； 注意：读者应尽量避免在变量名中使用汉字！

➢ 名称的长度不能超过 255 个字符；

➢ 名称不能与 VBA 本身的过程、语句以及方法的名称相同。例如：If、While、Loop、Len、Format、MsgBox 等。

➢ 不能在同范围的相同层次中使用重复的名称。例如，不能在同一过程中声明两个命名为 Age 的变量。

例如：strName1，intMax_Length，intLesson，strNo3 等是合法的变量名，而 A&B，all right，3M，_Number 等是非法的变量名。

注意：

➢ VBA 中是不区分字母大小写的（例如：ABC、aBc、abc 等都是一样的），但是会自动保持声明时名称的状态。

➢ 变量的命名规则同样适用于过程名、对象名、常量名和参数名称。

（2）变量的声明。

VBA 中允许变量不声明就使用，此时这个变量将被看作是 Variant 类型。但对于初学者而言，变量不声明就使用非常容易出错，而且在大多数编程语言中变量必须先声明再使用，所以建议读者在学习过程中应采用先声明变量然后使用的方式。

为避免出现未声明的变量，可在模块的声明部分添加 Option Explicit 语句，强制模块中所有变量先声明后使用。

变量的声明格式为：

```
{Dim | Private | Public | Static } 变量名 1 ［As 数据类型 | 类型标志符］ [, 变量名 2 ［As 数据类型 | 类型标志符］] …
```

例如：

```
Dim A1 as Integer, B as date, C!,D    ‘声明整型变量 A1，日期型变量 B，单精度型变量 C，变体型变量 D，都为局部变量
Public Lg&    ‘声明 Lg 为长整型公共变量
Dim str1 As String*10, str2 As String  ‘声明 str1 为定长字符型变量，str2 为变长字符型变量
```

注意：定长字符型和变长字符型的区别。str1 被限制只能最多容纳 10 个字符。

```
Static  A, B  As  Integer   ‘A 为变体型静态变量，而 B 为整型静态变量
```

注意：省略“As 数据类型 | 类型标志符”时，将认为变量为 Variant 类型，所以 A 为变体型。

（3）变量的作用域。

➢ 过程级：用 Dim 或 Static 在过程中声明的变量，仅在此过程中可见。但两者有区别：Dim 声明的过程级变量，其所指向的内存空间随过程的结束而被释放掉；而 Static 声明的变量，其所指向的内存空间则会保留。

例如：新建一个窗体，在窗体中添加一个标签 Label1（标题为 1）和命令按钮 Command1（标题为“改变标签的值”。单击 Command1 时声明整型变量 X，然后 X 执行加 1 操作，接着将 Label1 的标题赋值为 X 的值。

运行该窗体，并多次单击 Command1，观察结果（声明整型变量 X 时：首先用 Dim 声明后运行，然后改为用 Static 声明后运行，如图 7.9 所示，看看两者的区别）。

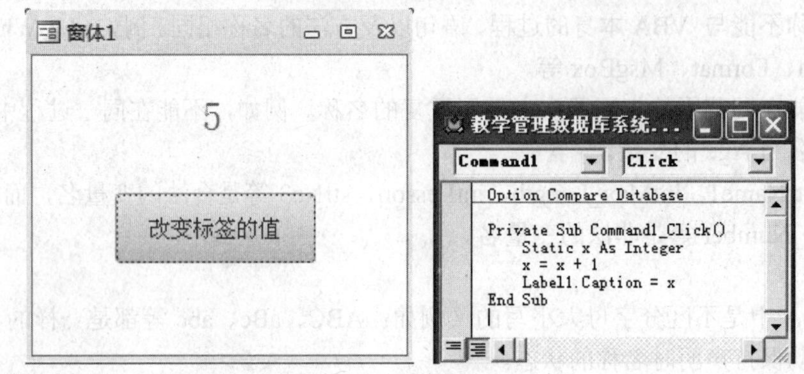

图 7.9　用 Static 声明

➢ 模块级：用 Dim 或 Private 在标准模块或类模块的声明部分声明的变量，在此模块中可见。

注意：如果在此模块中某一过程内声明了同名的过程级变量，则在此过程执行时过程级变量有效，而模块级变量无效，所以应避免模块级和过程级变量同名。

➢ 全局级：用 Public 在标准模块或类模块中的声明部分声明的变量，在数据库所有项目的任何过程中都可见。

注意：在类模块中声明的全局变量，在其他模块中使用时，必须指明该变量是哪一类模块中的，即：类模块对象名.变量。

另外，如果这个类模块被关闭了，则在其中声明的所有全局变量也不能再使用，所以应避免在类模块中声明全局变量或全局过程！

不同的标准模块中允许定义相同名称的全局变量或全局过程，此时外部引用时需要使用“模块对象名.变量”或“模块对象名.过程”的形式。

例如：定义了两个模块对象 Module1 和 Module2，其中都定义了公共常量 PAI 和过程 P( )，相应的引用形式如下：

```
Module1.PAI      Module1.P( )
Module2.PAI      Module2.P( )
```

但为简化程序操作，在实际应用中应尽量避免在多个标准模块中定义相同名称的全局变量或全局过程。

（4）用 DefType 语句声明变量。

用 DefType 语句可以在标准模块或窗体模块的声明部分统一声明所有以某个字母开头的变量。

其格式为：

```
DefType  字母范围 [,字母范围]
```

DefType 可以是表 7.2 中列举的语句。

表 7.2　DefType 语句

DefType 语句	数据类型
DefBool	Boolean
DefByte	Byte
DefInt	Integer
DefLng	Long
DefCur	Currency
DefSng	Single
DefDbl	Double
DefDate	Date
DefStr	String
DefObj	Object
DefVar	Variant

例如：DefStr a-c

这条语句是指所有以 a，b 或 c 开头的变量都是字符型，不过 DefType 语句的优先级低于前面介绍的变量声明语句。例如：如果后面的程序中有声明语句 Dim a1 As Integer，则 a1 为整型而不是字符型。

7.2.4　运算符和表达式

VBA 提供了多种类型的运算符来完成数据的运算和处理，这些运算符主要包括四种类型：算术运算符、文本连接运算符、关系运算符和逻辑运算符。

1．算术运算符

算术运算符是用来进行数学计算的运算符，具体含义如表 7.3 所示。

表 7.3　算术运算符

优先级	运　算	运算符	举　例	结　果
高	乘方（幂）	^	3^2	9
↓	取负	−	−3^2	−9
	乘、浮点除	* /	5*3/2	7.5
	整除	\	9\2*3	1
	取余	Mod	15*3 Mod 8\2	1
低	加、减	+ −	5+2*3−4	7

注意：

➢ 算术表达式不允许省略乘法符号。

➢ 改变子表达式的优先级时只能使用圆括号，其他类型的括号一概不能用。

例如：表达式(15*(3 Mod 8)\2)^3 的值为 10648，此表达式运算顺序是：

① 3 Mod 8

② 15*3

③ 45\2

④ 22^3

2. 文本连接运算符：&和+

格式为：

① 字符表达式 + 字符表达式

② 表达式 & 表达式

例如：

```
Vstr = "Visual" + "Basic"                    '将两个文本连接为一个文本"Visual Basic"
Label1.Caption = "第" & N & "条记录"   '若 N 的值为 1，则标签 Label1 上显示"第 1 条记录"
```

说明：

➢ 使用“+”号时，要求参与连接的两个表达式必须均为字符型，如以下表达式都是错误的：10 + “分”，“第” + 2 + “页”。

➢ 使用“&”号时，连接的两个表达式可以为除对象型外的任意类型，但结果为字符型。

例如：“当前日期：” & #10/8/2002# 的结果为：“当前日期：2002-10-8”。

因为“+”既是算术运算符又是文本连接运算符，所以容易混淆，建议在文本连接运算时只使用“&”。

3. 关系运算符

关系运算符用来对两个表达式的值进行比较，比较的结果是一个逻辑值：True 或 False。常用的关系运算符有六种，如表 7.4 所示，这些运算符的优先级相同。

表 7.4 关系运算符

关系运算符	表示的关系	举 例	结 果
=	等于	50=10	False
<>	不等于	50<>10	True
<	小于	50<10	False
<=	小于等于	50<=10	False
>	大于	50>10	True
>=	大于等于	50>=10	True

注意：不能像数学那样写关系表达式 3<=X<=7，在 Access 中这是错的！VBA 中的关系表达式不能出现两个以上的关系运算符。

想要描述这种表达式，应使用逻辑运算，写为：X>=3　And　X<=7

另外，还有 Is 和 Like 两个比较运算符。Is 用于比较两个对象的引用变量；Like 用于比较两个文本是否匹配，例如："abc" Like "*ab*" 的结果为 True。

4．逻辑运算符

逻辑运算符用来对两个逻辑量进行逻辑运算，结果仍为逻辑值。逻辑运算符主要有六种，如表 7.5 所示。

表 7.5　逻辑运算符

优先级	运算符	运　算	意　义
高	Not	非	真变假，或假变真
↓	And	与	两个表达式都为真时结果为真，否则为假
	Or	或	两个表达式都为假时结果为假，否则为真
	Xor	异或	两个表达式都为真或都为假时结果为假，否则为真
	Eqv	等价	两个表达式都为真或都为假时结果为真，否则为假
低	Imp	蕴含	当第一个表达式为真，且第二个表达式为假时，结果为假，否则为真

通常使用最多的逻辑运算符是：Not、And 和 Or。

逻辑运算符的真值表如表 7.6 所示。

表 7.6　逻辑运算符

X	Y	Not X	X And Y	X Or Y	X Xor Y	X Eqv Y	X Imp Y
True	True	False	True	True	False	True	True
True	False	False	False	True	True	False	False
False	True	True	False	True	True	False	True
False	False	True	False	False	False	True	True

5．四种运算符的优先级关系

算术运算符>文本连接运算符>关系运算符>逻辑运算符

高 ——————————→ 低

7.2.5　VBA 中常用的语句

1．赋值语句

赋值语句是 VBA 中使用最多的语句之一，一般用于给变量和对象的属性赋值。

其格式为：

① 变量名=表达式

② 自定义数据类型变量名.元素名=表达式

③ 对象名.属性=表达式

说明：赋值语句是将赋值符号“=”右端表达式的值赋值给左端，所以赋值语句先计算右端表达式，然后再赋值。

例如：

```
Minfo = InputBox ( "请输入用户名：" )  '将输入框中输入的内容赋值给变量 Minfo
Text3.Value = x  '将 x 的值赋值给文本框 Text3，即在文本框 Text3 中显示 x 的值
stu.Name="张天天"  '为自定义类型变量 stu 的 Name 元素赋值为"张天天"
```

2. InputBox 函数（输入框）

InputBox 函数提供了一个简单的信息输入对话框，并返回用户输入的字符信息。其格式为：

变量= **InputBox**(prompt [, title] [, default] [, xpos] [, ypos])

参数的含义如表 7.7 所示。

表 7.7　参数的含义

Prompt	必选参数，在对话框中显示的提示信息。如果 prompt 包含多个行，则可在各行之间用回车符 (Chr(13))、换行符 (Chr(10))来分隔
Title	可选参数。设置对话框的标题
Default	可选参数。设置默认输入的字符。如果省略 default，则文本框为空
Xpos	可选参数。设置对话框距屏幕左边界的距离，应与 Ypos 同时设置。如果省略 xpos，则对话框会在水平方向屏幕居中显示
Ypos	可选参数。设置对话框距屏幕上边界的距离，应与 Xpos 同时设置。如果省略 ypos，则对话框被放置在屏幕垂直方向距下边大约 $\frac{1}{3}$ 的位置

例如：Minfo = InputBox("请输入用户名：", "用户输入", "张三丰")

该语句执行后将弹出输入对话框，如图 7.10 所示。

图 7.10　输入框

3. MsgBox 语句（消息框）

MsgBox 语句将弹出一个消息对话框，并等待用户单击消息对话框上的按钮，以使程序继续执行。

MsgBox 语句有两种格式。

➢　函数格式：变量=**MsgBox** (prompt [, buttons] [, title])

➢　过程格式：**MsgBox**　prompt [, buttons] [, title]

其中，prompt 和 title 与 InputBox 的参数含义相同。

Buttons 的含义如表 7.8 所示。

表 7.8 Buttons 的含义

类　别	常　数	值	描　述
设置消息框中显示的按钮（六选一）	vbOKOnly	0	只显示 OK 按钮
	VbOKCancel	1	显示 OK 及 Cancel 按钮
	VbAbortRetryIgnore	2	显示 Abort、Retry 及 Ignore 按钮
	VbYesNoCancel	3	显示 Yes、No 及 Cancel 按钮
	VbYesNo	4	显示 Yes 及 No 按钮
	VbRetryCancel	5	显示 Retry 及 Cancel 按钮
设置消息框中显示的图标（四选一）	VbCritical	16	显示 Critical Message 图标
	VbQuestion	32	显示 Warning Query 图标
	VbExclamation	48	显示 Warning Message 图标
	VbInformation	64	显示 Information Message 图标
设置消息框中哪个按钮是默认的	vbDefaultButton1	0	第一个按钮是默认值
	vbDefaultButton2	256	第二个按钮是默认值
	vbDefaultButton3	512	第三个按钮是默认值
	vbDefaultButton4	768	第四个按钮是默认值
强制返回方式	vbApplicationModal	0	应用程序强制返回；应用程序一直被挂起，直到用户对消息框作出响应才继续工作
	vbSystemModal	4096	系统强制返回；全部应用程序都被挂起，直到用户对消息框作出响应才继续工作

例如：

```
Minfo = MsgBox ( "你确定要删除吗？ " , 4 + 48 + 256, "提示" )
```

对话框的样式如图 7.11 所示。

```
MsgBox    "程序将立即结束！ ", 64 , "提示"
```

注意：过程格式不能带括号！

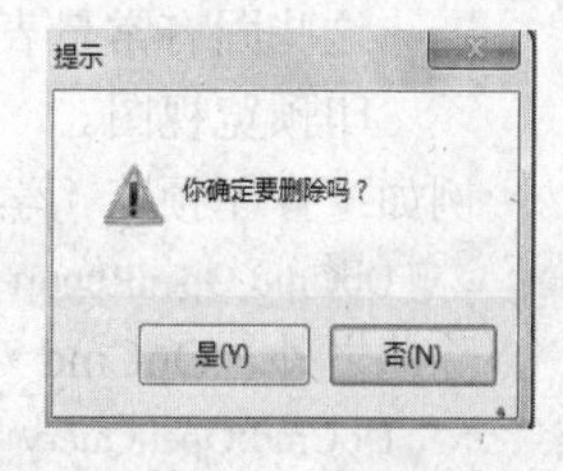

图 7.11　消息框

MsgBox 函数会返回一个数值，返回值如表 7.9 所示。

表 7.9 MsgBox 函数的返回值

常　数	值	当单击了以下按钮时
vbOK	1	OK
vbCancel	2	Cancel
vbAbort	3	Abort
vbRetry	4	Retry
vbIgnore	5	Ignore
vbYes	6	Yes
vbNo	7	No

例如：Minfo = MsgBox ("你确定要删除吗？ ", 4 + 48 + 256, "提示")

当单击“是”按钮时，Minfo 的值为 6。

4．打开和关闭操作

在 VBA 中打开和关闭操作主要使用 DoCmd 对象来实现。

DoCmd 对象有许多方法可以从 Visual Basic 运行 Microsoft Office Access 的操作，这些操作用于执行诸如关闭窗口、打开窗体及设置控件值等任务。

（1）打开窗体操作。

其格式为：

```
DoCmd.OpenForm    formname    [, view]
```

说明：

- formname：文本表达式，表示当前数据库中窗体的名称。
- view：可使用以下固有常量：acDesign、acFormDS、acNormal（默认值）和 acPreview。这些固有常量表示以何种视图打开窗体，它们分别为：设计视图、数据表视图、窗体视图和预览视图。

例如：用设计视图打开“学生个人信息窗”。

```
DoCmd.OpenForm    "学生个人信息窗",   acDesign
```

（2）打开报表操作。

其格式为：

```
DoCmd.OpenReport    reportname [, view]
```

说明：

- reportname：文本表达式，表示当前数据库中报表的名称。
- View 可使用以下固有常量：acViewDesign、acViewNormal（默认值）和 acViewPreview。这些固有常量表示以何种视图打开报表，它们分别为：设计视图、报表视图和打印预览视图。

例如：打印预览“学生成绩统计报表”。

```
DoCmd.OpenReport    "学生成绩统计报表" , acViewPreview
```

除此之外，DoCmd 对象还可以用于打开数据表、查询、宏，模块等：

```
DoCmd.OpenQuery    "学生成绩查询" , acViewDesign     '打开"学生成绩查询"的设计视图
DoCmd.OpenTable "学生信息表", acViewNormal            '打开"学生信息表"的数据表视图
```

（3）关闭操作。

其格式为：

```
DoCmd.Close [objecttype, objectname], [save]
```

Close 参数说明如表 7.10 所示。

表 7.10 Close 参数说明

参数	说明
objecttype	可以是下列固有常量：acDataAccessPage、acDefault（默认值）、acDiagram、acForm、acMacro、acModule、acQuery、acReport、acServerView、acStoredProcedure 和 acTable 注意：如果关闭“Visual Basic 编辑器”（VBE）中的一个模块，则必须在 objecttype 参数中使用 acModule
objectname	文本表达式，代表有效的对象名称，该对象的类型由 objecttype 参数指定
save	下列固有常量之一：acSaveNo、acSavePrompt（默认值）和 acSaveYes

例如：关闭名为 frmstuinf 的窗体，如果此窗体设计修改时没有保存，则会提示“是否保存”。

```
DoCmd.Close acForm,"frmstuinf"
```

注意：如果不带任何参数，DoCmd.Close 将关闭活动窗口。

7.2.6 VBA 中的常用标准函数

前面模块小节中介绍的函数过程是用户自定义函数，而在 VBA 中有许多预先定义好的函数，用户可以直接拿来使用，以此简化程序编辑过程。

VBA 中的常用标准函数主要有：数学函数、文本函数、日期/ 时间函数、转换函数和域聚合函数等。

1. 数学函数

数学函数如表 7.11 所示。

表 7.11 数学函数

函数	功能	实例
Abs(N)	返回 N 的绝对值	Abs(−3.5) 值为 3.5
Int(N)	返回小于 N 的最大整数	Int(−7.6) 值为−9 Int(7.6) 值为 8
Fix(N)	返回 N 的整数部分	Fix(−7.6) 值为−8 Fix(7.6) 值为 8
Exp(N)	计算 e 的 N 次方，返回双精度数	Exp(3) 值为 20.0855
Log(N)	计算以 e 为底的 N 的对数值，返回双精度数	Log(10) 值为 2.302585
Sqr(N)	计算 N 的平方根，返回双精度数	Sqr(4) 值为 2
Rnd([N])	产生一个 0～1 的单精度随机数；与 Randomize 语句配合使用将产生不同的随机序列。若需要产生[N,M]之间的随机整数，则可以使用公式：Int((M−N+1)*Rnd()+N)	生成[60,90]之间的随机整数： Int(Rnd()*(90−60+1)+60)
Sin(N)	计算 N 的正弦值，返回双精度数	Sin(0) 值为 0
Cos(N)	计算 N 的余弦值，返回双精度数	Cos(0) 值为 1
Tan(N)	计算 N 的正切值，返回双精度数	Tan(0) 值为 0
Sgn(N)	返回自变量 N 的符号：N>0 时为 1；N=0 时为 0；N<0 时为−1	Sgn(−5) 值为−1
Round(N,m)	将数字 N 保留 M 位小数	Round(3.4501,1) 值为 3.5 Round(3.45,1) 值为 3.4

2. 文本函数

文本函数如表 7.12 所示。

表 7.12　文本函数

函数	功能	实例
Left(C,N)	获取文本 C 中左起的 N 个字符	Left("Welcome",3)值为 "Wel"
Right(C,N)	获取文本 C 中右起的 N 个字符	Right("Welcome",4) 值为"come"
Mid(C,N1,[N2])	从第 N1 位开始获取文本 C 中的 N2 个字符，如果省略 N2，则是从第 N1 位开始到末尾	Mid("abcderfs",2,3) 值为"bcd" Mid("abcderfs",2) 值为"bcderfs"
Len(C)	返回文本 C 中字符的个数	Len("Visual Basic")值为 12
Space(C)	返回 N 个空格	"a" & Space(2) & "b"值为"a　b"
Ucase(C)	将小写字母转换为大写字母	Ucase("abc")值为"ABC"
Lcase(C)	将大写字母转换为小写字母	Lcase("ABcD")值为"abcd"
String(N,C)	返回 N 个 C 中的第一个字符	String(4, "ABcD")值为"AAAA"
InStr([N,]C1,C2)	从文本 C1 的第 N 个字符开始查找 C2，返回其在 C1 中 N 个字符后第 1 次出现的位置	InStr("afgcdefgefghy","fg")值为 2 InStr(3,"afgcdefgefghy","fg")值为 7 InStr("afgcdefgefghy","eg")值为 0
Replace(C,C1,C2)	将文本 C 中与 C1 相同的字符替换为 C2	Replace("她是河北大学的大学生","大","小")值为"她是河北小学的小学生"

3．日期/时间函数

日期/时间函数如表 7.13 所示。

表 7.13　日期/时间函数

函数	功能	实例	结果
Date	返回本机上的系统当前日期		
Now	返回本机上系统当前日期和时间		
Year(D)	返回日期 D 中的年份	Year(#2014-10-6#)	2014
Month(D)	返回日期 D 中的月份	Month(#2014-10-6#)	10
Day(D)	返回日期 D 中的日	Day(#2014-10-6#)	6
Time	返回系统当前的时间		
WeekDay(D,[FirstDay])	返回日期 D 在一周中所处的天数，默认周日为第 1 天，可以设定一周中任一天为第 1 天	WeekDay(#2014-10-14#) WeekDay(#2014-10-14#,vbMonday)	3 2

4．转换函数

转换函数如表 7.14 所示。

表 7.14　转换函数

函数	功能	实例	结果
Asc(C)	获取 C 中第 1 个字符的 ASCII 码值	Asc("ABCD")	65
Chr(N)	将 ASCII 码值转换成字符	Chr(65)	A
Str(N)	将数值 N 转换为文本 注意：有符号位！即 N 为三位正数时，转换后的文本为四个字符，第一位为空格	Str(120) Str(−120)	" 120" "−120"
Val(C)	将文本转换为数值，转换操作在遇到第一个非数字或空格的字符时停止。若第一个字符就是非数字或空格字符，则函数结果为 0	Val("123b") Val("1　23b") Val("b 123")	123 123 0

5．域聚合函数

域聚合函数如表 7.15 所示。

表 7.15　域聚合函数

函数	功能	实例	结果
DCount(Expr, Domain, [Criteria])	获得特定记录集内的记录数。Expr 指统计字段名，也可以是表达式；Domain 指数据表名或查询名；Criteria 为可选项，表示记录集进行统计的范围，相当于查询中的 Where 子句	统计学生选课表中综合成绩大于 90 分的人数：DCount("学号","学生选课表","考试成绩*0.6+平时成绩*0.4>90")	12
DLookup(Expr, Domain, [Criteria])	从指定记录集内获取特定字段的值。Expr, Domain, Criteria 的含义同 DCount 函数	引用学生信息表中学号为 2012001001 的学生姓名：DLookup("姓名","学生信息表","学号=' 2012001001'")	张洪硕

7.3　VBA 程序流程控制

VBA 中有三种基本的程序结构：顺序结构、选择结构和循环结构。

顺序结构是指程序中语句的执行是按照其先后顺序自上而下依次执行的。因为其简单易用懂，所以在这里不再介绍。

下面主要介绍选择结构和循环结构。

7.3.1　选择结构

在实际应用过程中，经常需要根据给定的条件进行不同的操作，这就需要使用选择结构来实现了。选择结构相当于汉语中的“如果……，那么……，否则……”。

在选择结构中一般有两种语句：If 语句和 Select Case 语句。

1．If 语句

（1）行 If 语句。

格式为：

```
If  条件  Then  语句组 1  [Else  语句组 2]
```

如果条件成立则执行语句组 1，否则执行语句组 2。

说明：

- 条件：可以是关系表达式或逻辑表达式，也可以是算术表达式，但是算术表达式的结果将由 VBA 强制转换为逻辑值：结果为 0 时代表 False，非 0 值为 True。
- 该语句只能在同一行上书写，若语句组中有多条语句则用冒号分隔。
- 该语句自身还可嵌套使用。

例如：

```
If  x>85  Then  Label1.Caption= "优秀"  Else  Label1.Caption= "良"
'如果 x 的值大于 85 则在 Label1 的标题上显示优秀，否则显示良
```

```
If   x>y   Then   m=x–y : x=1   Else   m=y–x : y=1
'为 m 赋值为 x–y 的绝对值，并将 x 或 y 赋值为 1
```

（2）块 If 语句。

格式为：

```
If 条件 Then
    语句组 1
[ Else
    语句组 2 ]
End If
```

说明：

- if-then、else 和 endif 都必须单独成行。
- 块 If 语句也可以进行嵌套使用，但应需注意：要将待嵌入的 If 语句完整地嵌入到外层 If 语句的某一分支中。

例如：当 x>y 或 x<y 时，M 的值为|x–y|；如果 x=y 时 M 的值为 x+y。

```
If  x>=y  Then
     M=x–y
     If x=y Then
         M=x+y        } If 语句完整地嵌入到外层 If 语句条件为 True 的情况下
     End If
Else
    M=y–x
End If
```

（3）多分支 If 语句。

其格式为：

```
If 条件 1   Then
   语句组 1
ElseIf 条件 2   Then
   语句组 2
ElseIf 条件 3   Then
   语句组 3
…
ElseIf 条件 n   Then
   语句组 n
Else
   语句组 n+1
End If
```

如果条件 1 成立则执行语句组 1，否则如果条件 2 成立则执行语句组 2……

注意：如果在多分支 If 语句中有 Else 子句，则 Else 子句必须在所有 ElseIf 子句之后。

例如：根据成绩设置级别，85 分及以上为优秀；70～84 分为良；60～69 分为合格；60 分以下不合格。

假设成绩都是整数，并且已经存储在整型变量 cj 中，成绩级别在文本 Text1 中显示。

```
If  cj>=85  Then
   Text1.Value= "优秀"
ElseIf  cj>=70  Then
   Text1.Value= "良"
ElseIf  cj>=60  Then
   Text1.Value="合格"
Else
   Text1.Value= "不合格"
End If
```

【例 7.4】 窗体中有命令按钮 Commandl 和文本框 Text1，窗体模块中的过程如下：

```
Private  Function  result（ByVal x As Integer）As Boolean
    If x Mod 2<>0 Then
      result=True
    Else
      result=False
    End If
End Function
Private Sub Commandl_Click（     ）
    Dim x As Integer
        x=Val（InputBox（"请输入一个整数"））
    If______ Then
        Text1.Value=Str（x）&"是偶数."
    Else
        Text1.Value =Str（x）&"是奇数."
    End  If
End Sub
```

运行程序，单击命令按钮，输入 19，在 Text1 中会显示“19 是奇数”。那么在程序的空白处应填写____________________。

A. result（x）="偶数" B. result（x） C. result（x）="奇数" D. NOT result（x）

本例的答案为 D，因为 result（x）函数判断 x 是否是奇数，如果是则返回 True。

2. Select Case 语句

如果分支过多用 If 语句结构会比较复杂，可读性也比较差，此时可以采用 Select Case 语句来实现多分支结构。

Select Case 语句的格式为：

```
Select Case 测试表达式
       Case 表达式列表 1
            语句组 1
      [Case 表达式列表 2
            语句组 2]
            ...
```

```
        [Case Else
                语句组 n]
    End Select
```

根据测试表达式的值依次与每个 Case 后的表达式列表进行比较，当测试表达式的值出现在表达式列表中时则执行相应的语句组。

其中，表达式列表有三种基本格式：

- 枚举式：列举所有值，以逗号间隔。例如：2,4,6,8。
- 闭区间式：从初值到终值，采用“初值 To 终值”的格式。例如：1 to 10。
- Is 关系式：Is 关系表达式中只允许出现一个关系运算符，例如：Is >=85，而 60<=Is<70 是错误的！另外，也不能用逻辑运算符连接两个 Is 表达式，例如：Is >=60 And Is<70，这也是错的！

说明：

- 当测试表达式一旦找到满足的表达式列表，就执行其后的语句，之后便退出 Select Case 语句，所以在各表达式列表中不要有交叉值。
- 表达式列表可以是三种基本格式的组合。
- Case 子句的先后顺序不影响程序的运行结果，但对执行速度有影响。因此，应将出现概率高的情况写在前面。
- Case Else 子句必须放在所有 Case 子句之后。

例如：仍然是根据成绩设置级别，85 分以上为优秀；70～84 分为良；60～69 分为合格；60 分以下不合格。

假设成绩是整数，并已经存储在整型变量 cj 中，成绩级别在文本 Text1 中显示。

```
Select  Case  cj
Case Is>=85
        Text1.Value= "优秀"
Case 70 To 84
        Text1.Value= "良"
Case 60,61,62,63,64,65,66,67,68,69
        Text1.Value= "合格"
Case Else
        Text1.Value= "不合格"
End Select
```

3. IIf 函数

其格式为：

```
IIf(条件表达式，表达式 1，表达式 2)
```

说明：当条件表达式的结果为 True 时，函数返回表达式 1 的值，否则返回表达式 2 的值。

例如：当性别字段值为“男”时，文本框 TxtSex 中显示“先生”，否则显示“女士”。

```
TxtSex.Value= IIf ( 性别= "男", "先生", "女士")
```

7.3.2 循环结构

在实际应用中，有许多时候需要重复执行某些语句，此时就需要使用循环结构了。在VBA中有三种循环语句：For 循环，Do…Loop 循环和 While 循环。

1. For 循环

For 循环一般用于循环执行次数已知的情况下。

其格式为：

```
For 循环变量=初值 To 终值 [Step 步长]
    语句块      ┐
    [Exit For]  ┘ 循环体
    语句块
Next [循环变量]
```

说明：

- Exit For 语句可以强制从循环中退出。
- 步长
  - >0 初值必须小于终值；当步长=1 时，可省略 Step 子句
  - <0 初值必须大于终值
  - =0 如果在循环体内没有改变循环变量的语句，那么程序将死循环。
- 循环次数：int((终值−初值)/步长+1)

【例 7.5】 单击按钮 Command1 时计算 1～100 奇数的和，将最后结果在文本框 Text1 中显示。

新建一个窗体，并在窗体上添加一个文本框 Text1（对应标签的标题为“1～100 奇数的和”）和一个按钮 Command1（标题：计算）。在 Command1 的单击事件过程中添加下列语句，并执行。

```
Dim i%, s%                  '声明 i 和 s 两个整型变量，其初值为 0
For i = 1 To 100 step 2     '循环变量从 1 开始以 2 的速度递增到 100
    s = s + i               '循环体执行 50 次，s 记载累加的结果
Next i
Text1.Value=s
```

程序的执行结果如图 7.12 所示。

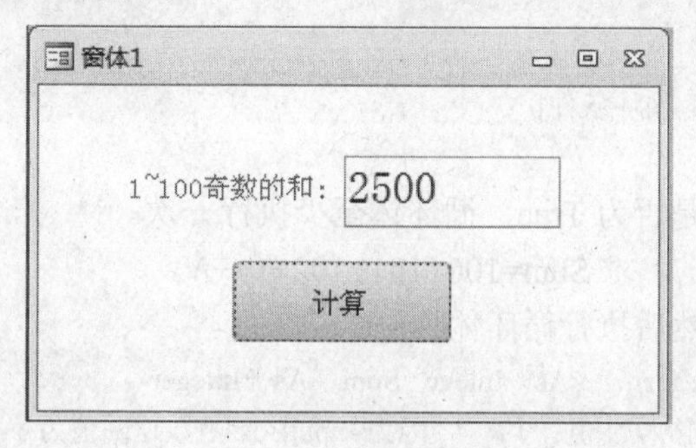

图 7.12 执行结果

2．Do…Loop 循环

Do…Loop 循环不仅用于循环次数已知的情况，还可用于循环次数未知的情况。其语句格式有两种类型：

（1）先判断条件，然后执行循环体。

```
Do [While | Until  循环条件]
      语句块
      [Exit Do]
      语句块
Loop
```

说明：

- 使用 While 时，指当循环条件为 True 时执行循环体，否则退出循环；而 Until 正好相反。
- Exit Do 语句可以强制从循环中退出。
- 循环体可能一次也不执行。

【例 7.6】 Sum=1+2+3+…+*N*，现在求 Sum 不超过 10000 的最大整数值和数据项数 *N*。

```
Sub QueSum()
   Dim Sum As Integer, N As Integer
   Do While Sum <= 10000
         N = N + 1
        Sum = Sum + N
    Loop
    Sum = Sum – N        '最后一次判断循环条件为 False 时，Sum 应减去最后加的 N 值
    N = N–1
    MsgBox   "Sum=" & Sum & chr(10) &   "N=" &   N
    '以消息的形式在消息框中分两行显示
End Sub
```

如果用 Do Until，只需要将条件改为：Sum > 10000。

（2）先执行循环体，然后判断条件。

```
Do
      语句块
      [Exit Do]
      语句块
Loop [While | Until  循环条件]
```

说明：

- 不管循环条件是否为 True，循环体至少执行一次。

例：根据输入的值 *N*，求 Sum=100+101+102+⋯+*N*。

（1）先判断条件，然后执行循环体。

```
Dim   N   As   Integer，I   As   Intege , Sum   As   Integer
N=Val( InputBox("输入 N 值：") )      '因为 InputBox 函数返回值为字符型，所以将其强制转为数值型后，再赋值给 N，这样使得程序不会出错
I=100
```

```
Do While I <= N
    Sum=Sum+I
    I =I + 1
Loop
```

程序执行后，如果输入 99，则循环不执行，Sum=0。

（2）先执行循环体，然后判断条件。

```
Dim  N  As  Integer，I  As  Integer, Sum  As  Integer
N=Val( InputBox("输入 N 值：") )
'因为 InputBox 函数返回值为字符型，所以将其强制转为数值型后，再赋值给 N，这样使得程序不会出错
I=100
Do
    Sum=Sum+I
    I =I + 1
Loop While I <= N
```

程序执行后，如果输入 99，则循环执行一次，Sum=100。

3．While 循环

While 循环的用法与 Do While…Loop 循环大体类似，区别是 While 循环不能强制从循环中退出。

其格式为：

```
While 循环条件
    循环体
Wend
```

注意：Do … Loop 循环和 While 循环的循环体中必须有改变循环条件的语句，否则很有可能是死循环。

4．循环嵌套构成多重循环

可以将一个完整的循环放入另一个循环中，形成多重循环。

例如：

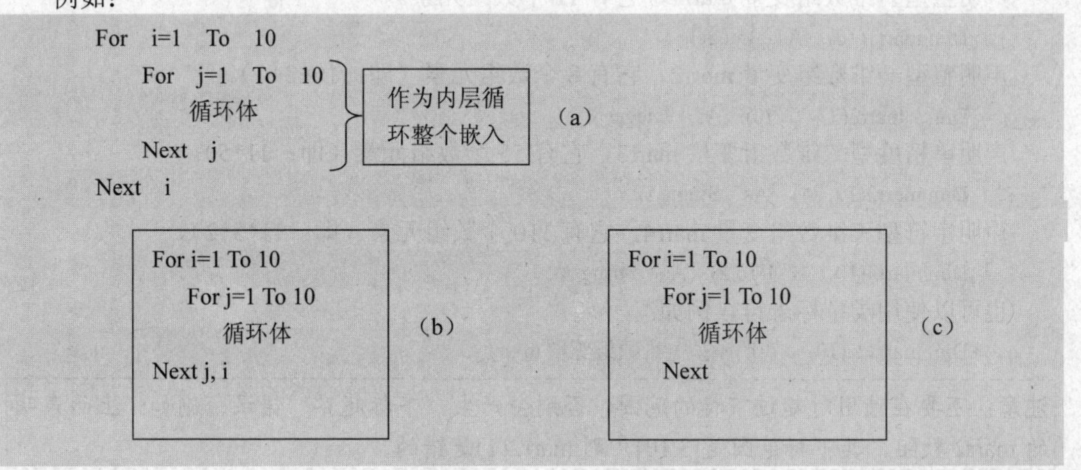

这三种表示的含义一样。

注意：（b）中的语句 Next j, i，不能写为 Next i, j，这会造成交叉嵌套，是错的！如果采用（b）的格式，Next 后面循环变量的顺序应为从内向外。

7.4 VBA 中的数组

数组是指具有相同类型和名称的变量的集合，这些变量称为数组的元素，每个数组元素都有一个编号，称为下标，可以通过下标来区别数组元素。比如：A 数组有 10 个元素，其中下标为 1 的元素记为 A(1)。

数组可以是一维数组、二维数组、三维数组等，二维以上的数组称为多维数组，最多可声明 60 维，但实际应用过程中一般不会超过三维。

另外，数组也分静态数组和动态数组两种类型。静态数组是指声明数组变量时就已经确定了数组的大小，且在运行过程中不能改变大小的数组。动态数组是指在声明时没有确定数组大小，而是在使用前重新为其分配大小的数组，并且数组的大小可以多次重新设定。

下面介绍静态数组和动态数组的声明。

1．静态数组

声明格式为：

```
Public | Private | Dim | Static  数组名（[下标下界 to] 下标上界 [,[下标下界 to] 下标上界][,…]) [As 数据类型]
```

说明：

- Public | Private | Dim | Static 的含义与前面介绍的变量声明语句相同。
- 数组元素默认最小下标值为 0，若要从 1 开始可以使用 Option Base 1 语句；如果从其他值开始需要在声明时指定下标下界。
- 数组元素个数为（下标上界-下标下界）+1

例如：

声明整型一维数组变量 marr1，它有 11 个数组元素。

```
Dim marr1(10)   As   Integer
```

声明整型一维数组变量 marr2，它有 8 个数组元素（即：10−3+1）。

```
Dim   marr2(3   To 10)   As   Integer
```

声明单精度型二维数组变量 marr3，它有 55 个数组元素（即：11*5）。

```
Dim marr3(10，4)   As   Single
```

声明字符型三维数组变量 marr4，它有 110 个数组元素（即：11*5*2）。

```
Dim marr4(10，4，1 To 2)   As   String
```

也可以使用类型标志符，例如：

```
Dim marr1%(10)   '声明整型一维数组变量 marr1
```

注意：不要在使用时超过下标的范围，否则会产生“下标越界”错误。例如：上面声明的 marr2 数组，其下标范围是[3,10]，则 marr2(1)是错的。

【例 7.7】 声明一维数组 Marr，包含 10 个数组元素，并为每个数组元素赋值[10,99]之间的随机整数，然后求出数组中的最大值和最小值。

```
Dim Marr(1 To 10)  As  Integer  '声明整型一维数组变量 Marr，它有 10 个数组元素
Dim  i  As  Integer            '声明整型变量 i，它作为循环变量
Dim  max  As  Integer , min  As  Integer '声明整型变量 max 和 min，分别存储最大值和最小值
Min=100                                  'max 的初值为 0，min 中赋一个超过 99 的值
For  i=1  To  10
    Marr(i)=Int((99-10+1)*Rnd( )) +10    '为数组中的第 i 个元素赋[10,99] 之间的值
    If  Marr(i)>max  Then
        Max=Marr(i)
    End If
    If  Marr(i)<min  Then
        Min=Marr(i)
    End If
Next
Msgbox "数组中的最大值为" & max & chr(10) & "数组中的最小值为" & min
```

2. 动态数组

声明格式为：

```
Public | Private | Dim | Static    数组名 ( )  [As 数据类型]
```

说明：

- 数组名后面的括号内必须为空。
- 动态数组的声明语句必须与 ReDim 语句配合使用，因为声明语句只是给数组变量起了个名字，并未为其分配空间。

ReDim 语句格式如下：

```
ReDim  [ Preserve ]  数组名（下标 1 [, 下标 2...]）
```

说明：

- Preserve 是指保留数组中原有的数据。
- ReDim 不仅可以改变数组的大小，也可改变维数；但若带有 Preserve 关键字，则只能改变最后一维的大小。

【例 7.8】 新建一个窗体，并在窗体中添加一个命令按钮 Command1 和一个文本框 Text1。Command1 的单击事件过程如下：

```
Private Sub Command1_Click()
    Dim Darr1()  As  Integer       '声明整型一维动态数组变量 Darr1
    ReDim  Darr1(5)                '设定数组 Darr1 的大小为 6 个元素
    Dim  i  As  Integer
    For  i=0  To  5
        Darr1(i)=i                 '将第 i 个数组元素赋值为其下标值
    Next
    ReDim  Preserve  Darr1(10) '重新设定数组的大小为 11 个元素，且前 6 个元素仍保留原有
值。如果不带 Preserve，则所有元素的值都为 0
    For  i=6  To  10
```

```
            Darr1(i)=i*10      '为下标为6～10的数组元素赋值，分别为60，70，80，90，100
    Next
    For  i=0  To  10
            Text1.Value=Text1.Value  &  Darr1(i)  &  ";"    '将数组中的所有元素值在文本框
Text1中显示，各值之间用";"号间隔
    Next
End Sub
```

程序执行结果如图 7.13 所示。

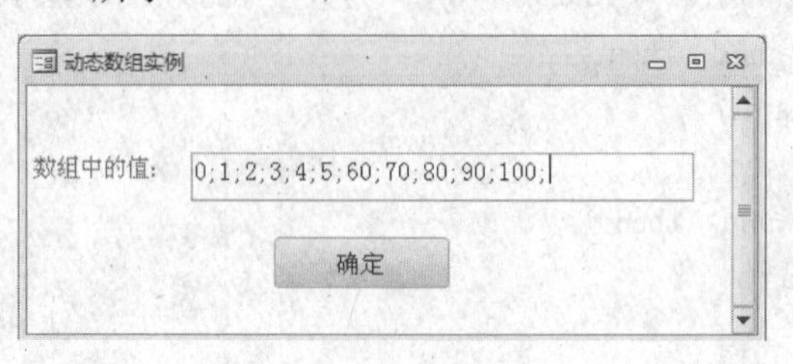

图 7.13　执行结果

> **注意**：数组的操作往往需要与循环相结合，一维数组对应一重循环，二维数组对应二重循环，依次类推。

例如：为静态二维数组 Marr3 赋值。

```
Dim marr3 (1 To 3，4)  As  Integer
Dim  x  As  Integer, y  As  Integer
For  x=1  To  3
    For  y=0  To  4
        Marr3(x,y)=x*10+y
    Next
Next
```

语句执行后，marr3 数组中的值如表 7.16 所示。

表 7.16　marr3 数组中的值

marr3(1 , 0)= 10	marr3(1 , 1)= 11	marr3(1 , 2)= 12	marr3(1 , 3)= 13	marr3(1 , 4)= 14
marr3(2 , 0)= 20	marr3(2 , 1)= 21	marr3(2 , 2)= 22	marr3(2 , 3)= 23	marr3(2 , 4)= 24
marr3(3 , 0)= 30	marr3(3 , 1)= 31	marr3(3 , 2)= 32	marr3(3 , 3)= 33	marr3(3 , 4)= 34

7.5　VBA 数据库编程

7.5.1　数据库引擎及其接口

1. 数据库引擎

在 Access 2007 之前，Access 使用 Microsoft 连接性引擎技术（JET 引擎）。

所谓数据库引擎实际上是一组动态链接库（DLL），当程序运行时被连接到 VBA 程序

而实现对数据库的数据访问功能。数据库引擎是应用程序与物理数据库之间的桥梁，它以一种通用接口的方式，使用户可以用统一的形式和相同的数据访问与处理方法来操作不同类型的物理数据库。

尽管 JET 通常被视为 Access 的一部分，但是 JET 引擎经常被当作一个独立的产品而使用。自从 Microsoft Windows 2000 发布之后，JET 已成为 Windows 操作系统的一部分，然后通过 Microsoft 数据访问组件（Microsoft Data Access Components：MDAC）分发或更新。但在 Access 2007 版本之后，JET 引擎已被弃用并不再通过 MDAC 进行分发。现在，Access 改为使用集成和改进的 ACE 引擎，通过拍摄原始 JET 基本代码的代码快照来开始对该引擎进行开发。

ACE 引擎与以前版本的 JET 引擎完全向后兼容，以便从早期 Access 版本读取和写入（.mdb）文件。由于 Access 团队现在拥有引擎，因此开发人员可以相信他们的 Access 解决方案不仅可以在未来继续使用，而且具有更快的速度、更强的可靠性和更丰富的功能。例如：对于 Access 2010 版本，除了其他改进，ACE 引擎还进行了升级，可以支持 64 位的版本，并从整体上增强与 SharePoint 相关技术和 Web 服务的集成。

2. 数据访问接口

Microsoft 提供多种方式使用 Access 数据库。以下数据访问 API 和数据访问层均可用于 Access 编程：

- 数据访问对象（Data Access Object，DAO）
- 对象链接和嵌入（OLE DB）
- ActiveX 数据对象（ActiveX Data Object，ADO）
- 开放式数据库连接（Open Database Connectivity API，ODBC API）

ACE 引擎实现以上所提及的三种技术的提供程序：DAO、OLE DB 和 ODBC。ACE DAO 提供程序、ACE OLE DB 提供程序和 ACE ODBC 提供程序通过 Access 产品分发，而 ADO 仍为 Microsoft Windows DAC 的一部分。许多其他数据访问编程接口、提供程序和系统级别的框架（包括 ADO 和 ADO.NET）均构建于这三个 ACE 提供程序之上。

在下面的小节中，本章将主要介绍 DAO 和 ADO。

另外，VBA 也可以访问其他类型的数据库。

- ISAM 数据库：ISAM（Indexed Sequential Access Method，索引顺序访问方法）是一种索引机制，用于高效访问文件中的数据行。例如：dBase、FoxPro 等。
- ODBC 数据库：遵循 ODBC（Open Database Connectivity）标准的客户机/服务器数据库。例如：Microsoft SQL Server、Oracle 等。

7.5.2 数据访问对象（DAO）

数据访问对象（DAO）是 VBA 提供的一种数据访问接口。包括数据库创建、表和查询的定义等工具，借助 VBA 代码可以灵活地控制数据访问的各种操作。

1. DAO 模型结构

（1）DBEngine 对象：DBEngine 对象相当于 Jet 数据库引擎，它是不需要创建就已经存在的对象，而且一个应用界面只能有一个 DBEngine 对象。DBEngine 对象位于 DAO 对象的顶层。

（2）Workspace 对象：表示工作区。数据库必须在工作区中打开。

（3）Database 对象：表示将要进行操作的数据库对象。

（4）RecordSet 对象：表示数据操作返回的记录集。

（5）Field 对象：表示记录集中的字段数据信息。

（6）QueryDef 对象：表示数据库查询信息。

（7）Error 对象：表示数据提供程序出错时的扩展信息。

2．操作步骤

1）连接数据源

例如：连接数据库“E:\教学管理数据库系统.accdb”

```
Dim ws As DAO.Workspace                          '声明工作区对象 ws
Dim db As DAO.Database                           '声明数据库对象 db
Set ws = DBEngine.Workspaces(0)                  'ws 指向默认工作区
Set db = ws.OpenDatabase("E:\教学管理数据库系统.accdb ")
'在默认工作区中打开"E:\教学管理数据库系统.accdb"数据库
```

2）打开记录集对象

```
Dim rs   As DAO.Recordset                        '声明记录集对象 rs
Set rs = db.OpenRecordset("学生选课表")           '返回"学生选课表"记录集
```

3）字段对象

```
Dim kscj   As DAO.Field                          '声明字段对象 kscj
Set kscj = rs.Fields("考试成绩")                  'kscj 指向考试成绩字段
```

4）操作记录集

对记录集中记录的访问往往是一条一条依次进行地，可以通过移动记录集中记录指针的方式对每一条记录进行操作。当记录指针移动到记录集末尾时， EOF 函数值为 True，所以经常使用此函数判断是否结束对记录集的访问。

例如：将“学生选课表”中“考试成绩”字段的值大于等于 60 分的加 2 分，其他的加 1 分。

```
Do While Not rs.EOF                    '当记录指针没有指向末尾时，rs.EOF 的值为 False
        rs.Edit                        '设置当前记录为"编辑"状态
        If   kscj>=60   Then           '改变考试成绩字段的值
            kscj = kscj + 2
        Else
            kscj = kscj + 1
        End If
        rs.Update                      '更新记录，保存考试成绩值
        rs.MoveNext                    '记录指针移动至下一条
Loop
```

5）关闭并回收对象变量

```
rs.Close
db.Close
Set rs = Nothing
Set db = Nothing
```

【例 7.9】 用 DAO 来完成对“E:\教学管理数据库系统.accdb”数据库中“学生选课表”的学生“考试成绩”字段值的调整，调整规则如下：

将“考试成绩”改为五分制：

- 小于 40 分的：“考试成绩”的值改为 1
- 小于 60 分并且大于等于 40 分的：“考试成绩”的值改为 2
- 小于 70 分并且大于等于 60 分的：“考试成绩”的值改为 3
- 小于 85 分并且大于等于 70 分的：“考试成绩”的值改为 4
- 大于等于 85 分的：“考试成绩”的值改为 5

本例将通过自定义 SetMark 过程来实现。

```
Sub SetMark()
        Dim ws As DAO.Workspace
        Dim db As DAO.Database
        Dim rs    As DAO.Recordset
        Dim kscj    As DAO.Field
        '连接数据库"E:\教学管理数据库系统.accdb"，并返回"学生选课表"记录集
        Set ws = DBEngine.Workspaces(0)
        Set db = ws.OpenDatabase("E:\教学管理数据库系统.accdb ")
        Set rs = db.OpenRecordset("学生选课表")
        Set kscj = rs.Fields("考试成绩")
        '对"学生选课表"记录集用循环结构进行遍历
        Do While Not rs.EOF
              rs.Edit
              If    kscj>=85    Then                    '改变考试成绩字段的值
                    Kscj=5
              ElseIf    kscj>=70    Then
                    Kscj=4
              ElseIf    kscj>=60    Then
                    Kscj=3
              ElseIf    kscj>=40    Then
                    Kscj=2
              Else
                    Kscj=1
              End If
              rs.Update
              rs.MoveNext
        Loop
        '关闭并回收对象变量
```

```
        rs.Close
        db.Close
        Set rs = Nothing
        Set db = Nothing
    End Sub
```

【例 7.10】 假设当前数据库中有“学生成绩表”，包括“姓名”、“平时成绩”、“考试成绩”和“期末总评”等字段。现要根据“平时成绩”和“考试成绩”对学生进行“期末总评”。

规定：

“平时成绩”加“考试成绩”大于等于 85 分，则期末总评为“优”，“平时成绩”加“考试成绩”小于 60 分，则期末总评为“不及格”，其他情况期末总评为“合格”。

```
    Private Sub Command0_Click()
        Dim db As DAO.Database
        Dim rs As DAO.Recordset
        Dim pscj As DAO.Field,kscj As DAO.Field,qmzp As DAO.Field
        Dim Mcount As Integer
        Set db=CurrentDb()                              '变量 db 指向当前数据库
        Set rs=db.OpenRecordset("学生成绩表")           '返回"学生成绩表"记录集
        Set pscj=rs.Fields("平时成绩")
        Set kscj=rs.Fields("考试成绩")
        Set qmzp=rs.Fields("期末总评")
        Mcount=0
        Do While Not rs.EOF
          rs.Edit                      '设置当前记录为"编辑"状态
          If  pscj+kscj>=85  Then
               qmzp="优"
          ElseIf  pscj+kscj<60  Then
               qmzp="不及格"
          Else
               qmzp="合格"
          End If
          rs.Update                    '更新当前记录
          Mcount=Mcount+1
          rs.MoveNext                  '记录指针移动至下一条
        Loop
        rs.Close
        db.Close
        Set rs=Nothing
        Set db=Nothing
        MsgBox "学生人数：" & Mcount
    End Sub
```

7.5.3 ActiveX 数据对象（ADO）

ActiveX 数据对象（ADO）是基于组件的数据库编程接口，它是一个和编程语言无关的 COM 组件系统，可以对来自多种数据提供者的数据进行读取和写入操作。

注意：在 Access 2010 中要想使用 ADO 的各个组件对象，应该增加对 ADO 库的引用。其引用设置方式为：在 VBA 编程环境中，打开“工具”菜单并单击“引用”菜单项，即会弹出“引用”对话框，如图 7.14 所示，在从“可使用的引用”列表框选项中选中“Microsoft ActiveX Data Object 6.0 Library”，并单击“确定”按钮即可。

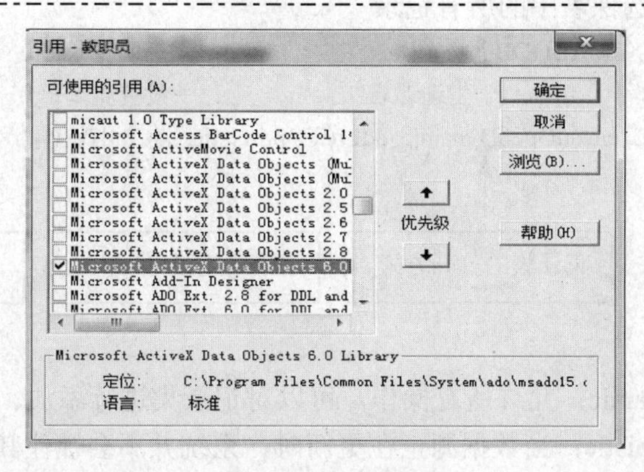

图 7.14 引用 ADO

如果计算机中没有 Microsoft ActiveX Data Object 6.0 Library，也可使用 2.0 到 2.8 中任意版本的 ADO。

1. ADO 模型结构

（1）Connection 对象：用于建立与数据库的连接。

（2）Command 对象：在建立数据库连接后，可以用 Command 对象通过 SQL 语句实现对数据源的增、删、更新等操作。它可以完成 RecordSet 对象不能完成的工作，例如：创建表、修改表结构、删除表等。

（3）RecordSet 对象：执行数据访问或 SQL 命令等得到的动态记录集，记录集被存放在内存中。

（4）Fields 对象：表示记录集中的字段数据信息。

2. 操作步骤

1）连接数据源

- 声明一个 Connection 对象。
- 初始化 Connection 对象（决定 Connection 对象与哪个数据库相连接）。

例如：连接指定的一个数据库“E:\教学管理数据库系统.accdb”。

```
Dim  cn  As  New ADODB.Connection                '声明连接变量 cn
strConnect = " E:\教学管理数据库系统.accdb "       '设置连接数据库
```

```
cn.Provider = "Microsoft.jet.oledb.4.0"                      '设置数据提供者
cn.Open    strConnect                                         '打开与数据源的连接
```

若要连接当前数据库，则可用下列语句：

```
Dim    cnn    As    New ADODB.Connection                      '声明连接变量 cnn
Set cnn = CurrentProject.Connection                           '变量 cnn 指向当前数据库
```

2）打开记录集对象或执行查询

➢ 声明 Recordset 对象
➢ 创建 Recordset 对象实例
➢ 打开 Recordset 对象

例如：返回学生选课表中的所有记录

```
Dim    rs    As    New ADODB.Recordset                        '声明记录集对象 rs
strSQL = "select   *   from   学生选课表"                      '设置查询语句
rs.Open    strSQL, cn, adOpenDynamic, adLockOptimistic, adCmdText   '返回记录集
```

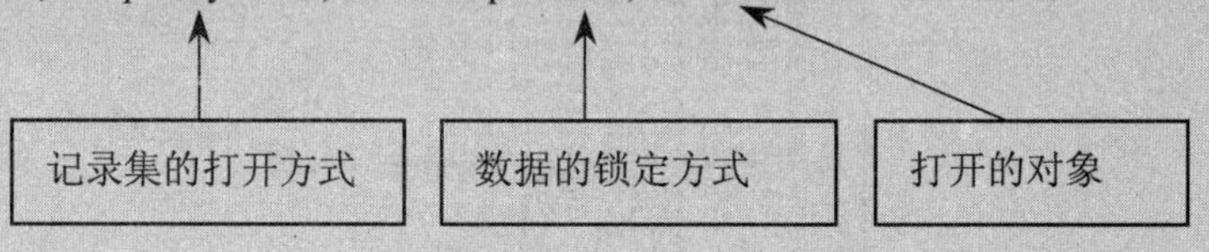

说明：

➢ AdOpenDynamic：允许所有操作，可以对记录集进行添加、删除、更改。
➢ adLockOptimistic：当数据源正在更新时，系统并不会锁住其他用户的动作，其他用户可以对数据进行增、删、改的操作。锁定方式还可以是以下几种：
✧ adLockReadOnly：数据处于只读状态
✧ adLockPessimistic：编辑数据时即锁定数据源记录，直到数据编辑完成才释放
✧ adLockOptimistic：编辑数据时不锁定，用 Update 方法提交数据时才锁定数据源记录
✧ adLockBatchOptimistic：应用于批更新模式
➢ adCmdText：表示第一个参数是 SQL 语句

3）操作记录集

记录集的访问往往需要一条一条地进行，在记录集中有一个记录指针，初始时指向第一条记录，然后由记录集的 MoveNext 方法后移，直到末尾，此时记录集的 EOF 函数值为 True。

Recordset 记录集对象记录指针的移动方法有以下几种：

➢ MoveFirst：记录指针移到第一条记录
➢ MoveNext：记录指针移到当前记录的下一条记录
➢ MovePrevious：记录指针移到当前记录的上一条记录
➢ MoveLast：记录指针移到最后一条记录

注意：只有当记录指针指向记录集末尾时，EOF 函数的值才为 True。

例如：对学生选课表中的考试成绩字段的值大于等于 60 分的加 2 分，其他的加 1 分的操作。

```
    Set kscj = rs.Fields("考试成绩")
    Do While Not rs.EOF                         '当记录没有移到末尾时
        If  kscj>=60 Then                       '改变考试成绩字段的值
            kscj = kscj + 2
        Else
            kscj = kscj + 1
        End If
        rs.Update                               '更新记录，保存考试成绩字段值
        rs.MoveNext                             '记录指针移动至下一条记录
    Loop
```

4）关闭记录集和连接

```
    rs.Close
    cn.Close
```

【例 7.11】 用 ADO 来完成前面 7.9 的例子。

```
Sub  SetMark ()
    Dim  cn  As  New ADODB.Connection           '连接对象
    Dim  rs  As  New ADODB.Recordset            '记录集对象
    Dim  kscj  As  ADODB.Field                  '字段对象
    Dim  strConnect  As  String                 '连接字符串
    Dim  strSQL  As  String                     '查询字符串
    strConnect = " E:\教学管理数据库系统.accdb "     '设置连接数据库
    cn.Provider = "Microsoft.jet.oledb.4.0"     '设置数据提供者
    cn.Open  strConnect                         '打开与数据源的连接
    strSQL = "select  *  from  学生选课表"        '设置查询语句
    rs.Open  strSQL, cn, adOpenDynamic, adLockOptimistic, adCmdText
    Set  kscj = rs.Fields("考试成绩")
    Do While Not rs.EOF                     '对记录集用循环结构进行遍历
        If  kscj>=85  Then                  '改变考试成绩字段的值
            Kscj=5
        ElseIf  kscj>=70  Then
            Kscj=4
        ElseIf  kscj>=60  Then
            Kscj=3
        ElseIf  kscj>=40  Then
            Kscj=2
        Else
            Kscj=1
        End If
        rs.Update                           '更新记录，保存考试成绩值
        rs.MoveNext                         '记录指针移动至下一条
    Loop
    '关闭并回收对象变量
    rs.Close
```

```
        cn.Close
        Set rs = Nothing
        Set cn = Nothing
    End Sub
```

【例 7.12】 假设当前数据库中有“学生成绩表”，包括“姓名”、“平时成绩”、“考试成绩”和“期末总评”等字段。现要根据“平时成绩”和“考试成绩”对学生进行“期末总评”。

规定：

如果“平时成绩”加“考试成绩”大于等于 85 分，则期末总评为“优”；如果“平时成绩”加“考试成绩”小于 60 分，则期末总评为“不及格”；其他情况，期末总评为“合格”。

```
Private Sub Command0_Click()
    Dim cn    As New ADODB.Connection                    '连接对象
    Dim rs    As New ADODB.Recordset                     '记录集对象
    Dim pscj As ADODB.Field, kscj As ADODB.Field, qmzp   As ADODB.Field
    Set cn = CurrentProject.Connection                   ' cn 指向当前数据库
    Dim strSQL As String
    Set rs.ActiveConnection = cn
    strSQL = "Select * From 学生成绩表"
    rs.Open strSQL, cn, adOpenDynamic, adLockOptimistic, adCmdText
    Dim Mcount As Integer
    Set pscj = rs.Fields("平时成绩")
    Set kscj = rs.Fields("考试成绩")
    Set qmzp = rs.Fields("期末总评")
    Mcount = 0
    Do While Not rs.EOF
        If  pscj + kscj >= 85  Then
            qmzp = "优"
        ElseIf  pscj + kscj < 60  Then
            qmzp = "不及格"
        Else
            qmzp = "合格"
        End If
        rs.Update                                        '更新当前记录
        Mcount = Mcount + 1
        rs.MoveNext                                      '记录指针移动至下一条
    Loop
    rs.Close
    cn.Close
    Set rs = Nothing
    Set cn = Nothing
    MsgBox "学生人数：" & Mcount
End Sub
```

7.6 程序调试

在编写 VBA 代码时不可避免会出现一些错误，对于初学者来说更是这样。所以在编写程序时，必须考虑出现错误时应该怎么办。

一般初学者会犯两种错误：一是语法错误。初学者对 VBA 并不熟悉，所以经常会写错某条语句，例如，True 写为 Ture。二是编译错误。VBA 程序在编译执行的过程中出现错误，例如，For 循环没有对应的 Next 语句，或者产生了交叉嵌套等。

还有两种原因会导致程序出错：一是在运行程序时某些条件可能会使原本正确的代码产生错误。例如，如果代码尝试打开一个已被用户删除的表，就会出错。二是代码可能包含不正确的逻辑，导致不能运行所需的操作。例如，如果在代码中试图将数值被 0 除，就会出现错误。

如果没有做任何错误处理，则在代码出错时 VBA 将停止运行并显示一条出错消息。可以通过在代码中建立完整的错误处理例程来处理可能产生的所有错误，以此预防许多问题。

1. 错误处理

将错误处理代码添加到过程中时，应当考虑在出现错误时过程将如何控制执行顺序。在将执行交给错误处理程序的步骤中，首先要通过将某些形式的 On Error 语句包含在过程中而启用错误处理程序。On Error 语句在错误事件中对执行进行定向。如果没有 On Error 语句，则在出现错误时，VBA 只是简单地中止程序执行并显示一条出错消息。

如果已启用了错误处理程序的过程发生了错误，VBA 将并不显示普通的出错消息，而是将它路由给错误处理程序（如果存在）。当执行传递到一个已启用的错误处理程序时，该错误处理程序就被激活。在活动的错误处理程序中，可以确定出现的错误类型，并按所选的方式处理它。

Access 提供了三类对象，它们包含关于已发生错误的信息。这三类对象分别是：ADO Error 对象、Visual Basic Err 对象和 DAO Error 对象。

错误处理程序指定发生错误时过程如何响应。例如，在出现特定的错误时可能需要终止过程的运行，或者需要改正导致错误的条件并恢复过程执行。On Error 和 Resume 语句决定了如何在错误事件中继续执行。

（1）On Error 语句。

On Error 语句启用或禁用错误处理例程。如果启用了错误处理例程，则当出现错误时执行会传递给错误处理例程。

On Error 语句有三种形式：On Error GoTo label、On Error GoTo 0 和 On Error Resume Next。

➢ On Error GoTo label 语句启用错误处理例程，该例程从这个语句出现的代码行开始执行。应当在可能出现错误的第一行代码前启用错误处理例程。在错误处理程序被激活并出现错误时，执行就会传到由 label 参数指定的代码行上。由 label 参数指定的行应是错误处理例程的开头。例如，下面的过程指定，如果发生错误，执行会传给标签为 Error_MayCauseAnError 的行：

```
Function MayCauseAnError()
    ' Enable error handler.
    On Error GoTo Error_MayCauseAnError
    .        ' Include code here that may generate error.
Error_MayCauseAnError:
    .        ' Include code here to handle error.
End Function
```

- On Error GoTo 0 语句在过程中禁用错误处理。即使过程中包含有标号为 0 的代码行，该语句也不把 0 行指定为错误处理代码的起始。如果代码中没有 On Error GoTo 0 语句，则在过程运行完成时将自动禁用错误处理程序。On Error GoTo 0 语句会重置 Err 对象的属性，这与使用 Err 对象的 Clear 方法效果一样。
- On Error Resume Next 语句会忽略导致错误的代码行并将执行路由到错误代码行的下一行。此时过程执行并没有中止。如果要检查紧挨可能导致错误的代码行之后的 Err 对象的属性，并且要在过程中（而不是错误处理程序中）处理错误，则可使用 On Error Resume Next 语句。

（2）Resume 语句。

Resume 语句将执行从错误处理例程中重定向回到过程的主体。如果要从过程某一特定点上继续执行程序，则可以在错误处理例程中包含 Resume 语句。不过 Resume 语句并不是必需的，也可以在运行完错误处理例程之后就结束过程。

Resume 语句有三种形式。其中 Resume 或 Resume 0 语句将执行返回到发生错误的代码行。而 Resume Next 语句将执行返回到错误代码行的下一行。Resume label 语句则将执行返回到由 label 参数指定的代码行。label 参数必须指定一个行标签或一个行号。

通常如果要求用户必须更正错误，则可以使用 Resume 或 Resume 0 语句。例如，如果提示用户输入一个表的名称以便打开该表，而用户输入了一个并不存在的表名，则可以再次提示用户并在导致错误的语句上继续程序的执行。

如果代码在错误处理程序中改正了错误，并且无须再次运行引起错误的代码行而想继续执行，可以使用 Resume Next 语句。如果想在过程中由 label 参数指定的其他代码行上继续执行，则可以使用 Resume label 语句。

```
Sub ResumeStatementDemo()
    On Error GoTo ErrorHandler              '打开错误处理程序
    Open "TESTFILE" For Output As #1        '打开输出文件
    Kill "TESTFILE"                         '试图删除已打开的文件
    Exit Sub                                '退出程序，以避免进入错误处理程序
ErrorHandler:                               '错误处理程序
    Select Case Err.Number                  '检查错误代号
        Case 55                             '发生"文件已打开"的错误
            Close #1                        '关闭已打开的文件
        Case Else
                                            '处理其他错误状态
    End Select
```

```
    Resume                                    '将执行返回到发生错误的语句
End Sub
```

2. 调试工具

VBA 编辑器提供了一些调试工具，如图 7.15 所示的调试工具栏，利用调试工具可以逐步执行代码、检查或监视表达式及参数的值以及跟踪过程调用，帮助用户找出程序中的错误。各个调试工具按钮的作用如表 7.17 所示。

图 7.15 “调试”工具栏

表 7.17 调试工具按钮

按钮	名称	作用
	设计模式	打开及关闭设计模式
	运行子过程/用户窗体	如果指针在一个过程之中，则运行当前的过程，如果当前一个用户窗体是活动的，则运行用户窗体，而如果既没有“代码窗口”也没有用户窗体是活动的，则运行宏
	中断	当一个程序在正在运行时停止其执行，并切换至中断模式
	重置工程	清除执行堆栈及模块级变量并重置工程
	切换断点	在当前的程序行上设置或删除断点
	逐语句	一次一条语句地执行代码
	逐过程	在“代码”窗口中一次一个过程或语句地执行代码
	跳出	在当前执行点所在位置的过程中，执行其余的程序行
	本地窗口	显示“本地窗口”
	立即窗口	显示“立即窗口”
	监视窗口	显示“监视窗口”
	快速监视	显示所选表达式当前值的“快速监视”对话框
	调用堆栈	显示“调用”对话框，列出当前活动的过程调用（应用中已开始但未完成的过程）

（1）设置断点。

VBA 提供的很多调试工具都是在程序处于挂起时才能使用的，可以设置断点挂起程序代码。设置断点的方法主要有两种：

- 在“Visual Basic 代码编辑器”窗口中，把光标定位到要设置断点的行，单击调试工具栏上的“切换断点”按钮，或按下【F9】键。
- 在“Visual Basic 代码编辑器”窗口中，用鼠标单击要设置断点行的左侧边缘部分。如图 7.16 所示。

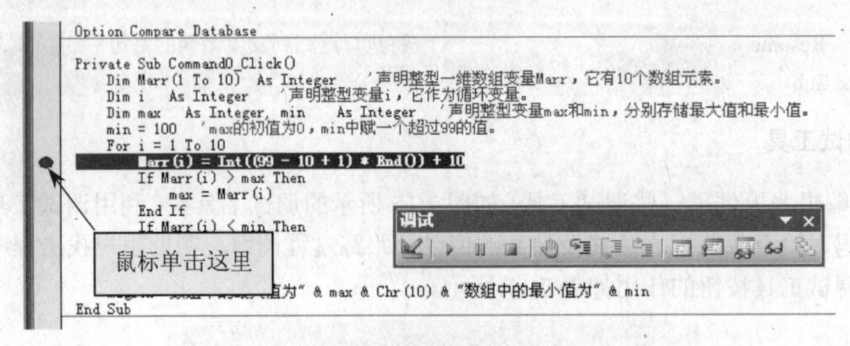

图 7.16　设置断点

> 注意：断点不能在声明语句和注释语句处设置，也不能在程序运行时设置。要清除断点时，可以将光标移到设置断点的代码行，然后在调试工具栏上单击“切换断点”按钮即可。Access 在运行到断点处时，暂停代码的运行，进入中断模式，设置的断点将加粗和突出显示该行。如果要继续运行程序，单击调试工具栏的“运行子过程/用户窗体”按钮▶。

（2）单步跟踪。

在程序代码挂起后，可以逐语句或逐过程地执行 VBA 程序，以便找出程序中的错误。

➢　逐语句执行

连续单击调试工具栏中的“逐语句”按钮或按【F8】键，可以一条条地执行程序中的语句，每次单击执行一条语句。在过程中执行时，如果用户不想继续一条条地执行代码时，可以单击调试工具栏中的“跳出”按钮，则一次执行完该过程中的剩余代码，并返回调用该过程的语句处。

➢　逐过程执行

连续单击调试工具栏中的“逐过程”按钮，也是一条条地执行程序中的代码，但是其中调用的过程将作为一个整体对待，而不会在此过程内每次单击执行一条语句了。

本章小结

本章介绍了模块和 VBA 编程的基础知识，主要内容包括：模块的结构和建立、过程和函数的定义及调用；VBA 中的数据类型、常量和变量的声明，四种运算符：算术运算符、文本连接运算符、关系运算符和逻辑运算符，以及它们的优先级别，数组的声明与使用，选择结构和循环结构，常用的内部函数，VBA 的调试与错误处理。

习题

一、选择题

1．有如下事件程序，运行该程序后输出结果是：（　　）

```
Private Sub Command1_Click()
        Dim x As Integer,y As Integer
```

```
    x=1
    y=0
    Do Until y<=25
        y=y+x*x
        x=x+1
    Loop
    MsgBox "x=" & x & ",y=" & y
End Sub
```

A．x=1,y=0　　　B．x=4,y=25　　　C．x=5,y=30　　　D．输出其他结果

2．下列程序的功能是计算 sum=1+(1+3)+(1+3+5)+…+(1+3+5+…+39)

```
Private Sub Command2_Click()
    t=0: m=1:sum=0
    Do
        t=t+m
        sum=sum+t
        m=______
    Loop While m<=39
    MsgBox "Sum=" & sum
End Sub
```

为保证程序正确完成上述功能，空白处应填入的语句是（　　）。

A．m+1　　　B．m+2　　　C．t+1　　　D．t+2

3．下列变量名中，合法的是（　　）。

A．4A　　　B．A−1　　　C．ABC_1　　　D．private

4．若变量 i 的初值为 8，则下列循环语句中循环体的执行次数为（　　）。

```
Do While i<=17
    i=i+2
Loop
```

A．3 次　　　B．4 次　　　C．5 次　　　D．6 次

5．窗体中有命令按钮 Commandl，事件过程如下：

```
Public Function f（x As Integer）As Integer
    Dim y As Integer
    x=20：y=2
    f=x*y
End Function
Private Sub Commandl_Click（　　）
    Dim y As Integer
    Static x As Integer
    x=10
    y=5
    y=f（x）
    Debug.Print x;y
End Sub
```

运行程序，单击命令按钮，则立即窗口中显示的内容是（　　）。

A．10　5　　B．10　40　　C．20　5　　D．20　40

6．运行下列程序，输入数据 8, 9, 3, 0 后，窗体中显示结果是（　　）。

```
Private Sub Form_click（　　）
        Dim sum A sInteger,m As Integer
        sum=0
        Do
                m=InputBox（"输入 m"）
                sum=sum+m
        Loop Until m=0
        MsgBox sum
End Sub
```

A．0　　B．17　　C．20　　D．21

7．下列表达式中，能正确表示条件"x 和 y 都是奇数"的是（　　）。

A．x Mod 2=0 And y Mod 2=0　　B．x Mod 2=0 Or y Mod 2=0

C．x Mod 2=1 And y Mod 2=1　　D．x Mod 2=1 Or y Mod 2=1

8．若窗体 Frm1 中有一个命令按钮 Cmd1，则窗体和命令按钮的 Click 事件过程名分别为（　　）。

A．Form_Click()　Command1_Click()　　B．Frm1_Click()　Command1_Click()

C．Form_Click()　Cmd1_Click()　　D．Frm1_Click()　Cmd1_Click()

9．下列给出的选项中，非法的变量名是（　　）。

A．Sum　　B．Integer_2　　C．Rem　　D．Form1

10．如果在被调用的过程中改变了形参变量的值；但又不影响实参变量本身，这种参数传递方式称为（　　）。

A．按值传递　　B．按地址传递　　C．ByRef 传递　　D．按形参传递

11．表达式"B=INT(A+0.5)"的功能是（　　）。

A．将变量 A 保留小数点后 1 位　　B．将变量 A 四舍五入取整

C．将变量 A 保留小数点后 5 位　　D．舍去变量 A 的小数部分

12．VBA 语句"Dim　NewArray(10)　as　Integer"的含义是（　　）。

A．定义 10 个整型数构成的数组 NewArray

B．定义 11 个整型数构成的数组 NewArray

C．定义 1 个值为整型数的变量 NewArray(10)

D．定义 1 个值为 10 的变量 NewArray

13．运行下列程序段，其结果是（　　）。

```
For　m=1　to　10　step　0
   k=k+3
Next
```

A．形成死循环　　B．循环体不执行即结束循环

C．出现语法错误　　D．循环体执行一次后结束循环

14．运行下列程序，结果是（　　）。

```
Private Sub Command32_Click()
   f0=1 : f1=1 : k=1
```

```
    Do While k<=5
        f=f0+f1
        f0=f1
        f1=f
         k=k+1
    Loop
    MsgBox  "f="  &  f
End Sub
```

A．f=5　　B．f=7　　C．f=8　　D．f=13

15．窗体有命令按钮 Commandl 和文本框 Textl，对应的事件代码如下：

```
Private Sub Commandl_Click（  ）
  For  i=1  To  4
    x=3
    For j=1 To 3
        For k=1 To 2
            x=x+3
        Next k
    Next j
  Next i
  Text1 .Value=Str（x）
End Sub
```

运行以上事件过程，文本框中的输出是（　　）。

A．6　　B．12　　C．18　　D．21

16．窗体中有命令按钮 run34，对应的事件代码如下：

```
Private Sub run34_Enter（   ）
    Dim num As Integer,a As Integer,b As Integer,i As Integer
     For i=1 To 10
         num=Val(InputBox（"请输入数据：","输入"））
        If  Int（num/2）=num/2  Then
            a=a+1
        Else
            b=b+1
        End If
      Next i
      MsgBox  "运行结果：a="  &  a  &  ",b="  &  b
End Sub
```

运行以上事件过程，所完成的功能是（　　）。

A．对输入的 10 个数据求累加和

B．对输入的 10 个数据求各自的余数，然后再进行累加

C．对输入的 10 个数据分别统计奇数和偶数的个数

D．对输入的 10 个数据分别统计整数和非整数的个数

二、思考题

1. VBA 中有几种模块？
2. 关系运算符之间有优先级吗？
3. 当条件成立时退出循环，应用哪种循环语句？
4. Dim a(10,3) As Integer 执行后，数组 a 中有多少个数组元素？
5. Recordset 记录集对象 Rs 中的记录指针移动到前一项记录用什么命令？
6. 在模块的声明部分定义符号常量时，省略 Private 或 Public 时默认为 Public?
7. 在 4 种运算符中，哪种运算符的优先级高？
8. 获取文本中的从第 3 个字符到末尾的所有字符用什么函数可以实现？
9. 赋值语句 A=B 中，是 B 向 A 赋值，还是 A 向 B 赋值？
10. InputBox 函数的返回值是什么类型的数据？

第 8 章　Web 数据库

Access 2010 和 Access Services（SharePoint 的一个可选组件）为用户提供了创建可在 Web 上使用的数据库的平台。用户可以使用 Access 2010 和 SharePoint 设计与发布 Web 数据库，拥有 SharePoint 账户的用户可以在 Web 浏览器中使用 Web 数据库。

8.1　Web 数据库概述

下面列出了一些应在开始设计 Web 数据库之前执行的任务。此外，用户应了解 Web 数据库和桌面数据库之间的设计差异，对于资深的 Access 开发人员更是如此。

（1）确定数据库的用途：制定明确计划，以便在设计详细信息时做出明智的决策。

（2）查找和组织所需的信息：在 Web 数据库中不能使用链接表。在发布之前，必须导入要使用的、并非源自该数据库的所有数据。

（3）确定将用于发布的 SharePoint 网站：没有 SharePoint，则不能发布任何内容。如果用户希望在设计时在浏览器中测试用户的设计（好主意），则必须先发布它。

（4）规划安全性：利用 SharePoint 安全性可以控制对 Web 数据库的访问。

8.1.1　桌面数据库和 Web 数据库的设计差异

桌面数据库中可以使用的某些数据库功能在 Access Services 中不可用。但是，某些新增功能支持的许多方案都与这些桌面功能所支持的方案相同。

表 8.1 列出了仅限桌面的功能以及可帮助支持相同方案的新增功能。

表 8.1　桌面数据库和 Web 数据库的设计差异

方　　案	仅限桌面的功能	新增功能
设计数据库对象	设计视图	增强的数据表视图；布局视图
查看汇总数据，例如，求和、平均值和组	组函数	数据宏；报表中的组函数
事件编程	VBA	宏和数据宏；使用智能感知的宏设计新体验
导航至数据库对象	导航窗格；切换面板	导航控件或其他窗体元素

需要注意的是，可以在 Web 数据库中创建很多客户端对象，但是不能在浏览器中使用它们。不过，它们是 Web 数据库的一部分，并且可 Access 2010 中使用。用户可在 Access 中打开 Web 数据库，然后使用客户端对象。这是共享数据库的有效方式，并且创造了通过 Web 一起工作的新机会。

8.1.2 仅限桌面的功能（没有对应的 Access Services 功能）

注意：下面的列表不是独占的。

（1）联合查询；

（2）交叉表查询；

（3）窗体上的重叠控件；

（4）表关系；

（5）设置条件格式；

（6）各种宏操作和表达式。

8.2 建立空白的 Web 数据库

（1）在“文件”选项卡上，单击“新建”，打开“Microsoft Access Backstage”视图，如图 8.1 所示，该视图是 Access 界面的一个新部件，用户可以在此界面中查找适用于整个数据库的命令，例如，“发布到 Access Services”。

图 8.1 “Microsoft Access Backstage”视图

（2）在“可用模板”下，单击“空白 Web 数据库”，如图 8.2 所示。

（3）查看“文件名”框中建议的文件名以及下面列出的数据库文件的路径。在“文件名”框中输入 Access 数据库的名称“教学管理系统”。

（4）要更改路径，单击“文件名”框旁边的浏览按钮，设置数据库文件的存放位置。

（5）单击“创建”按钮。此时将打开新的 Web 数据库，并显示一个空表。

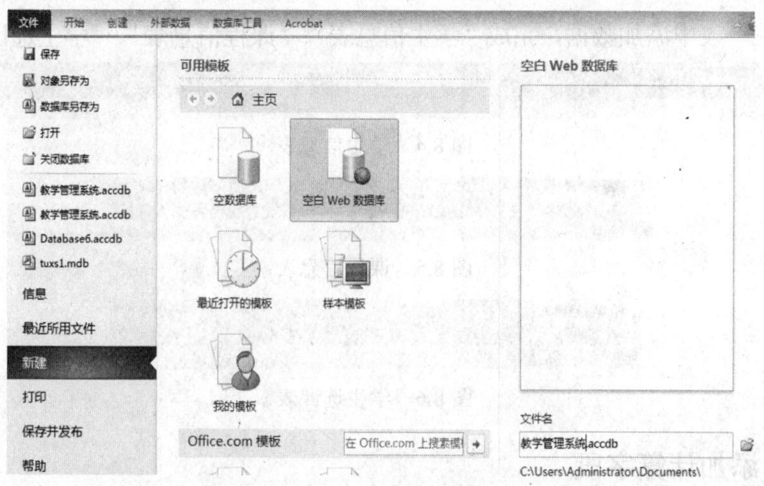

图 8.2 创建“空白 Web 数据库”

8.3 创建 Web 表

首次创建空白 Web 数据库时，Access 将创建一个新表，并在“数据表”视图中打开它。用户可以使用“字段”选项卡和“表”选项卡上的命令添加字段、索引、验证规则和数据宏。数据宏是一个新功能，允许用户基于事件更改数据。

8.3.1 创建新的 Web 表

打开用户的 Web 数据库，并执行下列操作：

（1）在“创建”选项卡上的“表”组中，单击“表”。

（2）首次创建表时，它包含一个字段：名称为 ID 的自动编号字段（“自动编号”数据类型：Microsoft Access 数据库中字段的一种数据类型，当向表中添加一条新记录时，这种数据类型会自动为每条记录存储一个唯一的编号。可以产生三种编号：顺序号、随机号和同步复制 ID）。用户可以添加新字段，以存储表主题所需的信息项目。

（3）在“创建”选项卡上的“表”组中，单击“表”，创建新表，保存表，在“另存为”对话框中输入表名称“学生信息表”如图 8.3 所示。

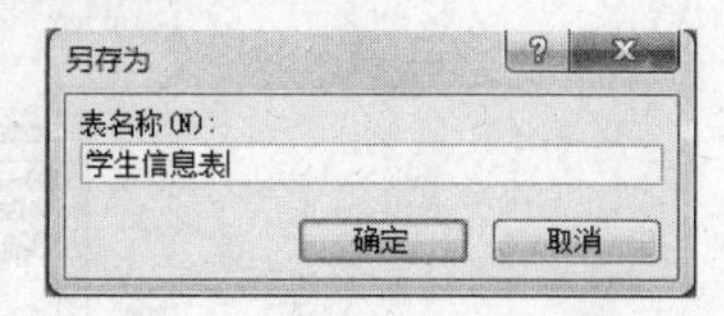

图 8.3 “另存为”对话框

8.3.2 创建 Web 表中的字段

（1）在打开表后，在“字段”选项卡的“添加和删除”组中，单击“单击以添加”，然后选择所需的数据类型“文本”。

（2）输入一个能反映其内容的字段名称“学号”，这样我们就在表中增加了一个新字段“学号”。

（3）对要创建的每个字段重复（1）、（2）步。最后我们创建的“学生信息表”如图 8.4 所示。

（4）重复以上步骤创建“课程信息表”和“学生选课表”，如图 8.5 和图 8.6 所示。

（5）向三个表中添加数据，完成“学生信息表”、“课程信息表”、“学生选课表”的建立。

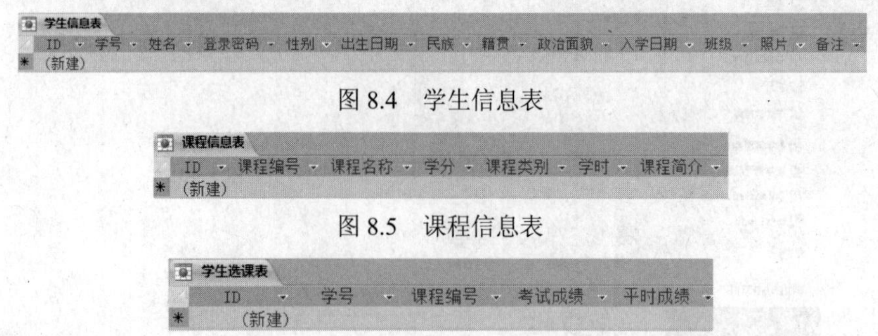

图 8.4　学生信息表

图 8.5　课程信息表

图 8.6　学生选课表

8.3.3　添加计算字段

用户可以添加一个计算字段，以显示根据同一表中的其他字段的数据计算而来的值。注意，其他表中的数据不能用作计算数据的源。下面以计算“学生成绩表”中学生的“总成绩”为例，介绍计算字段的操作方法。

（1）在打开“学生成绩表”后，单击“单击以添加”，指向“计算字段”，然后单击该字段所需的数据类型“数字”，如图 8.7（a）所示。打开“表达式生成器”，如图 8.7（b）所示。

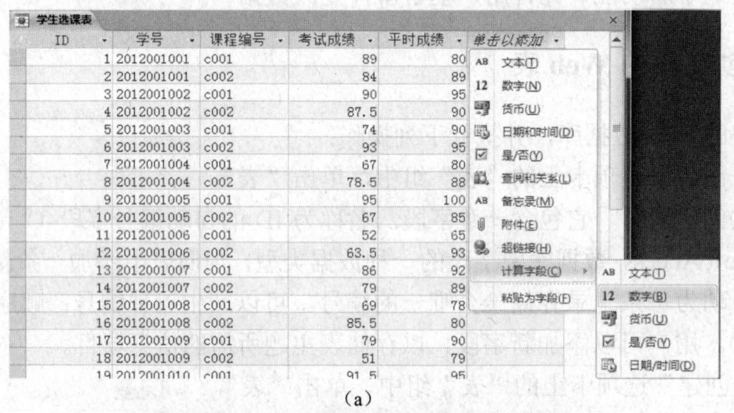

（a）

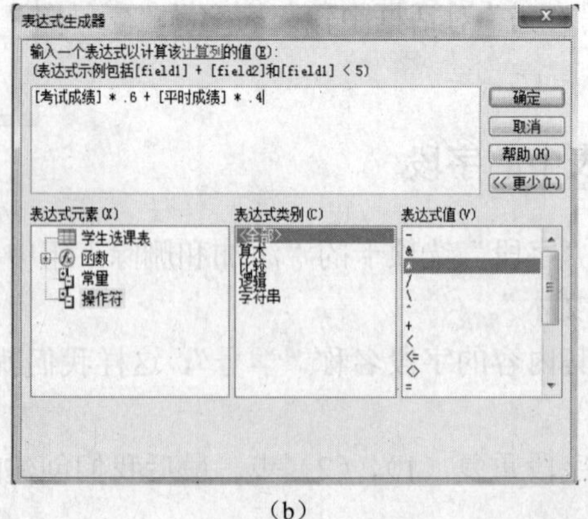

（b）

图 8.7　计算字段生成

（2）使用表达式生成器为字段创建表达式。注意，只能在表达式中使用与数据源相同的表中的其他字段。

（3）修改计算字段的标题为“总成绩”，其计算结果如图 8.8 所示。

学生选课表

ID	学号	课程编号	考试成绩	平时成绩	总成绩
1	2012001001	c001	89	80	85.4
2	2012001001	c002	84	89	86
3	2012001002	c001	90	95	92
4	2012001002	c002	87.5	90	88.5
5	2012001003	c001	74	90	80.4
6	2012001003	c002	93	95	93.8
7	2012001004	c001	67	80	72.2

图 8.8　“总成绩”计算结果

8.3.4　创建两个 Web 表之间的关系

若要在 Web 数据库中创建关系，用户可以使用查阅向导创建一个查阅字段。查阅字段转至位于此关系的“多”端的表“学生选课表”，并指向位于此关系的“一”端的表“学生信息表”。

（1）在“数据表”视图中创建查阅字段。

① 打开要建立关系的“多”端的表“学生选课表”。

② 单击“单击以添加”然后单击“查阅和关系”，打开“查阅向导”。

③ 按照查阅向导的步骤进行操作以创建查阅字段“学生信息”。

（2）在“数据表”视图中修改查阅字段。

① 打开包含要修改的查阅字段的表。

② 执行下列操作之一：

- 在“字段”选项卡上的“属性”组中，单击“修改查阅”。
- 右键单击该查阅字段，然后单击“修改查阅”。

③ 按照查阅向导的步骤进行操作。

（3）使用数据宏维护数据完整性。

使用数据宏可以实现级联更新和删除。可以使用“表”选项卡上的命令创建修改数据的嵌入宏。

8.4　创建导航窗体

创建导航窗体，以便能够在各个窗体之间进行导航，并指定在他人通过 Web 浏览器打开用户的应用程序时显示此导航窗体。但是，如果用户未指定要在应用程序启动时显示的窗体，将不会打开任何窗体，而且任何人使用该应用程序都将非常困难。

注意，用户可能需要等到最后才能创建导航窗体，因此，用户可以在创建此窗体时向其添加所有对象。

（1）创建导航窗体。

① 在功能区上，单击“创建”选项卡。

② 在“窗体”组中，单击“导航”，然后从列表中选择导航布局“水平标签”。

③ 添加项目：将“学生信息”、“课程信息”、“学生选课”三个窗体从“导航窗体”拖至导航控件中，如图 8.9 所示。注意，只能向导航控件添加窗体和报表。

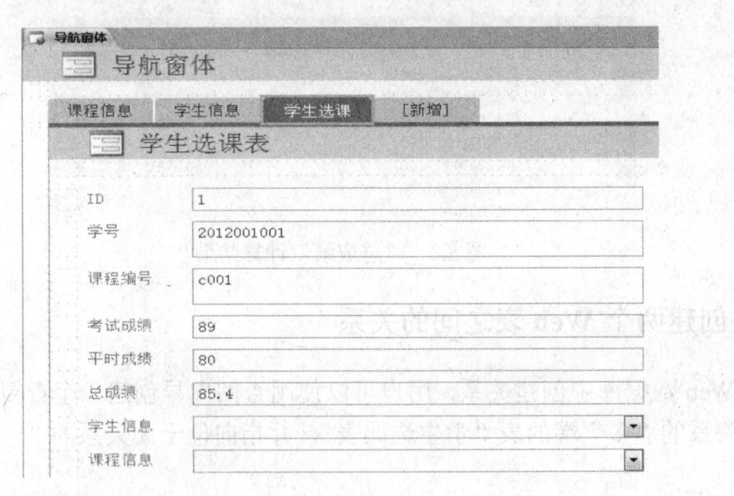

图 8.9 导航窗体

（2）将导航窗体设置为默认 Web 显示窗体。

① 在“文件”选项卡上的“帮助”下，单击“选项”。

② 在“Access 选项”对话框中，单击“当前数据库”。

③ 在“应用程序选项”下，单击“Web 显示窗体”，然后从列表中选择导航窗体。

8.5 发布和同步对应用程序所做的更改

（1）发布 Web 数据库。

① 在“文件”选项卡上，单击“保存并发布”，然后单击“发布到 Access Service”。

② 单击“运行兼容性检查器”，如图 8.10 所示。

图 8.10 “运行兼容性检查器”

③ 兼容性检查器可帮助确保用户的数据库正确发布。如果发现任何问题，用户应该在发布之前解决这些问题。注意，如果发现任何问题，Access 会将问题存储在名为“Web 兼容性问题”的表中。表中包含指向疑难解答信息的链接。

④ 在“发布到 Access Services”下面，填写以下内容：

在“服务器 URL”框中，输入用户要在其中发布数据库的 SharePoint 服务器的网址。例如，http://Contoso/。

在“网站名称”框中，输入 Web 数据库的名称。此名称将附加在服务器 URL 后面，以生成应用程序的 URL。例如，如果“服务器 URL”为 http://Contoso/，“网站名称”为“ CustomerService”，那么 URL 为“http://Contoso/CustomerService”。

⑤ 单击“发布到 Access Services”。

（2）同步 Web 数据库。

① 在完成设计更改或将数据库脱机后，用户最终需要同步。同步可弥补计算机上的数据库文件与 SharePoint 网站上的数据库文件之间的差异。

② 在 Access 中打开 Web 数据库并做设计更改。

③ 完成后，单击“文件”选项卡，然后单击“全部同步”，如图 8.11 所示。

图 8.11 “全部同步”按钮

本章小结

本章介绍了 Access 2010 Web 数据库的一些基础知识，包括空白 Web 数据库的建立、Web 数据库中表的建立、两个 Web 表之间关系的建立、创建导航窗体、发布 Web 数据库和同步 Web 数据库等知识。

习题

一、选择题

1．构成网络数据库环境，下面哪一项是不必要的（ ）。

A．Web 服务器

B．数据库管理系统

C．客户端浏览器 Internet Explorer

D．网页制作软件 DreamWeaver

2．在 OBDC 中，要想设置 Acccess 2010 数据库，必须选择（ ）驱动程序。

A．Microsoft Access Driver (*.accdb)　　B．Microsoft FoxPro VFP Driver (*.dbf)

C．Access Driver (*.accdb)　　D．Microsoft Driver (*.dbf)

3．下面（ ）选项不是 Access 2010 桌面数据库的特有功能？

A．联合查询　　B．切换面板　　C．关系　　D．报表

4．Access 2010 Web 数据库中允许通过浏览器访问的是（ ）。

A．表　　B．宏　　C．关系　　D．报表

5．Access 2010 Web 数据库中，只能向导航窗体的导航控件中增加（ ）。

A．窗体和报表　　B．表和查询　　C．窗体和查询　　D．报表和查询

6．Access 2010 Web 数据库中，向表中添加一个计算字段，该计算字段的表达式（ ）。

A．可以是一个表中的数据

B．可以是两个表中的数据

C．可以是三个表中的数据

D．只能为表达式使用与数据源相同的表中的其他字段

7．Access 2010 Web 数据库中，创建两个 Web 表之间的关系，可以通过（　　）建立。

A．关系　　B．查阅字段　　C．查阅属性　　D．宏

8．Access 2010 Web 数据库中，“兼容性检查器”（　　）。

A．检查 Web 表的正确性

B．检查 Web 数据库应用程序是否符合发布到 Web 的标准

C．检查 Web 报表的正确性

D．检查 Web 窗体的正确性

9．Access 2010 Web 数据库中，同步 Web 数据库是指（　　）。

A．将计算机上的 Web 数据库文件上传到 SharePoint 网站

B．将 SharePoint 网站的 Web 数据库文件下载到计算机上

C．去除计算机上的 Web 数据库文件与 SharePoint 网站上的数据库文件之间的差异

D．从 Web 浏览器打开数据库

10．Access 2010 Web 数据库中不能使用（　　）。

A．表　　B．查询　　C．窗体　　D．链接表

二、思考题

1．和 Access 2010 桌面数据库比较，Access Web 数据库有什么优点？

2．Access 2010 Web 数据库能否使用表中的关系？

3．Access Web 数据库和 Access 2003 的数据访问页有什么不同？

4．Access Web 数据库支持的字段的数据类型有哪些？

5．Access Web 数据库如何建立查阅字段？

6．Access 桌面数据库特有的功能有哪些？

7．如何建立 Access Web 数据库？

8．如何创建 Access Web 数据库中的导航窗体？

9．如何发布 Access Web 数据库？

10．如何同步 Access Web 数据库？

第9章 数据安全

数据安全包括两层含义：一是系统运行安全，计算机系统经常受到的威胁包括计算机感染病毒，导致系统无法正常运行，另外还有一些非法分子通过网络途径侵入计算机，使系统无法正常启动；二是数据库应用系统安全，主要是指为防止非授权访问而造成信息泄露的数据访问安全和防止意外灾难事故造成数据丢失的数据存储安全，以及数据传输过程中的数据传输安全等。数据库中的数据从开始建立到不断补充完善，需要花费大量的人力物力，所以保证数据的安全是非常重要的。

本章结合 Access 中具体的安全措施对数据访问安全和数据存储安全做简要介绍。

9.1 使用数据库密码加密 Access 数据库

Access 中的加密工具合并了两个旧工具（编码和数据库密码），并加以改进。使用数据库密码来加密数据库时，所有其他工具都无法读取数据，并强制用户必须输入密码才能使用数据库。Access 2010 中加密所使用的算法比早期版本的 Access 使用的算法更强。

9.1.1 设置密码

设置密码时先以独占方式打开数据库，再进行密码的设置。

1. 以“独占”方式打开数据库

（1）关闭当前打开的数据库。

（2）打开“文件”选项卡，单击“打开”，出现“打开”对话框。

（3）在对话框中找到要打开的数据库文件，并选定。

（4）单击对话框“打开”按钮右侧箭头，在下拉列表中选择“以独占方式打开”，如图 9.1 所示。

说明：为数据库设置密码时，必须以“独占”方式打开数据库，否则会出现如图 9.2 的提示信息。当以“独占”方式打开数据库后，即使此数据库文件已共享，网络上的其他用户也不能再打开它。

2. 设置密码

（1）单击“文件”→“信息”→“用密码进行加密”，如图 9.3 所示。

（2）在“设置数据库密码”对话框中的“密码”栏中输入要设置的密码，并在“验证”栏中再次输入同样的密码，如图 9.4 所示。

密码区分大小写，可使用字母、符号和数字。由大、小写字母和符号、数字组合成的密码安全性较高。

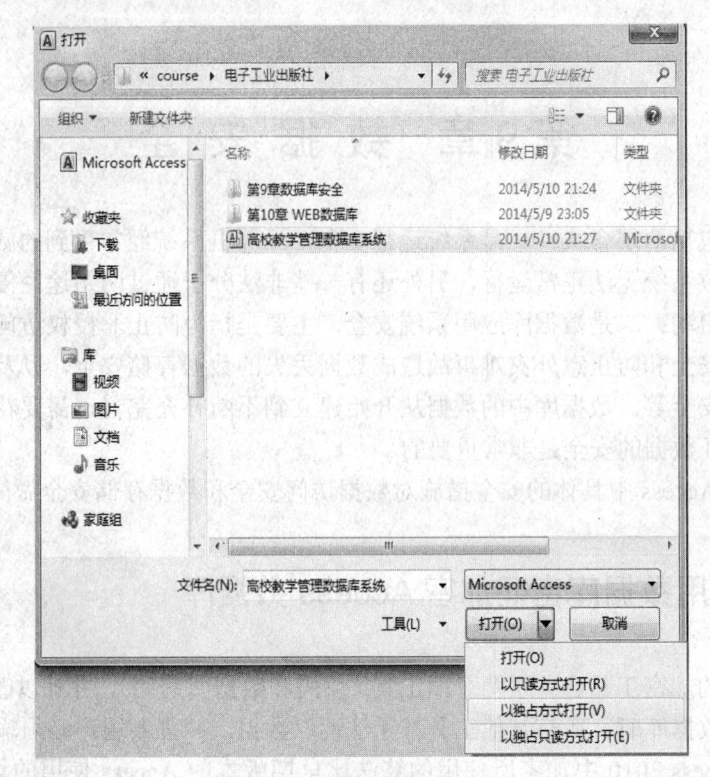

图 9.1　以独占方式打开数据库

图 9.2　以独占方式打开数据库的提示

图 9.3　设置数据库密码菜单

图 9.4 “设置数据库密码”对话框

9.1.2 使用密码打开数据库

当打开已设置密码的数据库时，会弹出如图 9.5 所示的输入密码提示框，只有输入正确的密码才可以打开数据库。否则，输入错误的密码时，会出现如图 9.6 所示的错误提示。

图 9.5 要求输入密码

图 9.6 提示密码输入错误

9.1.3 撤销数据库密码

撤销数据库密码也需要以“独占”方式打开数据库，然后单击“文件”→“信息”→“解密数据库”菜单命令，如图 9.7 所示。

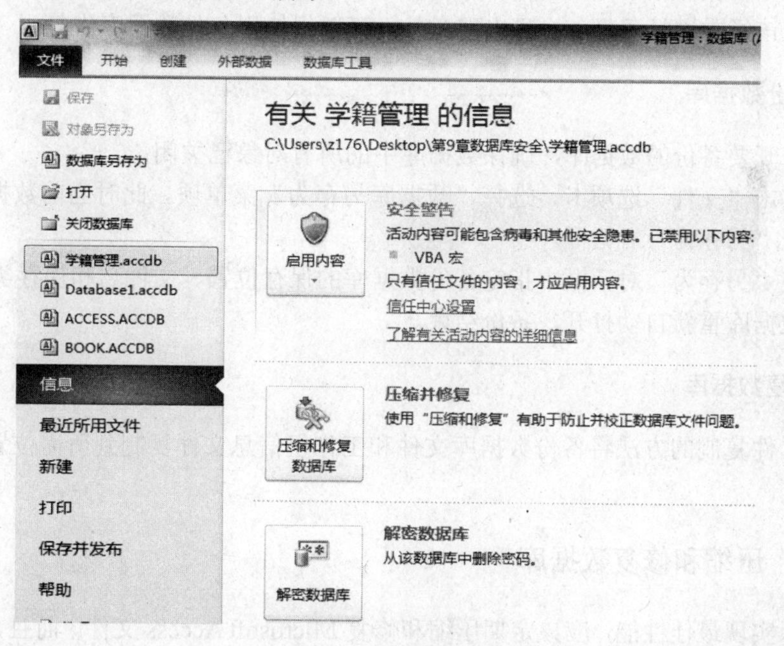

图 9.7 解密数据库

在“撤销数据库密码”对话框，为了证明你有权利撤销密码，系统要求再次输入原数据库密码，如图 9.8 所示。输入正确的密码后单击“确定”按钮，数据库密码即撤销，再次打开数据库时不再询问密码。

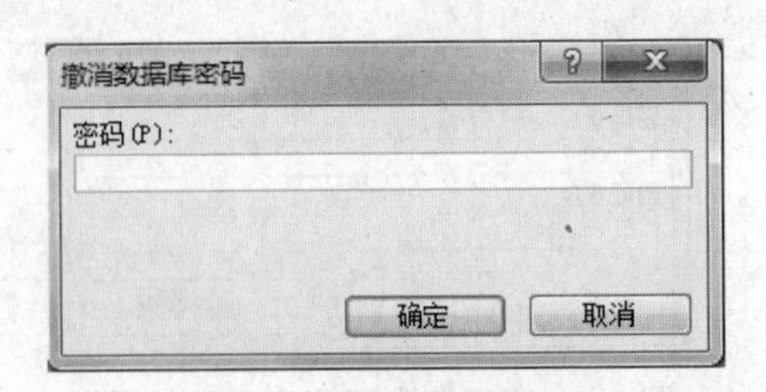

图 9.8　撤销数据库密码

数据库密码这种安全机制中的密码以不加密的形式保存在 .accdb 中，密码容易被破解，且一旦以正确的密码打开数据库后，数据库中的所有对象都可以做各种操作，故这种安全机制的安全性较低。

9.2　数据存储安全

数据库的错误操作或一些意外灾难，都可能使数据库中的宝贵数据损坏或丢失，带来无法弥补的损失。为了避免这种情况，应该加强对数据库存储的安全管理。

数据存储安全管理措施有“备份/恢复数据库”和“压缩和修复数据库”等。

9.2.1　备份/恢复数据库

为了保证数据库中数据的安全，避免意外事件或错误操作损坏数据，对于重要的数据库，我们应该经常进行备份，一旦出现意外，可以很快用备份数据库恢复。

1. 备份数据库

（1）打开要备份的数据库，确保数据库中的所有对象已关闭。

（2）单击“文件”选项卡，选择“数据库另存为”菜单项。此时当前数据库会自动关闭，并出现“另存为”对话框。

（3）在“另存为”对话框中指定备份数据库的保存位置、文件名和保存类型。

（4）数据库重新自动打开，备份结束。

2. 恢复数据库

使用文件复制的方法将备份数据库文件和工作组信息文件复制到所需位置，改为正确的名称即可。

9.2.2　压缩和修复数据库

为确保实现最佳性能，应该定期压缩和修复 Microsoft Access 文件。而且，如果在用户使用 Access 文件过程中发生了严重的问题，并且 Access 试图恢复时，用户会收到一条消息，告知修复操作已取消，应该压缩并修复文件。

为了压缩和修复 Access 数据库，用户必须对该 Access 数据库具有“打开/运行”和“以独占方式打开”的权限。

1．压缩和修复当前数据库

（1）如果要压缩位于网络上的共享 Microsoft Access 数据库，请确保没有其他用户打开它。

（2）在“文件”选项卡上，指向“信息”，然后单击“压缩并修复”。

（3）系统会自动关闭当前数据库并进行压缩和修复，压缩修复完成后的数据库会自动打开。

2．压缩和修复未打开的数据库

（1）关闭当前 Microsoft Access 文件。如果要压缩位于网络上的共享数据库时，请确保没有其他用户打开它。

（2）在“数据库工具”选项卡上，然后单击“压缩和修复数据库”。

（3）在“压缩数据库来源”对话框中，指定要压缩的 Access 文件，然后单击“压缩”。

（4）在“将数据库压缩为”对话框中，为压缩的 Access 文件指定保存位置、文件名、和文件类型。

（5）单击“保存”按钮。

如果使用相同的保存位置、文件名和文件类型，并且成功地压缩了 Access 数据库或 Access 项目，Microsoft Access 就用压缩的版本替换原文件。

3．每次关闭数据库时对其进行压缩和修复

（1）打开想要 Microsoft Access 自动压缩的 Access 数据库。

（2）在“文件”菜单上，单击“选项”。

（3）在“Access 选项”对话框中，单击“当前数据库”选项卡。

（4）选中“关闭时压缩”复选框。

如果数据库为网络上的共享数据库，即使本机关闭，如果网络上还有其他用户打开该数据库，则压缩和修复不会进行。

9.3 使用受信任位置中的数据库

将 Access 数据库放在受信任位置时，所有 VBA 代码、宏和安全表达式都会在数据库打开时运行。不必在数据库打开时做出信任决定。

查找或创建受信任位置，然后将数据库添加到该位置的步骤如下。

（1）在“文件”选项卡上，单击“选项”，弹出“Access 选项”对话框，如图 9.9 所示。

（2）单击“信任中心”→“信任中心设置”→“受信任位置”，打开“信任中心”对话框，如图 9.10 所示。

（3）创建新的受信任位置。单击“添加新位置”，然后完成“Microsoft Office 受信任位置”对话框中的设置，最后将数据库放在受信任位置，如图 9.11 所示。

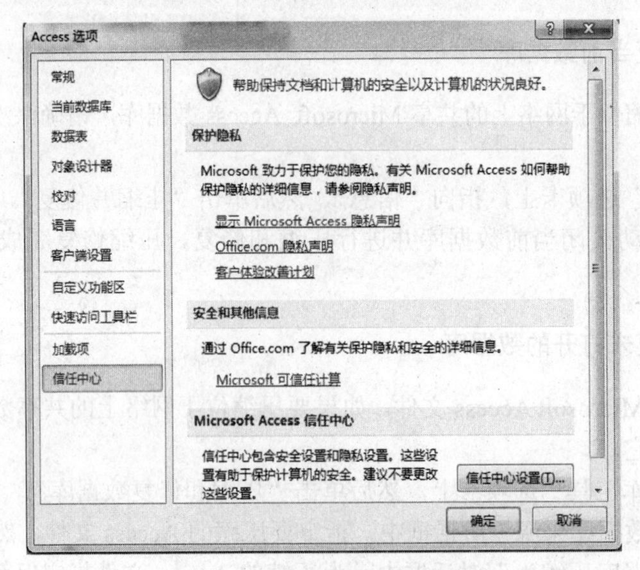

图 9.9 “Access 选项”对话框

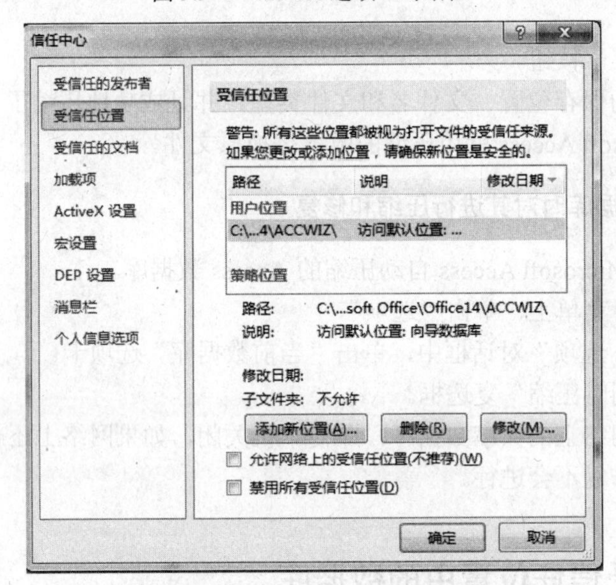

图 9.10 “信任中心”对话框

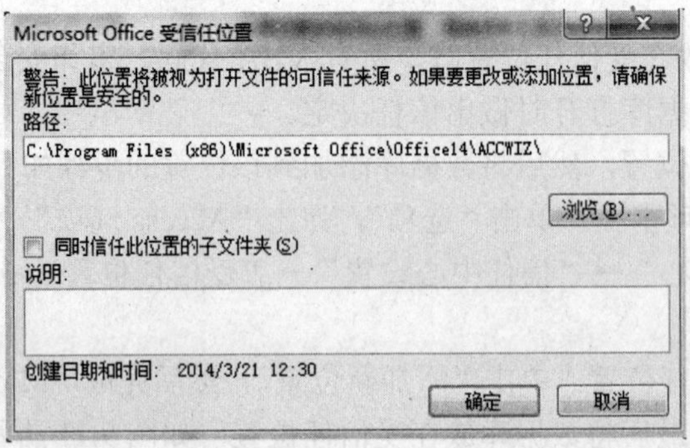

Microsoft Office 受信任位置

警告：此位置将被视为打开文件的可信任来源。如果要更改或添加位置，请确保新位置是安全的。

路径:

C:\Program Files (x86)\Microsoft Office\Office14\ACCWIZ\

浏览(B)...

同时信任此位置的子文件夹(S)

说明:

创建日期和时间: 2014/3/21 12:30

确定 取消

图 9.11 “Microsoft Office 受信任位置”对话框

（4）将数据库放在受信任位置。

使用熟悉的方法将数据库文件移动或复制到受信任位置。例如，可以使用 Windows 资源管理器复制或移动文件，也可以在 Access 中打开文件，然后将它保存到受信任位置。

（5）在受信任位置打开数据库。

使用喜欢的方法打开文件。例如，可以在 Windows 资源管理器中双击数据库文件，或者可以在 Access 运行时单击“文件”选项卡上的“打开”按钮以找到并打开文件。

9.4 打包、签名和分发数据库

使用 Access 可以轻松而快速地对数据库进行签名和分发。在创建.accdb 文件或.accde 文件后，可以将该文件打包，对该包应用数字签名，然后将签名包分发给其他用户。“打包并签署”工具会将该数据库放置在 Access 部署（.accdc）文件中，对其进行签名，然后将签名包放在用户确定的位置。随后，其他用户可以从该包中提取数据库，并直接在该数据库中工作，而不是在包文件中工作。

在操作过程中，请记住下列事实：

（1）将数据库打包并对包进行签名是一种传达信任的方式。在对数据库打包并签名后，数字签名会确认在创建该包之后，数据库未进行过更改。

（2）从包中提取数据库后，签名包与提取的数据库之间将不再有关系。

（3）仅可以在以 .accdb、.accdc 或 .accde 文件格式保存的数据库中使用“打包并签署”工具。Access 还提供了用于对以早期版本的文件格式创建的数据库进行签名和分发的工具。所使用的数字签名工具必须适合于所使用的数据库文件格式。

（4）一个包中只能添加一个数据库。

（5）该过程将对包含整个数据库的包（而不仅仅是宏或模块）进行签名。

（6）该过程将压缩包文件，以便缩短下载时间。

下面各部分中的步骤将解释如何创建签名包文件以及如何从签名包文件中提取和使用数据库。

9.4.1 创建签名包

（1）打开要打包和签名的数据库。

（2）单击“文件”→“保存并发布”，然后在“高级”下单击“打包并签署”，如图 9.12 所示。

（3）出现“选择证书”对话框，如图 9.13 所示。选择数字证书后单击“确定”按钮。

（4）出现“创建 Microsoft Access 签名包”对话框，如图 9.14 所示。

（5）选择文件保存的位置，在“文件名”框中为签名包输入名称，然后单击“创建”按钮。Access 将创建 .accdc 文件并将其放置在用户选择的位置。

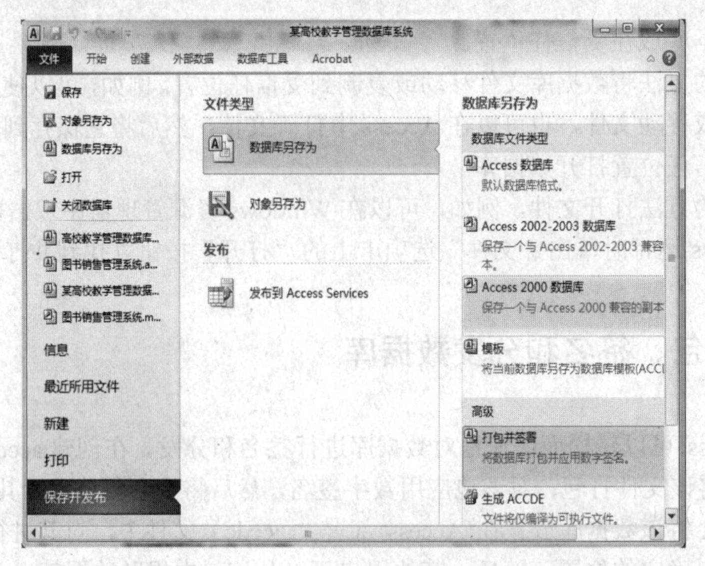

图 9.12 “保存并发布”窗口

图 9.13 Windows 安全“选择证书”对话框

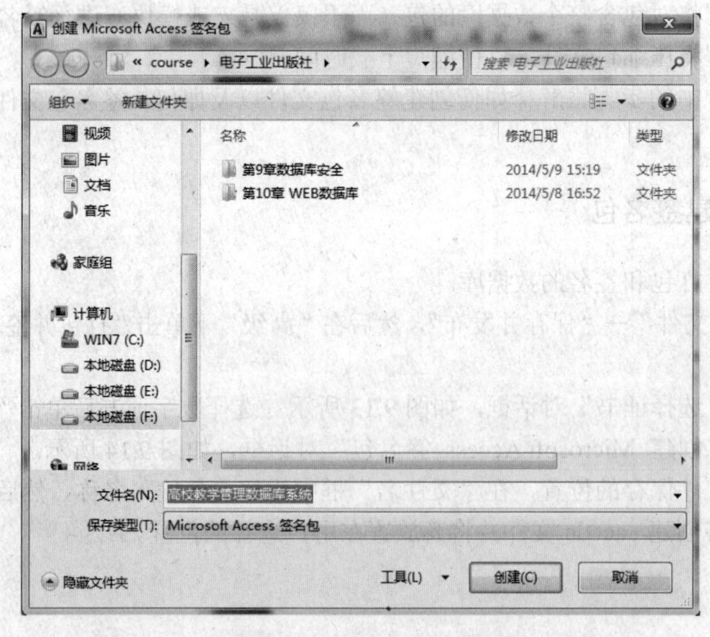

图 9.14 “创建 Microsoft Access 签名包”对话框

9.4.2　提取并使用签名包

（1）在“文件”选项卡上，单击“打开”，将出现“打开”对话框。

（2）选择“Microsoft Office Access 签名包（*.accdc）”作为文件类型。

（3）使用“查找范围”列表找到包含 .accdc 文件的文件夹，选择该文件，然后单击“打开”按钮。

如果选择了信任用于对部署包进行签名的安全证书，如图 9.15 所示，则会出现“将数据库提取到”对话框。

（4）在“保存位置”列表中为提取的数据库选择一个位置，然后在“文件名”框中为提取的数据库输入其他名称，单击“确定”按钮。

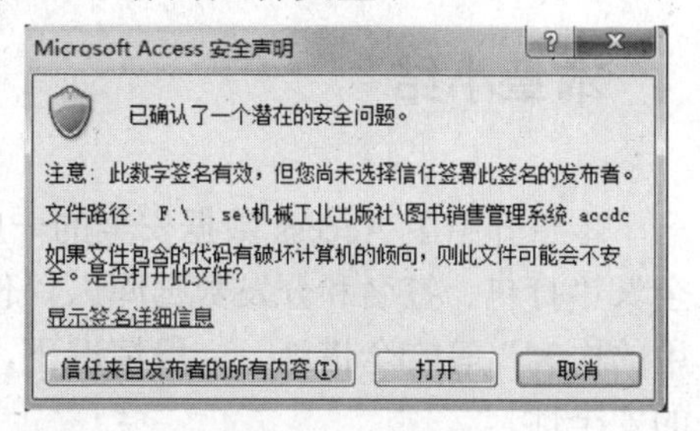

图 9.15　安全声明

> **注意**：如果使用自签名证书对数据库包进行签名，然后在打开该包时单击了“信任来自发布者的所有内容”按钮，则将始终信任使用自签名证书进行签名的包。

提示：如果将数据库提取到一个受信任位置，则每当打开该数据库时其内容都会自动启用。但如果选择了一个不受信任的位置，则默认情况下该数据库的某些内容将被禁用。

9.5　打开数据库时启用禁用的内容

在默认情况下，如果不信任数据库且没有将数据库放在受信任位置，Access 将禁用数据库中所有可执行内容。打开数据库时，Access 将禁用该内容，并显示安全警告消息，如图 9.16 所示。

图 9.16　安全警告消息

此外，与 Access 2003 不同，在默认情况下，当打开数据库时，Access 不再显示一组模式对话框（需要先做出选择后才能执行其他操作的对话框）。如果愿意显示一组模式对话框，则可以添加注册表项并显示旧的模式对话框。

1．信任数据库

不管 Access 在打开数据库时的行为如何，如果数据库来自可靠的发布者，就可以选择启用文件中的可执行组件以信任数据库。在消息栏中，单击“启用内容”按钮，如图 9.16 所示。

> **注意**：单击“启用内容”时，Access 将启用所有禁用的内容（包括潜在的恶意代码）。如果恶意代码损坏了数据或计算机，Access 无法弥补该损失。

2. 隐藏消息栏

单击消息栏右上角的“关闭”按钮，消息栏即会关闭。除非将数据库移到受信任位置，否则在下次打开数据库时仍会重新显示消息栏。

本章小结

本章介绍了 Access 数据安全的一些具体措施，包括“数据库密码管理”、“数据存储安全”、“打包、签名和分发数据库”、“使用受信任位置的数据库”和“打开数据库时启用禁用的内容”等安全措施。一般情况下，我们可能需要多种安全措施同时使用才能提高数据的安全性。

习题

一、选择题

1. 对数据库实施（　　）操作可以消除对数据库频繁更新数据带来的大量碎片。

A. 压缩　　B. 备份　　C. 另存为　　D. 加密

2. 设置数据库密码时，该数据库文件以（　　）方式打开。

A. 只读　　B. 共享　　C. 独占　　D. 独占只读

3. 下列说法正确的是（　　）。

A. 设置数据库密码是登录数据库之后，判断用户权限，若密码正确，可以访问数据库

B. 设置数据库密码是登录数据库之前，判断用户权限，若密码正确，可以访问数据库

C. 加密数据库和设置数据库密码是完全相同的

D. 设置数据库密码是对数据库进行改写，即使非法用户打开了数据库也无法识别数据库中的内容

4. 下列说法的正确是（　　）。

A. 数据库的压缩和修复不能提高系统的性能，只是改变文件的存储空间

B. 数据库使用一段时间后，数据库会逐渐膨胀，但不影响运行速度

C. 经常对数据库进行压缩和修复，对应用程序本身的性能有很多提高

D. 压缩和修复数据库不需要进行

5. 数据库的副本可以用来（　　）数据库。

A. 加密　　B. 提高效率　　C. 恢复　　D. 添加访问的权限

6. 在压缩数据库时，压缩的是数据库对象的（　　）。

A. 非使用空间　　B. 字符串　　C. 字体　　D. 去掉多媒体部分

7. 对用户访问数据库的权限加以限定是为了保护数据库的（　　）。

A. 安全性　　B. 完整性　　C. 一致性　　D. 并发性

8. 用于数据库恢复的重要文件是（　　）。

A. 日志文件　　B. 索引文件　　C. 数据库文件　　D. 备注文件

9. 保护数据库，防止未经授权或不合法使用造成的数据泄露和破坏，这是指数据库的（　　）。

A. 安全性　　B. 完整性　　C. 并发控制　　D. 恢复技术

10. 数据库的（　　）是指数据的正确性和相容性。

A. 完整性　　B. 安全性　　C. 并发控制　　D. 系统恢复

二、思考题

1. 什么是数据库的安全性？
2. 数据库的安全性和计算机的安全性有什么关系？
3. 简述实现数据库安全性的常用方法和技术。
4. 何时需要压缩和修复数据库？
5. 如何给数据库设置密码？
6. 如果忘记数据库密码，是否就无法打开数据库？
7. 数据库加密和设置密码的区别是什么？
8. 仅仅设置数据库密码是否安全？为什么？
9. 数据库打包的目的是什么？
10. 数据库运行过程中可能产生的故障有哪几类?各类故障如何恢复?
11. 什么是数据库管理系统的安全保护？
12. 数据备份的主要方式是什么？

第 10 章　学生信息管理系统的设计与实现

Access 不仅可以作为数据存储工具，还可以用它进行数据库应用系统的开发。前面已经分章节介绍了 Access 的各种功能，现在可以综合起来建立一个简单的数据库应用系统了。本章将以教学管理系统学生端——“学生信息管理系统”子系统为例，介绍数据库应用系统的设计与实现。

10.1　学生信息管理系统的设计

建立一个简单的数据库应用系统，首先应考虑该系统需要实现什么样的功能，然后根据功能确定如下的事情：

- 数据表的结构与关系；
- 表中数据的录入与修改将以何种方式进行，是窗体还是查询；
- 对表中的数据进行哪些方面的查询和统计；
- 交互式人机界面的设计；
- 数据输出的方式；
- 数据安全。

最后，将这些功能以某种流程组合在一起，构成一个较为完整的数据库应用系统。

10.1.1　学生信息管理系统的功能

本章所介绍的学生信息管理系统是教学管理系统的一个子系统，它是从学生的角度对数据库进行管理的系统。学生信息管理系统将实现学生个人信息的修改、选课信息的管理，以及课程成绩的显示等功能，这是一个简单的数据库应用。

在学生信息管理系统中将包含以下功能。

1．数据信息的修改

数据的修改，包括：学生个人信息的修改，登录密码的修改等。

2．数据的查询与统计

可以进行已选课程的查询、可选课程的查询，以及成绩的查询等。

3．数据信息的展示

学生选修所有课程成绩报表等。

4．数据安全

简单的学生登录验证。

10.1.2 学生信息管理系统的设计步骤

1．数据表的设计

在学生信息管理系统中包含 7 个数据表：学生信息表、学生选课表、课程信息表、班级信息表、学院信息表、教师信息表和教师授课表。

2．查询的设计

在学生信息管理系统中将包含以下查询：修改密码查询、可选课程查询、学生成绩报表查询、学生成绩查询、学生选课登录窗查询、学生选课统计查询、已选课程查询和班级中学生成绩查询，这些查询分别用于窗体和报表的数据源。

3．窗体的设计

在学生信息管理系统中采用窗体进行人机交互，这些窗体主要有：学生登录窗、导航窗体、可选课程信息窗、密码修改窗、选课操作窗、学生成绩查询窗、学生个人信息窗和已选课程信息窗。

4．报表的设计

在学生信息管理系统中的报表有：学生成绩统计报表和班级中学生成绩报表。

系统流程如图 10.1 所示。

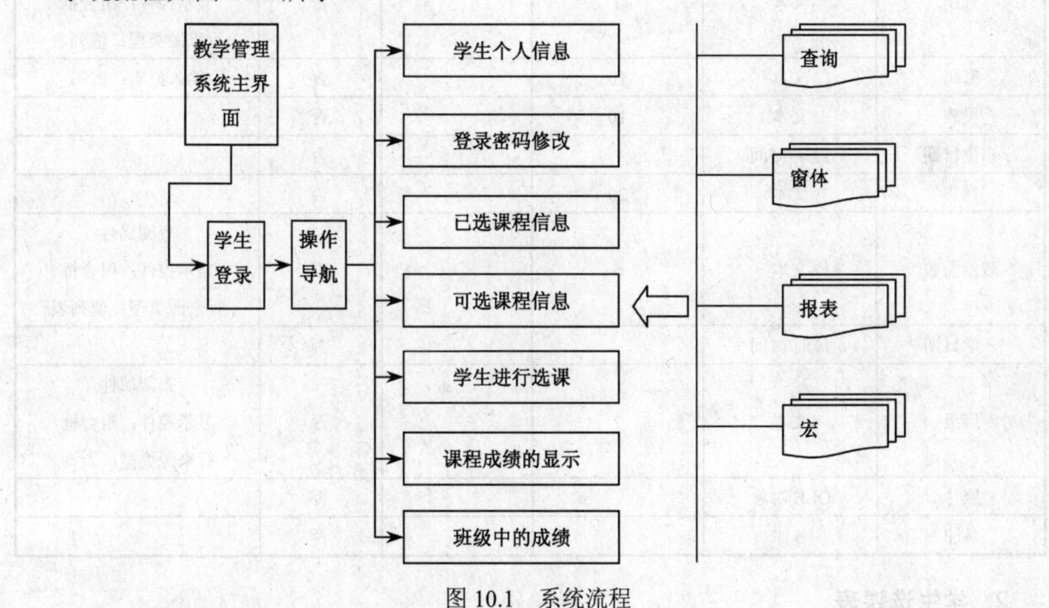

图 10.1　系统流程

5．宏的设计

在学生信息管理系统中，窗体内容的展示需要用宏和 VBA 代码来实现，其中宏主要有：学生登录窗用宏、登录用户重新查询宏、退出登录宏、可选课程用宏和修改密码宏等。

6. VBA 模块的设计

在学生信息管理系统中将在导航窗体、密码修改窗、选课操作窗等窗体中添加 VBA 程序。

10.2 创建表及表间关系

10.2.1 创建系统所需的数据表

根据“第三范式”的建表原则，创建 7 个数据表：学生信息表、学生选课表、课程信息表、班级信息表、学院信息表、教师信息表和教师授课表。

1. 学生信息表

学生信息表记载了学生的详细信息，见表 10.1。

表 10.1 学生信息表

字段名称	数据类型	字段大小	主键	必填字段	其他
学号	文本	10	是	是	
姓名	文本	20		是	
性别	文本	1		否	查阅属性 显示控件：组合框 行来源类型：值列表
密码	文本	10		否	输入掩码：密码
民族	文本	10		否	
出生日期	日期/时间			否	
籍贯	文本	20		否	
政治面貌	文本	5		否	查阅属性 显示控件：组合框 行来源类型：值列表
入学日期	日期/时间			否	
班级	文本	7		否	查阅属性 显示控件：组合框 行来源类型：查询
照片	OLE 对象			否	
备注	备注			否	

2. 学生选课表

学生选课表记录了所有学生的选课情况，见表 10.2。

表 10.2　学生选课表

字段名称	数据类型	字段大小	主键	必填字段	其他
学号	文本	10	是	否	
课程编号	文本	4	是	否	
考试成绩	数字	单精度型		否	
平时成绩	数字	单精度型		否	

3．课程信息表

课程信息表记录了所有课程的信息，见表 10.3。

表 10.3　课程信息表

字段名称	数据类型	字段大小	主键	必填字段	其他
课程编号	文本	4	是	是	
课程名称	文本	20		是	
学分	数字	字节		否	
课程类别	文本	5		否	
学时	数字	字节		否	
课程简介	备注			否	

4．班级信息表

班级信息表记录了班级的信息，见表 10.4。

表 10.4　班级信息表

字段名称	数据类型	字段大小	主键	必填字段	其他
班级编号	文本	7	是	是	
班级名称	文本	8		是	
学生数	数字	字节		否	
所属学院	文本	3		否	查阅属性 显示控件：组合框 行来源类型：查询

5．学院信息表

学院信息表记录了学院的信息，见表 10.5。

表 10.5　学院信息表

字段名称	数据类型	字段大小	主键	必填字段	其他
学院编号	文本	3	是	是	
学院名称	文本	20		是	
院办电话	文本	12		否	
正院长	文本	4		否	

6．教师信息表

教师信息表记录了教师的基本信息，见表 10.6。

表 10.6　教师信息表

字段名称	数据类型	字段大小	主键	必填字段	其他
教师编号	文本	4	是	是	
姓名	文本	20		是	
职称	文本	3		否	查阅属性 显示控件：组合框 行来源类型：值列表
所属学院	文本	3		否	查阅属性 显示控件：组合框 行来源类型：查询
教学网站	超链接			否	
QQ 号	文本	11		否	

7．教师授课表

教师授课表记录了教师的授课信息，见表 10.7。

表 10.7　教师授课表

字段名称	数据类型	字段大小	主键	必填字段	其他
教师编号	文本	4	是	是	
课程编号	文本	4	是	是	
班级编号	文本	7	是	是	
学期	文本	15		否	

数据表的结构建好后，就可以录入记录了，如果手头有你所在学校的学生、课程等数据，就可以把这些数据导入或复制到表中。

10.2.2　创建表间关系

如图 10.2 所示，课程信息表分别与学生选课表和教师授课表建立一对多的关系；学院信息表分别与班级信息表和教师信息表建立一对多的关系；班级信息表分别与学生信息表和教师授课表建立一对多的关系；教师信息表和教师授课表是一对多的关系。

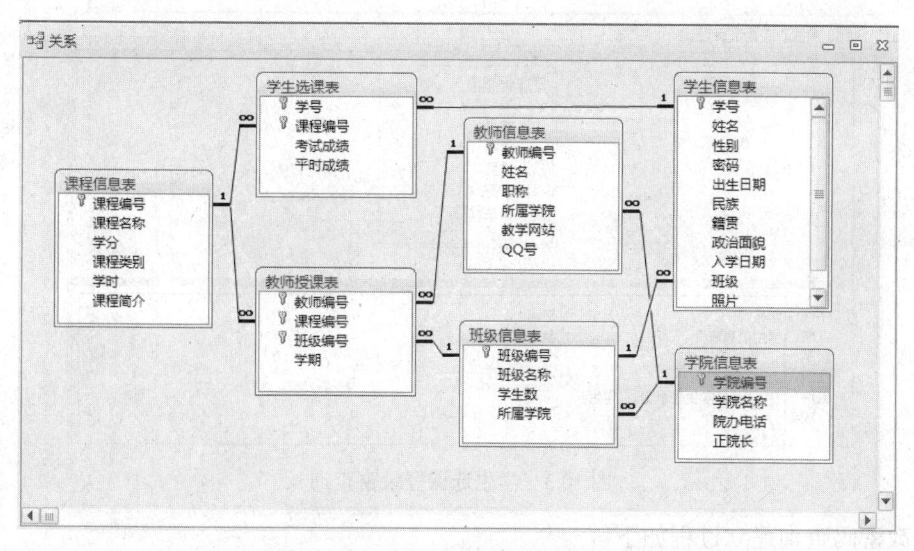

图 10.2 建立表间关系

10.3 创建查询

数据表用来存储系统中的基础数据，但光有基础数据并不能完全满足用户对数据信息展示的需要，也不利于数据安全，所以应采用其他的方法多样化地对数据进行展示。这其中，查询就是重要的方式。

下面，将按照窗体、报表等对象对数据组织的需要，分别介绍系统所需要的各个查询。

10.3.1 “学生登录窗”所需查询

学生登录窗需要“学生选课登录窗查询”作为数据源。这个查询的作用是为学生登录窗提供系统使用人员的“学号”和“密码”，以供登录时验证是否可以使用系统。

“学生选课登录窗查询”建立过程如下。

（1）在数据库窗口中单击“创建”选项工具栏中的“查询设计”。

（2）在“显示表”窗口中选择“学生信息表”，单击“添加”按钮后关闭此窗口。

（3）双击“学号”和“密码”两个字段，将其添加到“字段”行。

（4）在“学号”列下方的“条件”行中输入“[Forms]![学生登录窗]![学生]”。“学生登录窗”是窗体名称，“学生”是窗体上的组合框控件名称。

（5）保存查询并命名为“学生选课登录窗查询”。

查询设计视图如图 10.3 所示。

10.3.2 “密码修改窗”所需查询

“密码修改窗”需要修改密码查询作为数据源。

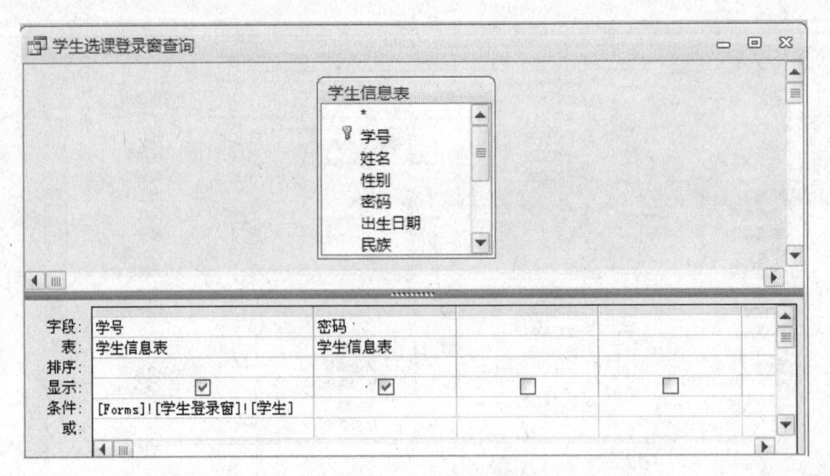

图 10.3　学生选课登录窗查询

修改密码查询建立过程如下。

（1）在数据库窗口中单击“创建”选项工具栏中的“查询设计”。

（2）在“显示表”窗口中选择“学生信息表”，单击“添加”按钮后关闭此窗口。

（3）将“密码”和“学号”两个字段添加到“字段”行。

（4）将查询设计改为“更新”查询类型。

（5）在“密码”列下方的“更新到”行中输入“[Forms]![导航窗体]![NavigationSubform]![NewPass]”。“导航窗体”是窗体名称，NavigationSubform 是导航窗体的子窗体，NewPass 是窗体中文本框控件的名称。

（6）在“学号”列下方的“条件”行中输入“[TempVars]![stu]”。[TempVars]![stu]是本系统中自定义的变量，用于记录登录学生的学号。

（7）保存查询并命名为“修改密码查询”。

查询设计视图如图 10.4 所示。

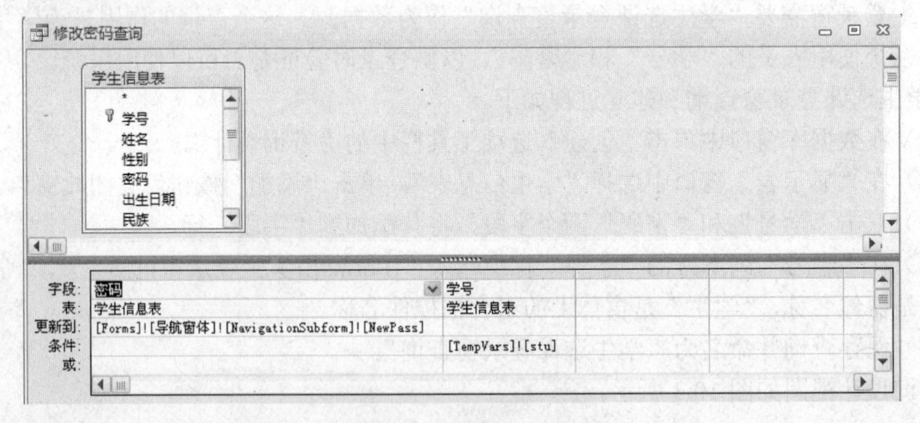

图 10.4　修改密码查询

10.3.3　“已选课程信息窗”所需查询

“已选课程信息窗”需要“已选课程查询”作为数据源。

“已选课程查询”建立过程如下。

（1）在数据库窗口中单击“创建”选项工具栏中的“查询设计”。

（2）在“显示表”窗口中选择“课程信息表”和“学生选课表”，单击“添加”按钮后关闭此窗口。

（3）将“课程编号”、“课程名称”、“学分”、“课程类别”、“学时”和“学号”等字段添加到“字段”行。

（4）在“学号”列下方的“条件”行中输入“[TempVars]![stu]”。“[TempVars]![stu]”是本系统中自定义的变量，用于记录登录学生的学号。

（5）保存查询并命名为“已选课程查询”。

查询设计视图如图 10.5 所示。

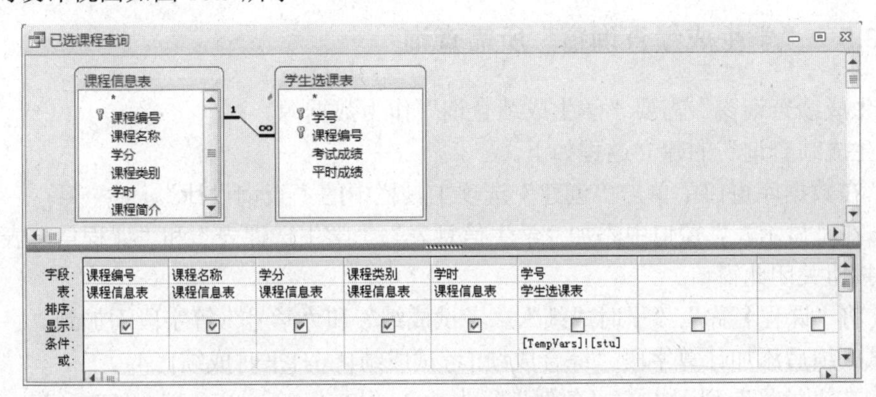

图 10.5　已选课程查询

10.3.4　“可选课程信息窗”所需查询

“可选课程信息窗”需要“可选课程查询”作为数据源。

“可选课程查询”的建立过程如下。

（1）在数据库窗口中单击“创建”选项工具栏中的“查询设计”。

（2）在“显示表”窗口中选择“课程信息表”、“教师授课表”、“班级信息表”和“学生信息表”，单击“添加”按钮后关闭此窗口。

（3）将“课程编号”、“课程名称”、“学分”、“课程类别”、“学时”、“课程简介”和“学号”等字段添加到“字段”行。

（4）在“课程编号”列下方的“条件”行中输入“Not In (SELECT 课程信息表.课程编号 FROM 课程信息表 INNER JOIN 学生选课表 ON 课程信息表.课程编号 = 学生选课表.课程编号 WHERE (((学生选课表.学号)=[TempVars]![stu])))”。其中的 SELECT 查询语句用于返回登录学生已选的课程。

（5）在“学号”列下方的“条件”行中输入“[TempVars]![stu]”。“[TempVars]![stu]”是本系统中自定义的变量，用于记录登录学生的学号。

（6）保存查询并命名为“可选课程查询”。

查询设计视图如图 10.6 所示。

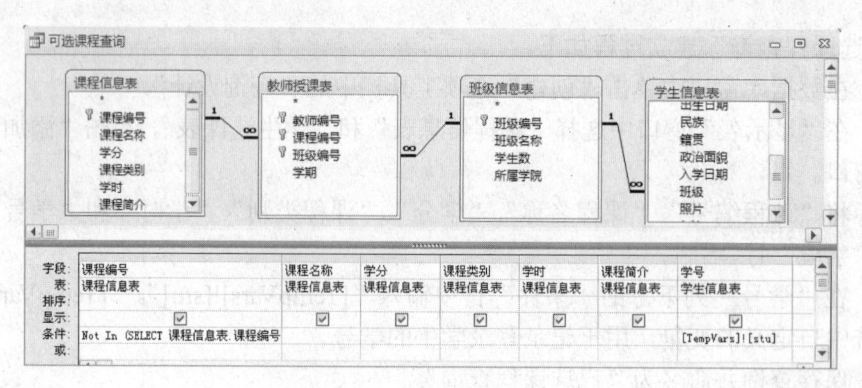

图 10.6　可选课程查询

10.3.5　“学生成绩查询窗”所需查询

“学生成绩查询窗”需要“学生成绩查询”作为数据源。

“学生成绩查询”的建立过程如下。

（1）在数据库窗口中单击“创建”选项工具栏中的“查询设计”。

（2）在“显示表”窗口中添加“学生信息表”、“学生选课表”和“课程信息表”，单击“关闭”按钮关闭此窗口。

（3）将“课程名称”、“平时成绩”、“考试成绩”和“学号”等字段添加到“字段”行，并在考试成绩后添加计算字段“综合成绩:[考试成绩]*.6+[平时成绩]*.4”。

（4）在“学号”列下方的“条件”行中输入“[TempVars]![stu]”。“[TempVars]![stu]”是本系统中自定义的变量，用于记录登录学生的学号。

（5）保存查询并命名为“学生成绩查询”。

查询设计视图如图 10.7 所示。

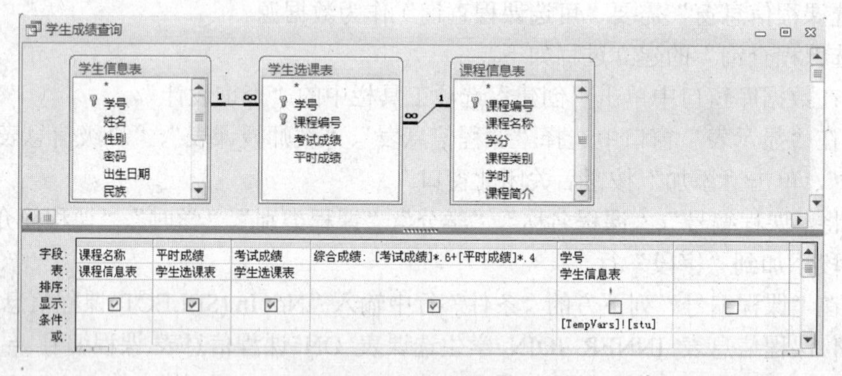

图 10.7　学生成绩查询

10.3.6　“学生成绩统计报表”所需查询

“学生成绩统计报表”所需要的查询为“学生成绩报表查询”。

“学生成绩报表查询”的建立过程如下。

（1）在数据库窗口中单击“创建”选项工具栏中的“查询设计”。

（2）在“显示表”窗口中添加“学生信息表”、“学生选课表”和“课程信息表”，单击“关闭”按钮关闭此窗口。

（3）将“学号”、“姓名”、“课程编号”、“课程名称”、“学分”、“课程类别”、“平时成绩”和“考试成绩”等字段添加到“字段”行，并在其后添加计算字段“综合成绩:[考试成绩]*.6+[平时成绩]*.4”。

（4）在“学号”列下方的“条件”行中输入“[TempVars]![stu]”。“[TempVars]![stu]”是本系统中自定义的变量，用于记录登录学生的学号。

（5）保存查询并命名为“学生成绩报表查询”。

查询设计视图如图 10.8 所示。

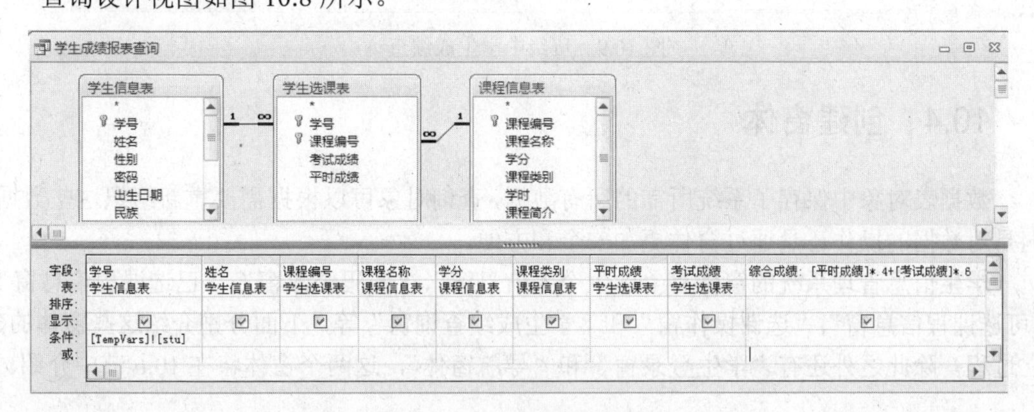

图 10.8　学生成绩报表查询

10.3.7　“班级中学生成绩报表”所需查询

“班级中学生成绩报表”所需要的查询为“班级中学生成绩查询”。

“班级中学生成绩查询”的建立过程如下。

（1）在数据库窗口中单击“创建”选项工具栏中的“查询设计”。

（2）在“显示表”窗口中添加“学生信息表”、“学生选课表”、“课程信息表”、“教师授课表”、“教师信息表”和“班级信息表”，单击“关闭”按钮关闭此窗口。

（3）将“班级信息表中”的“班级名称”、“学生信息表”中的“姓名”、“课程信息表”中的“课程名称”、“学分”、“课程类别”、“学时”等字段添加到“字段”行，然后添加“教师信息表”中的“姓名”字段，并改变其标题为“教师”，即在字段行输入“教师:姓名”，接着在“教师”字段的后面添加计算字段“综合成绩:[考试成绩]*.6+[平时成绩]*.4”。

（4）在“班级名称”列下方的“条件”行中输入“(select 班级名称 from 班级信息表,学生信息表 where 班级信息表.[班级编号]=学生信息表.[班级] and 学生信息表.[学号]=[TempVars]!stu)”。Select 语句用于只显示登录学生所在班级的选课信息。

（5）保存查询并命名为“班级中学生成绩查询”。

查询设计视图如图 10.9 所示。

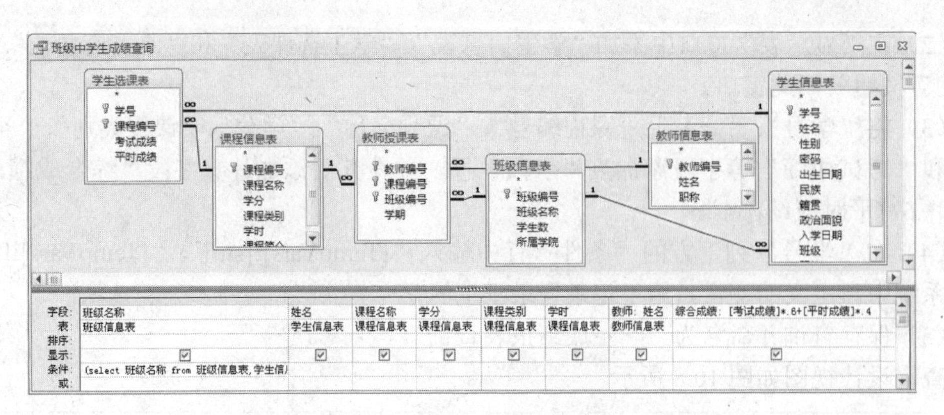

图 10.9　班级中学生成绩查询

10.4　创建窗体

数据表对象中保存了系统所需的所有数据，查询对象可以根据需要重新组织这些数据，但是对数据的操作还是通过窗体更加安全和方便。

学生信息管理系统的窗体有“学生个人信息窗”、“密码修改窗”、“已选课程信息窗”、“可选课程信息窗”、“选课操作窗”和“学生成绩查询窗”等，下面分别介绍这些窗体的建立过程。除此之外还有“学生登录窗”和“导航窗体”，这两个窗体将在 10.6 节中介绍。

10.4.1　“学生个人信息窗”的创建

“学生个人信息窗”用来显示和修改学生个人信息，不需要写任何代码即可完成创建过程。创建过程如下。

（1）使用窗体向导创建一个纵栏式窗体，记录源为“学生信息表”，并将所有字段添加到窗体中。按照图 10.10 的样式对绑定控件的位置进行调整，其中“学号”和“班级”控件的数据属性设置为锁定，即：不允许学生自己修改班级和学号。

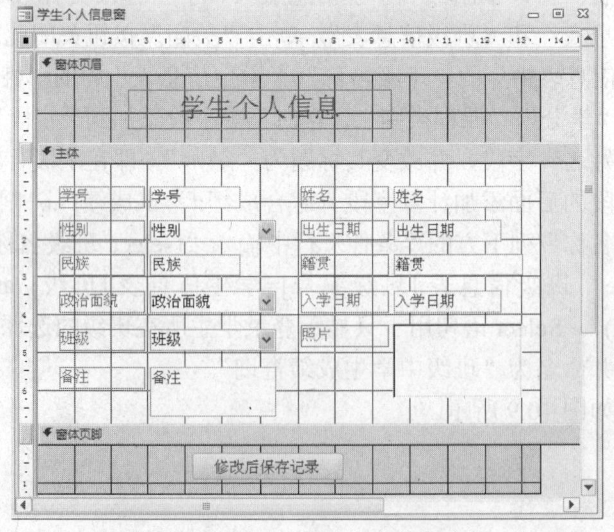

图 10.10　学生个人信息窗

（2）为了在学生登录时只显示个人信息，需要对窗体的数据源进行修改：单击“记录源”右边的“[...]”按钮，出现“查询生成器”，添加“学生信息表”中的所有字段，并在“学号”字段列的“条件”行中输入“[TempVars]![stu]”，只显示登录学生的信息。如图 10.11 所示。

（3）去掉窗体的导航按钮和记录选择器。

（4）在窗体页脚区域添加一个命令按钮，在向导中使按钮产生的动作为“记录操作”→“保存记录”，按钮显示文本为“修改后保存记录”，并改变按钮的名称为“CmdSave”。

（5）完成后的窗体如图 10.12 所示。

图 10.11　查询生成器

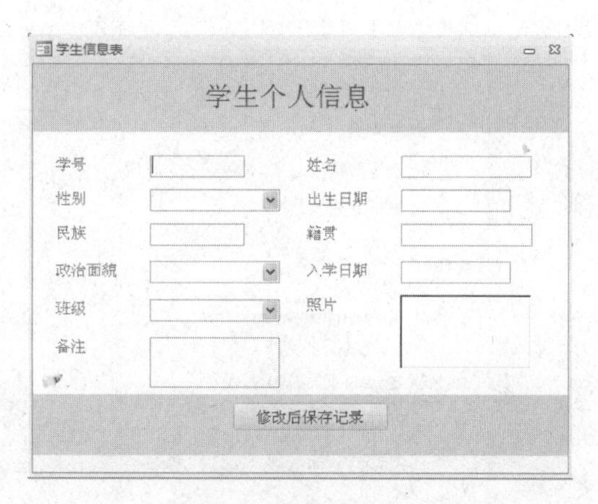

图 10.12　学生个人信息

10.4.2　“密码修改窗”的创建

“密码修改窗”用来实现学生对密码的更新。创建过程如下。

（1）创建一个空白窗体，并在窗体中添加控件：一个标签（标题：修改登录密码）、两个文本框（名称分别为 NewPass 和 Renewpass，对应的标签的标题为“新密码:”和“确认密码:”）、一个命令按钮 CmdOk（标题为“确认修改”）。如图 10.13 所示。

图 10.13　密码修改窗设计

（2）创建“修改密码宏”，如图 10.14 所示，首先判断文本框 NewPass 是否为 Null，然后判断两个文本框 NewPass 和 Renewpass 的内容是否一致，若一致则执行“修改密码查询”；否则用消息对话框进行提示。本例中不允许使用空密码。

（3）在命令按钮 CmdOk 的单击事件中选择“修改密码宏”。

（4）去掉窗体的导航按钮和记录选择器。

（5）完成后的窗体如图 10.15 所示。

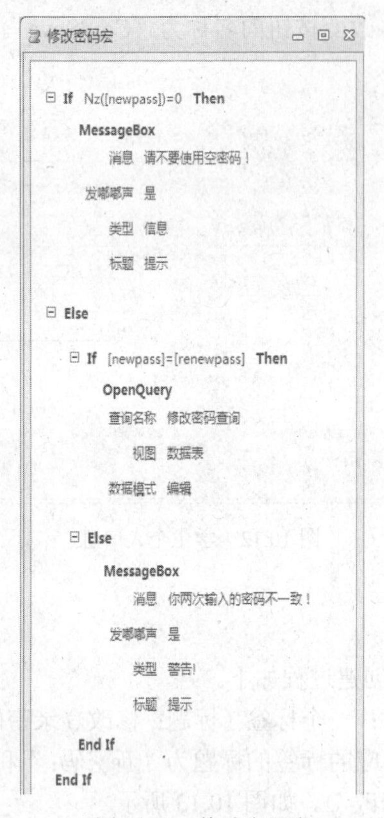

图 10.14 修改密码宏

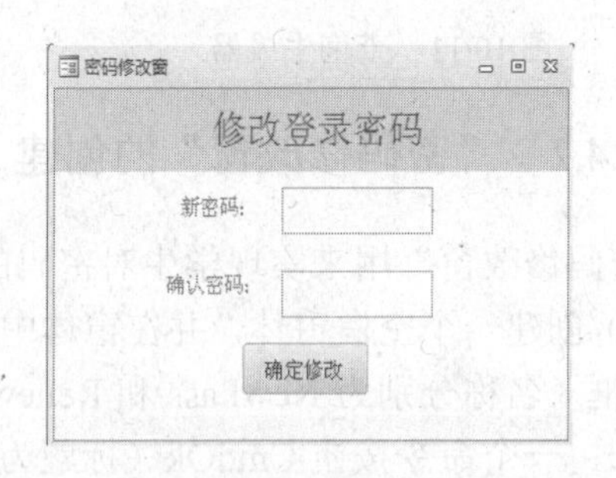

图 10.15 密码修改窗

10.4.3 “已选课程信息窗”的创建

“已选课程信息窗”用于显示登录学生已经选择的各门课程信息。

其创建过程如下。

（1）使用“窗体向导”，选择“已选课程查询”作为记录源，建立表格式窗体。

（2）去掉窗体的导航按钮和记录选择器。

（3）窗体布局如图 10.16 所示。

10.4.4 “可选课程信息窗”的创建

“可选课程信息窗”用于显示登录学生还可以选择的课程有哪些。

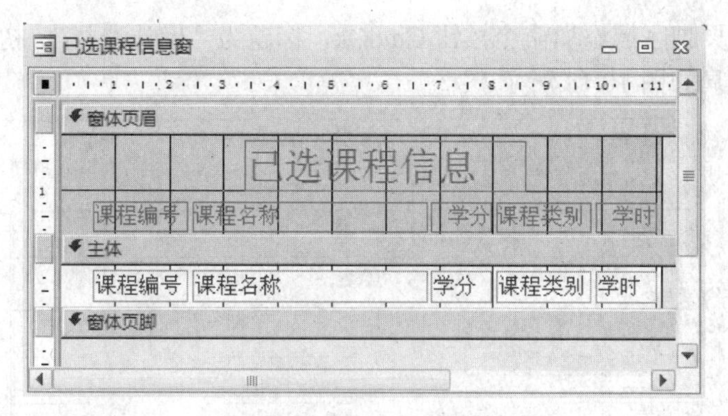

图 10.16　已选课程信息窗

其创建过程如下。

（1）使用“窗体向导”，选择“可选课程查询”作为记录源，建立表格式窗体。

（2）去掉窗体的导航按钮和记录选择器。

（3）窗体布局如图 10.17 所示。

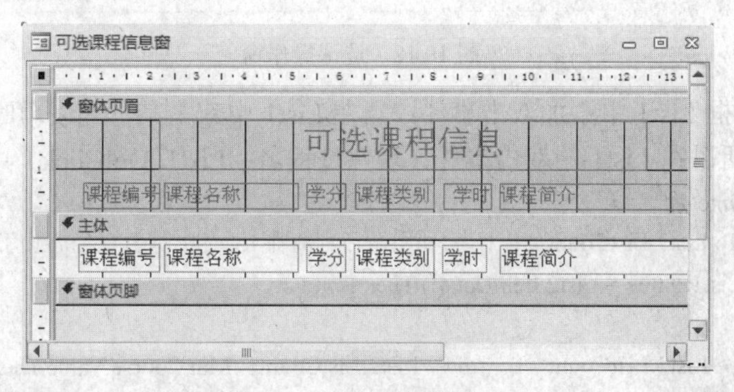

图 10.17　可选课程信息窗

10.4.5　“选课操作窗”的创建

“选课操作窗”用于登录学生进行选课操作，本系统假设一学期最多选择 6 门课程。

创建过程如下。

（1）新建一个空白窗体，并去掉窗体的导航按钮和记录选择器。

（2）在窗体页眉中添加一个文本框 MaxCourse，用于显示当前可选课程的数量。在其控件来源中输入“=6-DCount("课程编号","学生选课表","学号='"& [TempVars]![stu] & "'")”，DCount 函数用来统计登录学生已经选择的课程门数。

（3）在主体节中添加两个列表框 List1 和 List2，List1 和 List2 的对应标签分别为“可选课程：”和“你的选择：”。

- List1 用于显示登录学生可选课程的课程编号和课程名称。设置 List1 的行来源为查询，可以直接输入 SQL 语句：“SELECT 可选课程查询.课程编号，可选课程查询.课程名称 FROM 可选课程查询;”；也可以单击“行来源”最右边的“…”按钮，在出现“查询生成器”中进行设置。
- List2 用于显示登录学生从 List1 中进行的选择。

（4）在窗体页脚区域添加命令按钮 CmdOk，标题为“确认选择”，初始状态为不可用。

（5）窗体布局如图 10.18 所示。

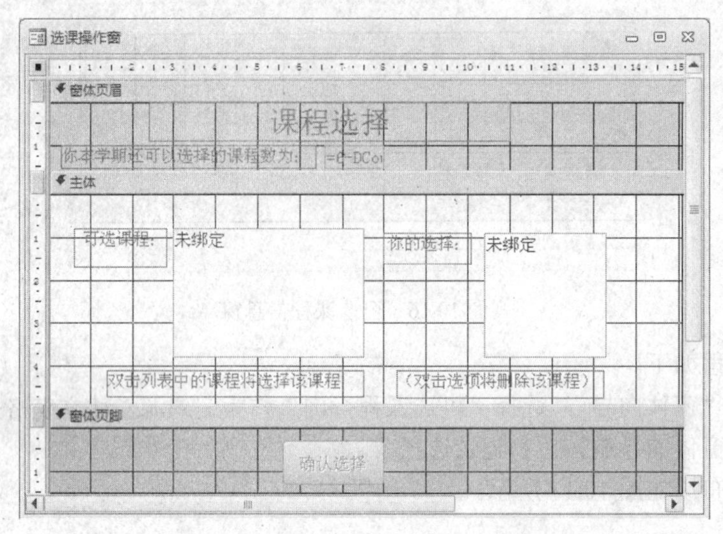

图 10.18　选课操作窗

（6）在列表框 List1 中添加双击事件：当在 List1 中双击某一列表项时，将此列表项添加到 List2 中。所以在 List1 的双击事件（事件过程名：List1_DblClick）中添加以下代码：

```
Dim i As Integer
For i = 0 To List2.ListCount  -  1     '利用循环判断在 List2 中是否已经添加了 List1 的表项
     If   List1.Value = List2.ItemData(i) Then Exit For
Next
     If   i > List2.ListCount - 1    And    List2.ListCount < MaxCourse.Value Then
     '如果 List2 中没有添加此表项，并且该学生的选课数量未超出限定
     '则在 List2 中添加 List1 双击的表项
          List2.AddItem List1.Value
     If   List2.ListCount > 0 Then CmdOk.Enabled = True Else CmdOk.Enabled = False
     '如果 List2 中已经有了表项，则将按钮 CmdOk 设置为可用，否则设置为不可用
     Else
          If   List2.ListCount >= MaxCourse.Value Then MsgBox   "你的选择超过了选课总数！"
     End If
```

（7）当在 List2 中双击某一列表项时，将此列表项从 List2 中删除，所以在 List2 的双击事件（事件过程名：List2_DblClick）中添加以下代码：

```
List2.RemoveItem List2.ListIndex       '从 List2 中删除双击的表项
If   List2.ListCount = 0 Then CmdOk.Enabled = False
```

（8）当单击命令按钮 CmdOk 时，将 List2 中选择的课程依次追加到学生选课表中，因此在其单击事件（事件过程名：CmdOk_Click）中需添加如下代码：

注意：代码中需要使用 ADO 对象，所以应对 ADO 库进行引用，引用方法已经在第 8 章进行了介绍，请参照第 8 章的内容进行引用。

```
Dim  i  As Integer,  j  As Integer,  str  As String,  strSQL  As String
Dim  cn   As New ADODB.Connection            '声明 ADO 连接对象 cn
Dim  cm   As New ADODB.Command               '声明 ADO 命令对象 cm
Set  cn = CurrentProject.Connection          ' cn 指向当前数据库
For  i = 0  To  List2.ListCount - 1          '用循环读 List2 中的所有表项
    str = str  &  List2.ItemData(i) & "、"   '去掉变量 str 中文本末尾的"、"号
Next
str = Left(str, Len(str) - 1)
If  MsgBox("你总共选择了" & List2.ListCount & "门课！" & Chr(10) & "它们是：" & str & Chr(10)
& Chr(10) & "你确定选择吗？", vbYesNo + vbInformation, "是否确认？") = vbYes Then
    ' 如果确定选择，则将课程信息依次追加到学生选课表中
    For j = 0 To List2.ListCount - 1
        For i = 0 To List1.ListCount - 1
            ' 内层循环的目的是从 List1 中获取课程编号，并将其存放在 str 中
            If List1.Column(1, i) = List2.ItemData(j) Then
                str = List1.Column(0, i)
                Exit For
            End If
        Next
        strSQL = "insert into  学生选课表 (学号,课程编号,平时成绩,考试成绩) values ('"&
TempVars.Item("stu") & "','" & str & "',0,0)"
        cm.CommandText = strSQL
        cm.ActiveConnection = cn
        cm.Execute
    Next
    cn.Close
    Set cn = Nothing
    MsgBox "选课成功！", , "提示"
    DoCmd.BrowseTo acBrowseToForm, "已选课程信息窗", "导航窗体.NavigationSubForm"
' 追加结束后打开"已选课程信息窗"
End If
```

（9）完成后的窗体如图 10.19 所示。

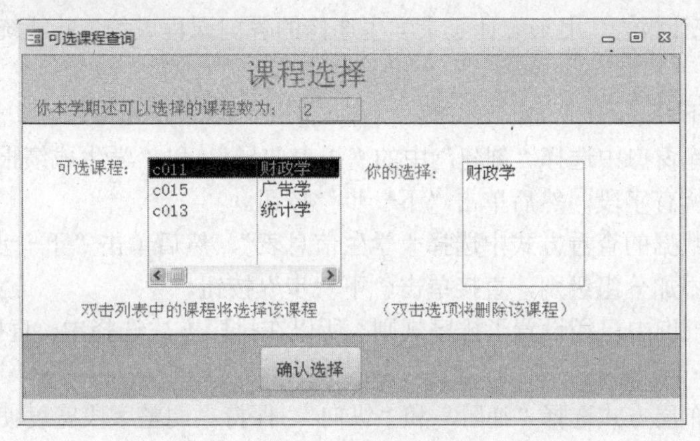

图 10.19　选课操作窗

10.4.6 “学生成绩查询窗”的创建

学生成绩查询窗用于登录学生查询自己已选课程的成绩信息。

创建过程如下。

（1）使用窗体向导，选择“学生成绩查询”作为数据源，并添加查询中所有字段，建立表格式窗体。

（2）如图 10.20 所示，调整窗体中各个控件的位置和大小。

（3）去掉窗体的导航按钮和记录选择器。

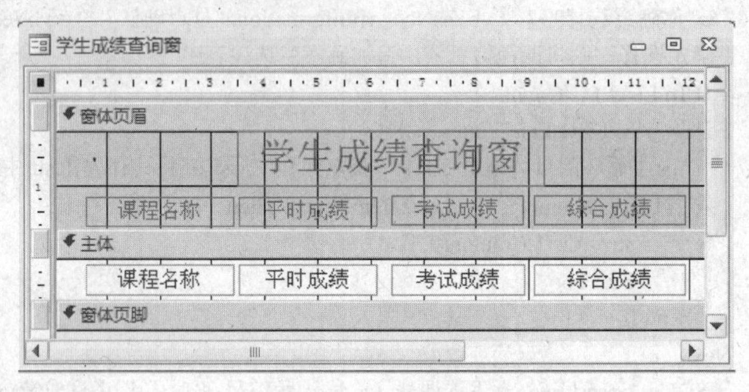

图 10.20　学生成绩查询窗

10.5 创建报表

报表对象不仅可以有选择地将部分数据按规定格式组织到一起，还可以对数据进行各种方式的汇总统计，形成的报表可以输出到纸张上。

“学生信息管理系统”有两个报表：“学生成绩统计报表”和“班级中学生成绩报表”，读者也可以根据需要创建自己需要的报表。

10.5.1 “学生成绩统计报表”的创建

“学生成绩统计报表”用来统计登录学生选修的各门课程成绩，并能统计各门课程的成绩排名。

创建过程如下。

（1）在数据库窗口中选择“创建”中的“报表向导”，以“学生成绩报表查询”为数据源，选定查询中所有字段，然后单击“下一步”按钮。

（2）在确定数据的查看方式中选择“学生信息表”，然后单击“下一步”按钮。

（3）不用再添加分组级别，直接单击“下一步”按钮。

（4）因为在查询中已经设置了排序规则，所以在排序方式选择中，直接单击“下一步”按钮。

（5）报表的布局方式选择“递阶”和“纵向”，保持“调整字段宽度使所有字段都能显示在一页中”选中状态，然后单击“下一步”按钮。

（6）报表标题设置为“学生成绩统计报表”，然后单击“完成”按钮。

（7）在设计视图中调整各个控件的位置和大小，并在页面页眉“综合成绩”标签后添加“成绩排名”标签，在主体节“综合成绩”文本框后添加计算控件 cRank，然后在其控件来源中输入“=1+DCount("学号", "学生选课表", "考试成绩*0.6+平时成绩*0.4>"& [综合成绩] &"and 课程编号='"& [课程编号] &"'")”。DCount 函数用于在所有选修该门课的学生中统计综合成绩高于登录学生成绩的人数，然后加 1 作为登录学生该门课的排名。

（8）“学生成绩统计报表”的设计和预览如图 10.21 所示。

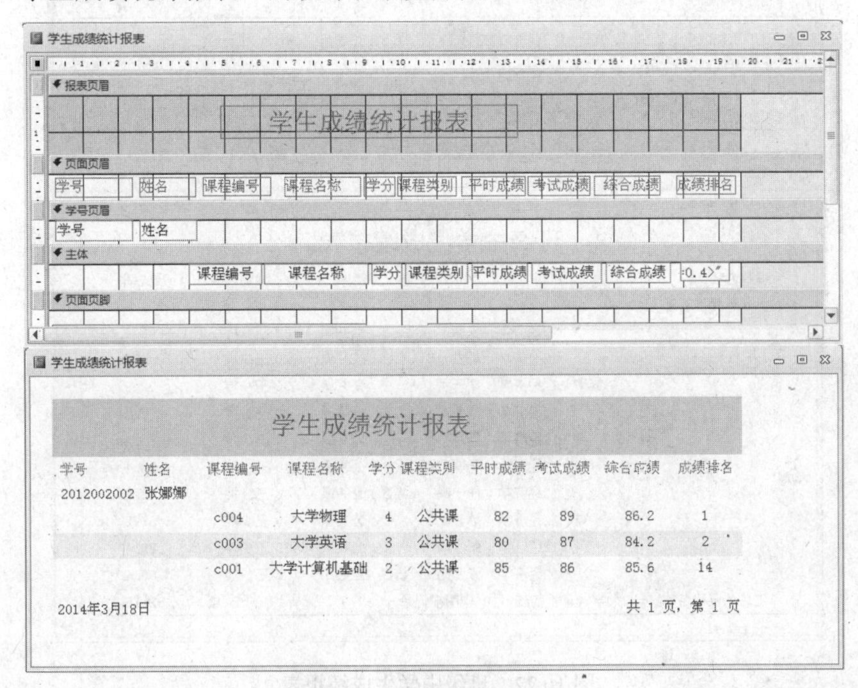

图 10.21 学生成绩统计报表

10.5.2 “班级中学生成绩报表”的创建

“班级中学生成绩报表”用来统计登录学生所在班级中所有学生选修课程的汇总信息。创建过程如下。

（1）在数据库窗口中选择“创建”中的“报表向导”，以“班级学生成绩查询”为数据源，选定查询中所有字段，然后单击“下一步”按钮。

（2）添加分组级别“课程名称”，然后单击“下一步”按钮。

（3）在排序方式选择中；以“姓名”升序排序，并设置求“综合成绩”平均值汇总，然后单击“下一步”按钮。

（4）报表的布局方式选择“递阶”和“纵向”，保持“调整字段宽度使所有字段都能显示在一页中”选中状态，然后单击“下一步”按钮。

（5）报表标题设置为“班级中学生成绩报表”，然后单击“完成”按钮。

（6）在报表的设计视图中调整各个控件的位置和大小。

（7）“班级中学生成绩报表”的设计和预览如图 10.22 所示。

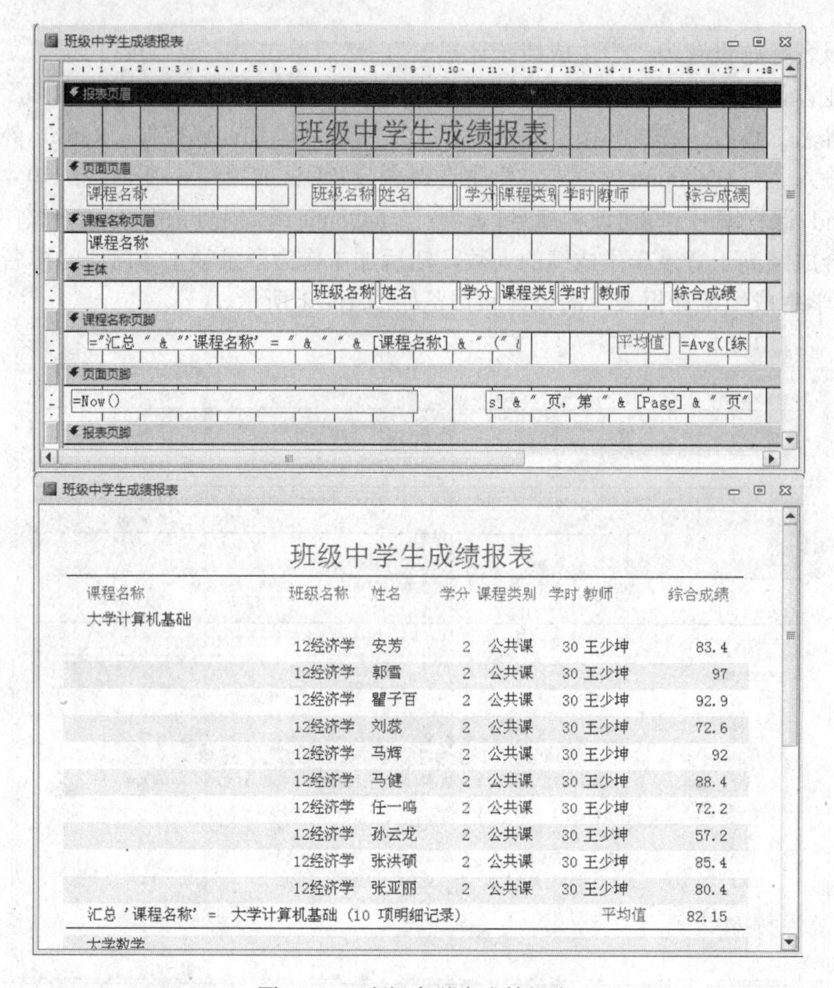

图 10.22　班级中学生成绩报表

10.6　应用系统集成

设计应用系统的目的，就是要通过窗体和报表等对象来操作数据，而不是直接操作数据库中的表或查询等数据对象，这样可以降低对操作者计算机水平的要求，保证数据操作的准确性和安全性。操作者不需要具有数据库的操作能力，也不需要直接接触数据库中的数据对象，只需具备一般软件的使用操作能力即可。

在前面已经建立了一些窗体和报表等对象，但是这些对象都是独立的，如何将它们组织起来，并通过某种流程对其进行访问？另外，还需要屏蔽数据库的某些操作，以达到保护数据的目的。本节就是要完成此项任务，并使这些对象融入到一个完整的系统内。

系统集成的过程主要包括“教学管理系统”、“学生登录窗”和“导航窗体”的创建、启动窗体的设置等。

10.6.1　“教学管理系统”主窗口的创建

“教学管理系统”是整个系统的入口，在这里只实现学生管理端的功能。其设计视图如

图 10.23 所示。

图 10.23 系统主窗口设计

“教学管理系统”主窗口的创建过程如下。

（1）创建一个空白窗体。

（2）在主体中添加一个图像对象，高度为 10cm，宽度为 13cm，在“图片”属性中添加一张图片（提示：可以找一个自己喜欢的图）。

（3）在主体中添加三个标签，名称分别为：LblTeacher、LblAdmin 和 LblStu，标题分别为：“管理员入口”、“教师入口”和“学生入口”。另外，设置三个标签的以下属性：

✧ 特殊效果为凿痕；
✧ 前景色为绿色；
✧ 字体格式为隶书，14 磅，右对齐。

（4）在主体中再添加两个标签：Label1 和 Label2，Label1 的标题为“教学管理系统”，华文行楷，34 磅，橘色。Label2 的标题为“教学管理系统是一个对高校教学活动进行管理的数据库应用系统！”，楷体，16 磅，水绿色，分散对齐。相应调整标签的位置和大小。

（5）在窗体的“卸载”事件、LblTeacher、LblAdmin 和 LblStu 的“单击”事件中选择“事件过程”→“代码生成器”，打开 VBE 界面，并在其中输入以下代码：

```
Private Sub Form_Unload(Cancel As Integer)    '当窗体卸载时，退出 Access
    DoCmd.Quit
End Sub
Private Sub LblAdmin_Click()
    LblAdmin.ForeColor = 255
    LblTeacher.ForeColor = RGB(0, 255, 0)
    LblStu.ForeColor = RGB(0, 255, 0)
    Label2.Caption = "登记数据库的用户，维护数据库的安全性;保证数据库的使用符合知识产
```

```
权相关法规;控制和监控用户对数据库的存取访问。"
        End Sub
        Private Sub LblStu_Click()
            LblStu.ForeColor = 255
            LblTeacher.ForeColor = RGB(0, 255, 0)
            LblAdmin.ForeColor = RGB(0, 255, 0)
            Label2.Caption = "对数据库中的学生个人信息进行管理，进行学期选课，查询课程考核成绩。"
            DoCmd.OpenForm "学生登录窗"
            Form_教学管理系统.Visible = False
        End Sub
        Private Sub LblTeacher_Click()
            LblTeacher.ForeColor = 255
            LblAdmin.ForeColor = RGB(0, 255, 0)
            LblStu.ForeColor = RGB(0, 255, 0)
            Label2.Caption = "对数据库中的课程进行管理，录入学生的成绩，为学生的综合能力进行
        评价。"
        End Sub
```

（6）去掉窗体的导航按钮、记录选择器、滚动条和最大最小化按钮，并设置窗体自动居中。

（7）窗体运行效果如图 10.24 所示。

图 10.24 “教学管理系统”主窗口

10.6.2 “学生登录窗”的创建

“学生登录窗”是学生信息管理子系统的入口，只有通过了“学生登录窗”的登录验证，才能转到子系统其他的窗体操作。

“学生登录窗”的创建过程如下。

（1）创建一个空白窗体，并设置窗体的记录源为“学生选课登录窗查询”。

（2）设置主体的背景色：蓝色，强调文字颜色 1，淡色 80%。

（3）为了在登录时可以选择或输入学号，在窗体中添加一个组合框，名称为“学生”，并设置其“行来源类型”为“表/查询”，单击“行来源”最右边的“…”按钮，出现“查询生成器”，将“学生信息表”中的“学号”加入，并按升序排序，然后关闭查询生成器。“学生”组合框“数据”属性的设置如图 10.25 所示。

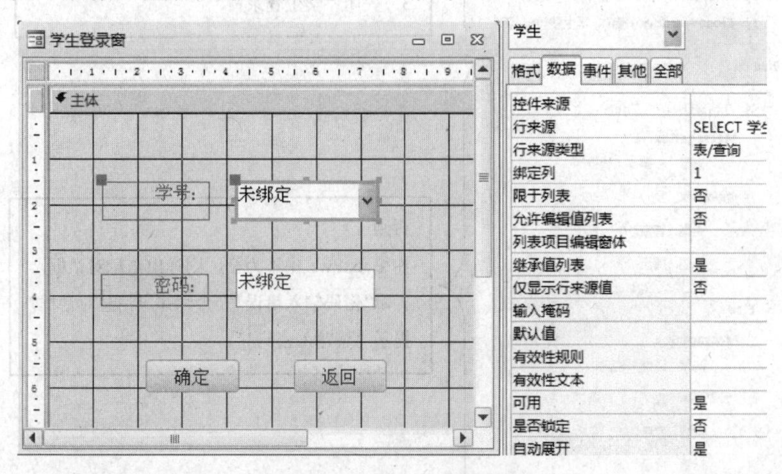

图 10.25　学生组合框设置

（4）为了使组合框选择某学号后窗体能自动根据“学号”查询出对应的密码，新建一个“登录用户重新查询宏”，其作用是重新执行“学生选课登录窗查询”，如图 10.26 所示。并设置“学生”组合框的“更改”事件触发时执行“登录用户重新查询宏”。

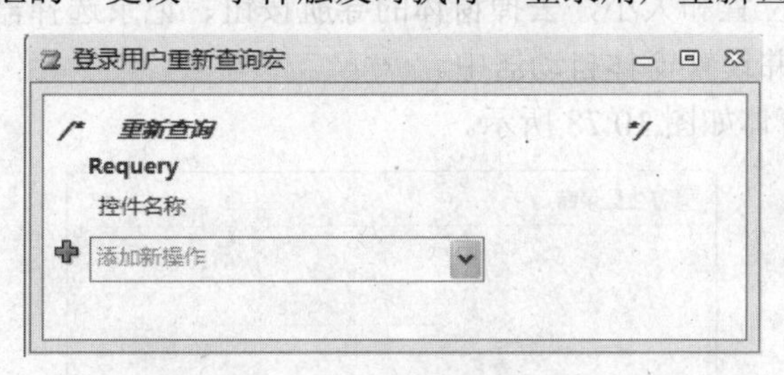

图 10.26　登录用户重新查询宏

（5）在窗体中添加一个文本框，名称为“txtPws”，用于学生登录时输入密码。设置文本框的“输入掩码”为“密码”，文本框所带标签标题改为“密码:”。

（6）新建一个“学生登录用宏”，用来验证学生输入的密码。如果通过了验证，则执行三项操作：一是生成临时变量 stu 存储登录学生的学号；二是关闭“学生登录窗”；三是打开“导航窗体”。如果没有通过验证，则用消息对话框显示相应信息。“学生登录用宏”的设计如图 10.27 所示。

（7）在窗体中添加一个命令按钮，在向导中选择按钮产生的动作：“杂项”→“运行宏”，并选择要运行的宏为“学生登录窗用宏”，按钮显示文本为“确定”，其名称命名为“CmdLogin”。

（8）新建一个“返回主界面宏”，在宏中添加两个命令：打开“教学管理系统”窗，关闭“学生登录窗”，按钮显示文本为“返回”，其名称命名为“CmdReturn”。

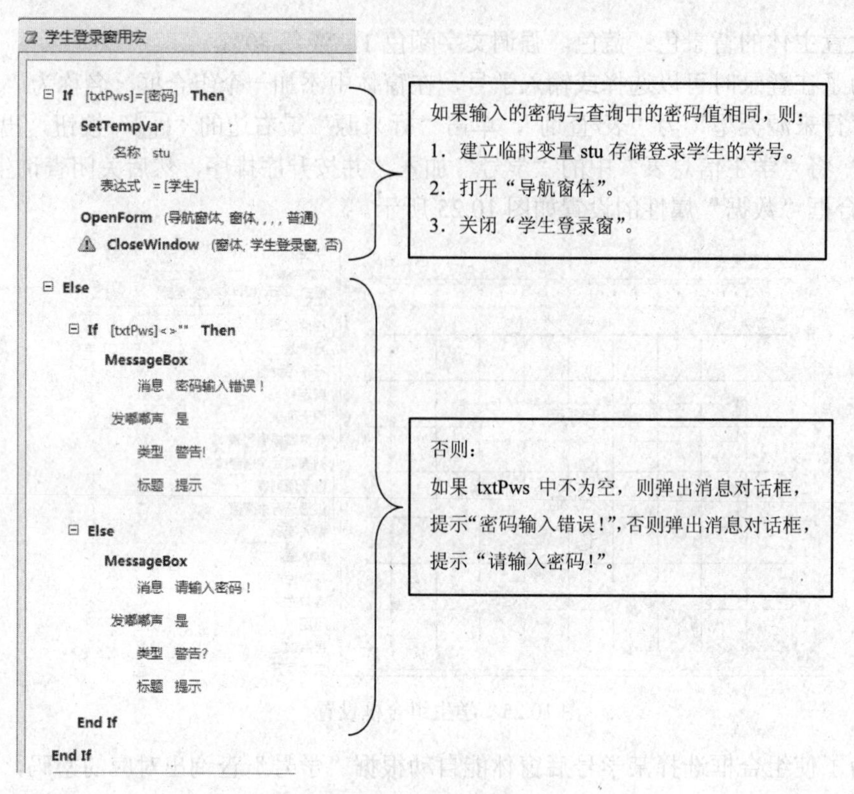

图 10.27　学生登录窗用宏

（9）调整各控件位置和大小，去掉窗体的导航按钮、记录选择器、滚动条、关闭按钮和最大最小化按钮，并设置窗体自动居中。

（10）完成后的窗体如图 10.28 所示。

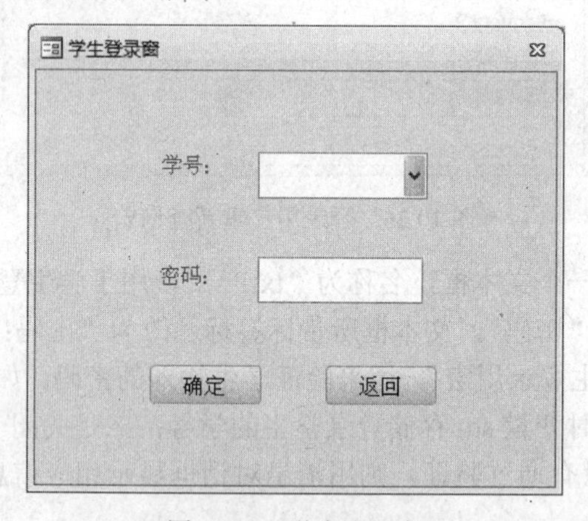

图 10.28　学生登录窗

10.6.3　“导航窗体”的创建

“导航窗体”用于登录学生正常登录系统后操作的主窗体，其他窗体都将在此窗体中进行显示。创建过程如下。

（1）选择“创建”中的“导航”，在弹出的下拉式菜单中选择“垂直标签，左侧”，Access 系统便会建立一个导航窗体，改变 Auto_Header0 的标题为“学生信息管理”，并在 Auto_Header0 的右边添加命令按钮 CmdQuit，标题为“退出登录”。

（2）在左侧的导航栏中依次添加导航按钮：

- NavigationButton2，标题为“个人信息”
- NavigationButton3，标题为“修改密码”
- NavigationButton4，标题为“已选课程”
- NavigationButton5，标题为“可选课程”
- NavigationButton6，标题为“我要选课”
- NavigationButton7，标题为“成绩查询”
- NavigationButton8，标题为“成绩报表”
- NavigationButton9，标题为“班级成绩”

并设置所有导航按钮的高度和宽度分别为：1.5cm 和 2.5cm；背景色：蓝色，强调文字颜色 1；按下颜色：红色，强调文字颜色 2，淡色 40%。

（3）导航栏右侧对象的名称为“NavigationSubform”。

（4）去掉窗体的导航按钮、记录选择器、关闭按钮和最大化/最小化按钮，并设置窗体自动居中。

（5）导航窗体的布局如图 10.29 所示。

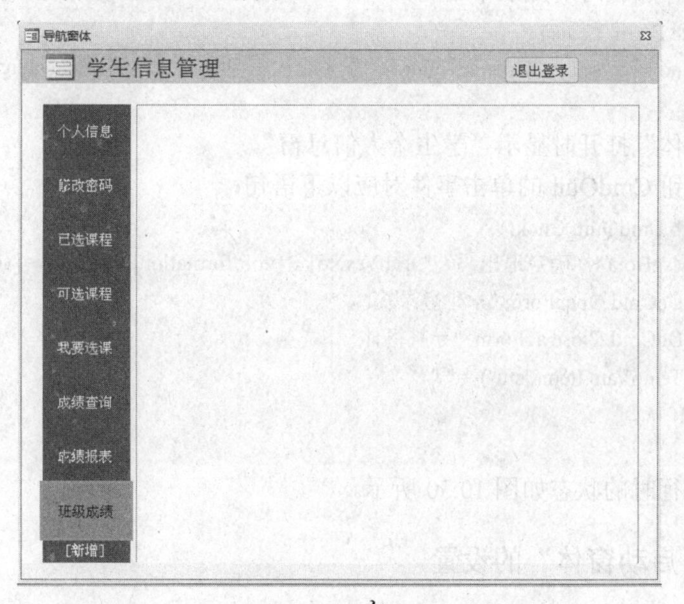

图 10.29　导航窗体

（6）导航栏中所有导航按钮的单击事件对应以下语句：

```
Private Sub NavigationButton2_Click()
    DoCmd.BrowseTo acBrowseToForm, "学生个人信息窗", "导航窗体.NavigationSubForm"
End Sub
Private Sub NavigationButton3_Click()
    DoCmd.BrowseTo acBrowseToForm, "密码修改窗", "导航窗体.NavigationSubForm"
```

```
End Sub
Private Sub NavigationButton4_Click()
    DoCmd.BrowseTo acBrowseToForm, "已选课程信息窗", "导航窗体.NavigationSubForm"
End Sub
Private Sub NavigationButton5_Click()
    DoCmd.BrowseTo acBrowseToForm, "可选课程信息窗", "导航窗体.NavigationSubForm"
End Sub
Private Sub NavigationButton6_Click()
    DoCmd.BrowseTo acBrowseToForm, "选课操作窗", "导航窗体.NavigationSubForm"
End Sub
Private Sub NavigationButton7_Click()
    DoCmd.BrowseTo acBrowseToForm, "学生成绩查询窗", "导航窗体.NavigationSubForm"
End Sub
Private Sub NavigationButton8_Click()
    DoCmd.OpenReport "学生成绩统计报表", acViewPreview
End Sub
Private Sub NavigationButton9_Click()
    DoCmd.OpenReport "班级中学生成绩报表", acViewPreview
End Sub
```

（7）导航窗体加载时对应以下语句：

```
Private Sub Form_Load()
    DoCmd.BrowseTo acBrowseToForm, "学生个人信息窗", "导航窗体.NavigationSubForm"
End Sub
```

当“导航窗体”打开时显示“学生个人信息窗”。

（8）命令按钮 CmdQuit 的单击事件对应以下语句：

```
Private Sub CmdQuit_Click()
    If  MsgBox("你确定退出吗？", [vbYesNo] + [vbInformation], "提示") = [vbYes] Then
        DoCmd.OpenForm "学生登录窗"
        DoCmd.Close acForm, "导航窗体"
        TempVars.Item("stu") = " "
    End If
End Sub
```

（9）窗体运行时的状态如图 10.30 所示。

10.6.4 “启动窗体”的设置

为了在数据库打开之后自动进入系统界面，我们要为数据库设置一个“启动窗体”。步骤如下。

（1）单击“文件”中的“选项”，出现“Access 选项”对话框。在对话框中单击左边的导航“当前数据库”，右边则显示“用于当前数据库的选项”内容，如图 10.31 所示。

（2）在“应用程序标题”中输入“教学管理系统”，“显示窗体”中选择“教学管理系统”，取消“显示导航窗格”、“允许全部菜单”和“允许默认快捷菜单”选项的选中状态。

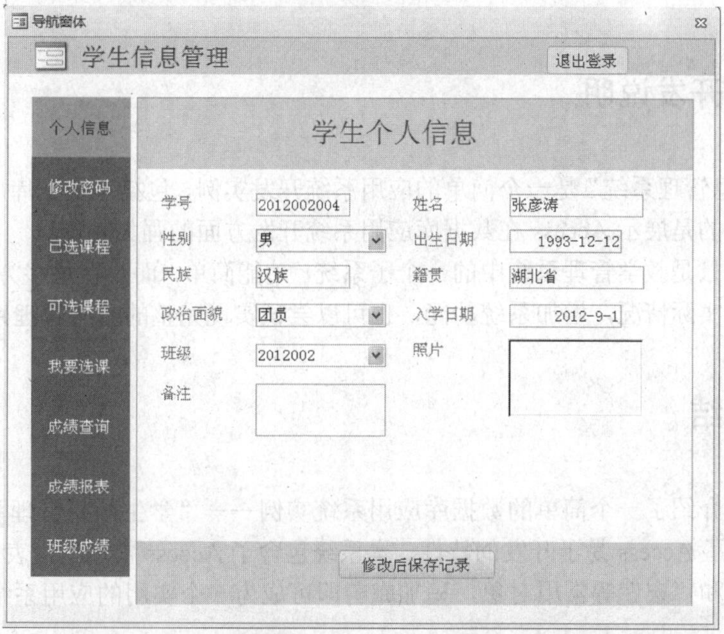

图 10.30　导航窗体的运行

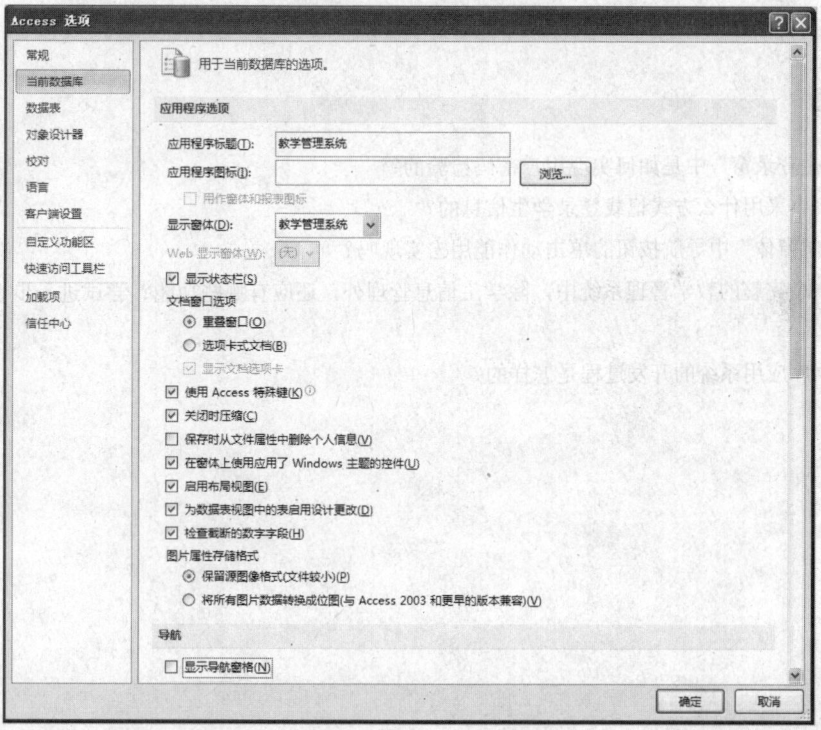

图 10.31　启动窗体设置

再次打开数据库时，“教学管理系统”主窗口会自动出现，而且不会出现数据库窗口和某些菜单，也不能查看和编辑数据库的各种对象，只能使用应用系统提供的窗体来进行操作，在一定程度上保护了数据库的安全，使数据库不会被意外修改。

10.7 开发说明

“学生信息管理系统”是一个简单的应用系统开发实例，包括了数据库应用系统的一般功能，主要目的是展示 Access 在数据库应用系统开发方面的强大功能。

这个系统只是教学管理系统中的一个子系统，功能简单，而且在许多方面还不够完善，读者可以根据实际情况，增加系统功能，也可以尝试实现完整的教学管理系统。

本章小结

本章详细介绍了一个简单的数据库应用系统实例——“学生信息管理系统”的开发过程，充分体现了 Access 易于开发的特性。本系统包含了 Access 常用的“表”、“查询”、“窗体”、“报表”和“宏”等常用对象，稍加完善即可成为一个实用的应用系统。

习题

思考题

1．“学生登录窗”中是如何实现用户密码检验的？

2．本例中采用什么方式记载登录学生信息的？

3．“导航窗体”中导航按钮的单击动作能用宏实现吗？

4．在一个完整的教学管理系统中，除学生信息管理外，还应有哪些功能？尝试进一步设计实现这些功能。

5．数据库应用系统的开发过程是怎样的？

参 考 文 献

[1] 陈雷，陈朔鹰．全国计算机等级考试二级教程．北京：高等教育出版社，2013．
[2] Alison Balter．Access2007 开发指南．谢晖，许伟，译．北京：人民邮电出版社，2008．
[3] 李湛，王成尧．Access2007 数据库应用教程．北京：清华大学出版社，2010．
[4] 姜增如．Access 2010 数据库应用技术及应用．北京：电子工业出版社，2012．
[5] 张强．Access 2010 中文版入门与实例教程．北京：电子工业出版社，2011．
[6] 钱丽璞．Access 2010 数据库管理从新手到高手．北京：中国铁道出版社，2013．
[7] 叶恺，张思卿．Access 2010 数据库案例教程．北京：化学工业出版社，2012．

反侵权盗版声明